杜利明　王凤英　吕长垚　著

天津出版传媒集团
天津科学技术出版社

图书在版编目（CIP）数据

新手学电脑9合1办公应用一本通 / 杜利明，王凤英，吕长垚著. -- 天津 ：天津科学技术出版社，2024. 12.
ISBN 978-7-5742-2587-9

Ⅰ. TP317.1

中国国家版本馆CIP数据核字第2024JL3125号

新手学电脑9合1办公应用一本通

XINSHOU XUE DIANNAO 9 HE 1 BANGONG YINGYONG YIBENTONG

责任编辑：刘　颖

出　　版：天津出版传媒集团
　　　　　天津科学技术出版社

地　　址：天津市西康路35号

邮　　编：300051

电　　话：（022）23332695

网　　址：www.tjkjcbs.com.cn

发　　行：新华书店经销

印　　刷：水印书香（唐山）印刷有限公司

开本 670×950　1/16　印张13　字数 196 000

2024年12月第1版第1次印刷

定价：49.80元

前言

在这个信息爆炸的时代，电脑已成为人们日常生活和工作中不可或缺的工具。但是，对于许多初学者而言，快速掌握电脑的基本操作以及常用软件的使用方法，仍然是一个不小的挑战。为此，我们精心编写了这本书以帮助电脑初学者快速入门。

本书内容共分为 9 章，开篇介绍电脑的基础知识，逐步深入到实际操作技能的培养。第 1 章“电脑入门”将带我们领略电脑世界的奇妙，对其有更加全面的认识。第 2 章“学习输入法”将教会我们如何使用键盘高效输入文字，为学习和办公打下坚实的基础。掌握了基本的打字技能后，我们将进入第 3 章至第 5 章内容的学习，即学习使用 Microsoft Office 办公三件套，包含 Word、Excel 和 PowerPoint，它们是目前最常用的办公软件。无论是文档的编辑与排版、数据的整理与分析，还是演示文稿的设计与展示，它们都为我们提供了极大的帮助，能有效地提升工作效率。随着数字艺术的兴起，图像处理软件 Photoshop 的应用越来越广泛。在第 6 章中，我们将详细介绍 Photoshop 的基本应用，包括图片编辑、合成、调色等技巧，使读者轻松掌握数字艺术创作的奥秘。随着人工智能技术的不断发展，越来越多的 AI 工具被应用到学习与工作中，在第 7 章至第 9 章中，我们将探讨如何利用 AI 工具辅助办公、写作和绘画，为职业生涯增添更多可能性。

值得一提的是，本书特别注重实用性和可读性。我们不仅在每个章节配备了典型的案例，还为每个操作步骤匹配了实际界面截图，使读者能够更加直观地理解和掌握电脑使用方面的知识。

我相信，通过本书的学习，电脑初学者能够快速掌握电脑的基本操作以及常用软件的使用方法，并借助 AI 工具玩转进阶操作。

在此也特别感谢马福颖、席梓桐对本书的创作和出版做出的贡献。

由于电脑技术和软件迭代更新速度非常快，本书谨以 Windows11 操作系统为基础介绍各项内容，书中难免会有疏漏和不足之处，敬请广大读者及专家指正。

让我们一起踏上这段充满挑战和乐趣的学习之旅吧！

AI办公 AI绘画 AI写作

目录

第1章 电脑入门

第3章 学习Word

第 4 章 学习 Excel

第5章 学习 PowerPoint

第6章 学习 Photoshop

第9章 了解AI绘画

第1章 电脑入门

1.1 电脑的基本操作

1.1.1 正确开启、重启与关闭电脑

电脑的开启操作：接通电源后，按下电脑上的电源按钮。对于台式电脑，通常是按下主机箱前面的电源按钮即可启动，但是需要注意，不要忘记打开连接显示器的电源开关；对于笔记本电脑，通常是按下电源按钮或按下并保持几秒钟，即可启动。电脑开启后，系统加载完成就会进入桌面，如图 1-1 所示。

电脑的重启操作：点击屏幕下方左侧的【开始】图标，打开“开始”菜单，点击【电源】选项，在弹出的选项菜单中，点击【重启】选项。如

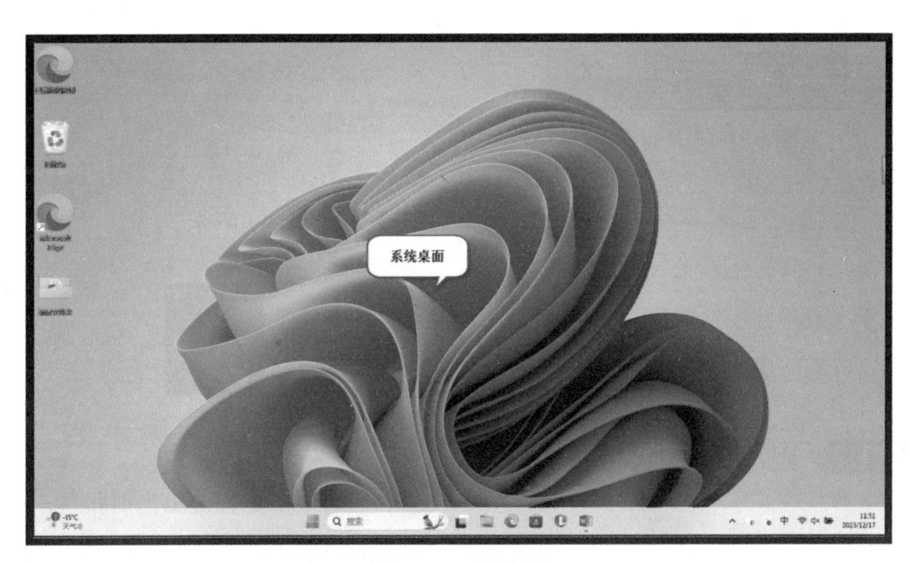

图 1-1　系统桌面

果此时系统还有其他程序正在执行，则会弹出提示，用户可以根据需要选择是否保存。

关闭电脑的操作方法有很多种，具体如下。

方法 1：打开“开始”菜单，点击【电源】选项，在弹出菜单中，点击【关机】选项关闭电脑，如图 1-2 所示。

图 1-2　关机方法 1

方法 2：按住【Windows+X】组合键，在弹出菜单中点击【关机或注销】，接下来点击【关机】选项，如图 1-3 所示。

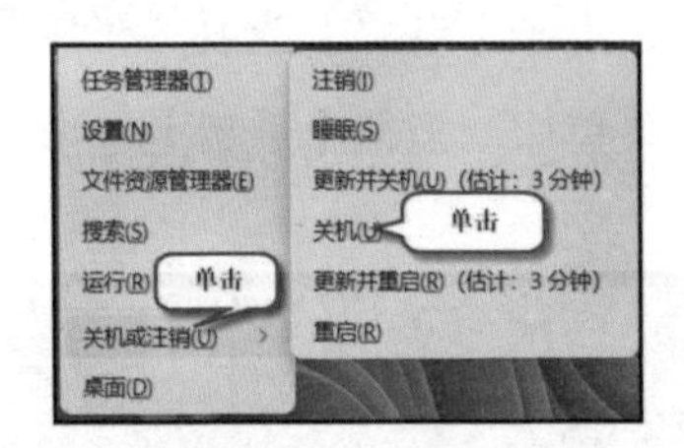

图 1-3　关机方法 2

方法 3：按住电脑主机上的电源按钮几秒钟，强制关闭电脑。正常情况下尽量不要用这种方法，否则可能会对电脑造成损害。

1.1.2 电脑的睡眠与唤醒

电脑进入睡眠模式，也就是电脑处于待机状态。在 Windows 系统中，打开“开始”菜单，并点击【电源】选项，在弹出的选项菜单中，点击【睡眠】选项，即可开启睡眠模式，使电脑进入待机状态。

若想唤醒电脑，按下键盘上的任意键或者移动鼠标即可。如果用户设置了密码，再次输入密码后，电脑便会被唤醒，恢复到睡眠前的状态。若上述方法没有作用，则电脑可能进入了休眠模式，按下电源按钮可重新唤醒电脑。

1.1.3 用户账号管理

通常情况下，在首次使用 Windows 系统时，系统会以计算机的名称创建本地账号。

注销用户是指清除当前登录的用户信息。具体操作：打开“开始”菜单，点击当前用户头像（用户名），在弹出的选项菜单中，点击【注销】即可，如图 1-4 所示。

图 1-4　注销用户

切换用户是指退出当前账号，切换到其他账号。打开“开始”菜单，单击账号头像，在弹出的菜单选项中选择要进入的账户，即可快速切换账号。需要注意的是，切换用户的前提是系统拥有两个或两个以上的用户账号。若系统只有一个账号，则可以另外创建一个新账号，以满足系统切换用户的需求。

创建新账号的操作方法：点击【Windows+R】组合键，在弹出的“运行”窗口中输入“netplwiz”并点击【确定】，进入“用户账户”页面，在“本地用户”列表下方点击【添加】，在弹出的新页面中点击最底端的【不使用 Microsoft 账户登录（不推荐）】选项，再点击底部的【本地账户】，在弹出的“添加用户”窗口输入新账号的用户名及密码即可完成新账号的创建，如图 1-5 所示。

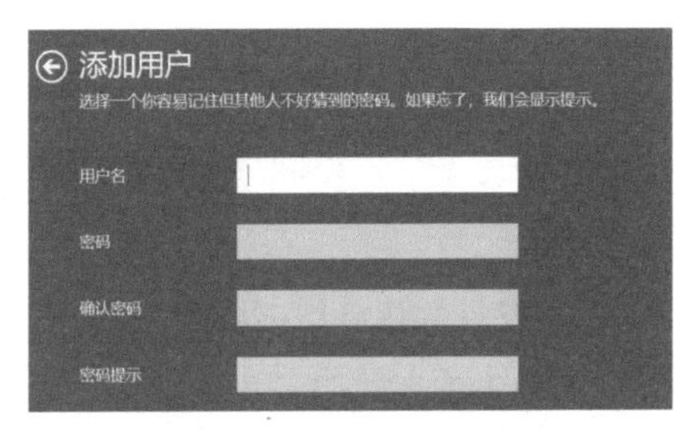

图 1-5　“添加用户”窗口

或者使用另一种方法创建新账号：首先，点击【开始】图标，打开“开始”菜单，点击本地账号头像，选择【更改账户设置】命令；其次，在弹出的页面中选择【家庭和其他用户】选项，点击【将其他人添加到这台电脑】；然后，在弹出的窗口中，点击【我没有这个人的登录信息】，开始创建操作；最后，根据提示填写相应的用户信息即可。

1.1.4 显示电脑的基本配置

当新用户刚接触电脑，希望了解电脑的基本配置时，可按以下方法操作。

①鼠标右键点击“此电脑”图标，在弹出的菜单栏中点击【属性】。

②在弹出的窗口中可以查看设备的具体信息，如图 1-6 所示。

图 1-6　系统信息

③另外，在“系统”页面左侧搜索栏中输入“设备管理器”后，弹出的窗口会显示该电脑的所有基本配置，如图 1-7 所示。

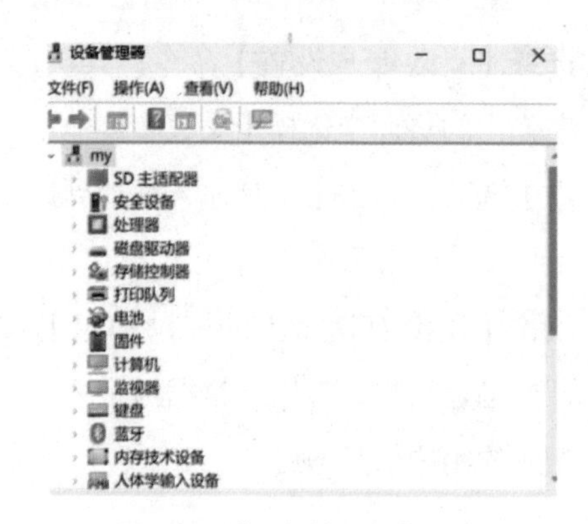

图 1-7 “设备管理器”页面

1.1.5 打印机与电脑的联合使用

打印机是将电子文档或图像输出为实体纸质文件的设备，它可以打印文档、照片、报表等各种类型的文件，常用于生活、办公场所。

打印机的使用操作如下。

①连接打印机和电脑：首先，确保打印机和电脑都处于开启状态，使用 USB 线缆将打印机与电脑连接起来；如果是无线打印机，可能需要通过 Wi-Fi 网络或蓝牙来连接。

②安装打印机驱动程序：大多数情况下，连接打印机后，系统会自动检测并安装相关的驱动程序；如果系统没有自动安装，用户可以从打印机制造商的官方网站上下载并安装最新的驱动程序。

③设置默认打印机：点击【开始】图标，打开“开始”菜单，点击【设置】，在弹出的页面中点击【蓝牙和其他设备】→【打印机和扫描仪】，选中【让 Windows 管理默认打印机】，即可设置默认打印机。

④打印文件：在需要打印的文件上点击鼠标右键，选择【打印】，然后根据自己的需求选择打印机和打印类型，如打印份数、纸张大小等，最后点击右下角【打印】即可进行打印。

在使用打印机时，具体操作可能会因其型号与系统而有所不同。如果遇到问题，可以检查打印机连接、驱动程序安装等方面的问题，以保证打印操作的正常进行。

1.1.6 手机与电脑的联合使用

手机与电脑的联合使用可以高效实现文件共享与数据同步、远程访问等功能。

1. 文件共享与数据同步

用户需要先注册云存储服务，如 Google Drive、OneDrive 等，然后在手机和电脑上同时安装相应的云存储应用程序，并登录自己的账号。此时，用户可以将在手机中存储的照片或视频，通过云存储应用程序上传至云端。如果用户后续在电脑上登录云存储服务，便可以轻松访问并下载这些文件。

2. 远程访问

用户在手机和电脑上选择并安装远程访问工具，如 TeamViewer、Chrome 远程桌面等，并登录个人账号，就可以远程访问个人电脑，并查看其中文件与应用程序。

1.1.7 蓝牙与电脑的联合使用

蓝牙功能允许电脑连接蓝牙键盘、蓝牙鼠标、蓝牙耳机、蓝牙音箱和其他外部蓝牙设备。具体操作方法：首先，确保外部蓝牙设备的蓝牙功能打开，点击【开始】图标，打开“开始”菜单，点击【设置】→【蓝牙和其他设备】，开启蓝牙功能，搜索可用的蓝牙设备，并选择与电脑进行配对。配对成功后即可使用外部设备进行操作或传输内容。

需要注意的是，蓝牙设备的使用范围有限，必须在一定的配对范围之内才能确保连接成功。

1.2 鼠标与键盘的基本操作

1.2.1 认识鼠标的指针

鼠标是电脑的输入设备，用于进行移动和点击操作。用户在移动鼠标时，通常会在电脑屏幕上看到一个小图标或符号跟随着鼠标进行移动，这就是鼠标的指针，也叫光标。

用户在使用鼠标操作电脑时，鼠标指针的形状会随着用户操作的不同或系统工作状态的不同，呈现出不同的形状，如图标为常见的鼠标指针状态。因此，熟悉鼠标指针的不同状态，能让用户更加轻松自如地操作电脑。

1.2.2 熟悉鼠标的各种操作

通常情况下，鼠标包含三个功能键，具体如下。

①左键：常用于“选择”。当用户希望选择某个文件或应用程序时，可通过点击鼠标左键来实现。

②中键：又称“滑轮”，常用于“上下浏览”。当用户浏览页面内容较多或页面显示不完整时，可以通过滑动鼠标中键实现向上或向下浏览。

③右键：常用于打开“快捷菜

单”。选定目标时，点击鼠标右键，可以打开目标对应的快捷菜单。

熟悉鼠标的功能后，还需要掌握鼠标的基本操作，包括指向、单击、双击、右击和拖动等，具体如下。

①指向：移动鼠标，即根据用户的需求，将鼠标指针移动到操作对象上。

②单击：当鼠标指针停留在某个目标上时，点击一次鼠标左键进行下一步操作，一般用于选定一个操作对象。

③双击：连续两次快速按下并释放鼠标左键，一般用于打开窗口或启动应用程序。

④右击：当鼠标指针停留在某个目标上时，按下鼠标右键一次，一般用于打开一个与操作对象相关的快捷菜单。

⑤拖动：按下鼠标左键不放，同时移动鼠标指针到指定位置，再释放按键，一般用于选择多个操作对象、复制或移动对象等。

1.2.3 键盘的基本分区

尽管鼠标可以完成很多操作，但是像文字和数据之类的工作还是需要用键盘来完成。日常使用的键盘主要分为以下 5 个区域。

①功能键区：位于键盘的最上方，包含【Esc】与【F1】~【F12】等键。其中，【Esc】键可以用于强制退出当前环境，因而也被称为强行退出键。【F1】~【F12】键在不同的操作系统和软件中可能有不同的功能，它们通常被用于执行特定的快捷操作。

②主键盘区：位于键盘的左下方，占据了键盘的大部分面积。这个分区包括字母键、数字键、符号键、空格键、回车键等，主要用于输入文字、数字和符号，以及进行基本的文本编辑操作。

③编辑键区：位于键盘中间靠右的区域，包含“上、下、左、右”四个方向键，以及【Delete】【Insert】等控制键。

④辅助键区：位于键盘的右侧区域，相当于集中录入数据时的快捷键，其按键功能可以被其他区域中的按键代替。

⑤状态指示区：由【Num Lock】【Caps Lock】【Scroll Lock】这三个指示灯组成。

1.2.4 键盘的按下和按住操作

①按下：按下并快速松开键盘上的按键。比如，按下【Windows】键

后，可以打开“开始”菜单。

②按住：按下按键保持不松开，主要用于两个或两个以上的按键组合，也称为组合键。比如，拖动鼠标左键选中所需内容，按住【Ctrl】键的同时按下【C】键，即可选定并复制内容；拖动鼠标左键选中合适的位置，按住【Ctrl】键的同时按下【V】键，即可粘贴内容；同时按住【Windows】键和【L】键，可以实现快速锁屏。

1.3 欢迎来到 Windows 的世界

1.3.1 桌面图标的管理与设置

Windows 系统桌面主要由桌面背景、桌面图标和任务栏组成，如图 1-8 所示。

桌面图标通常由文字和图片组成，其中，文字用于说明该图标的名称或功能，图片为该图标的标识符。

桌面图标的设置方法：首先，鼠标右击桌面空白处，在弹出的快捷菜单中单击【个性化】；然后，在弹出的“个性化”页面中，单击【主题】，选择【桌面图标设置】，会弹出“桌

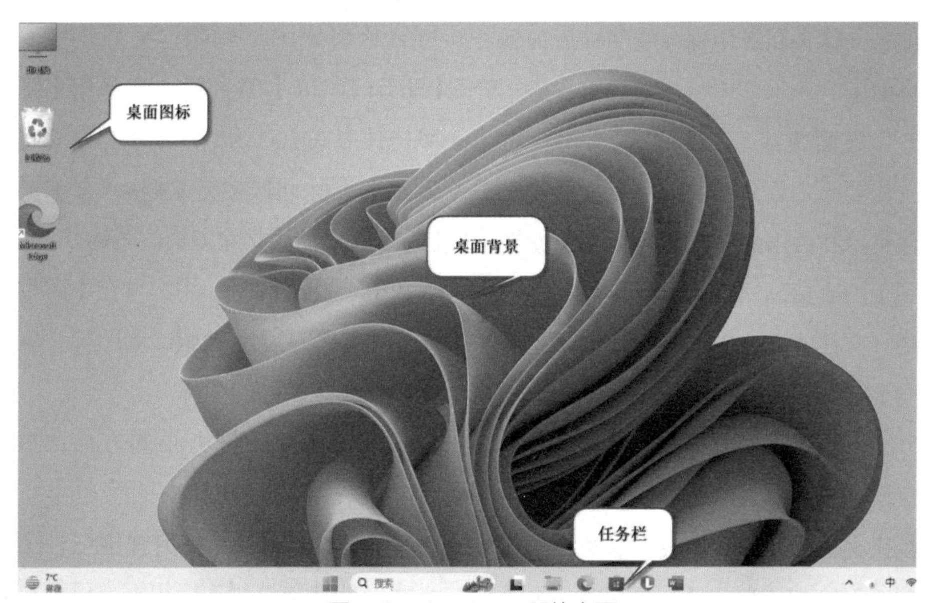

图 1-8　Windows 系统桌面

面图标设置”窗口；最后，在【桌面图标】选项组中勾选要显示的桌面图标复选框，单击【确定】即可在桌面上添加该图标，如图 1–9 所示。

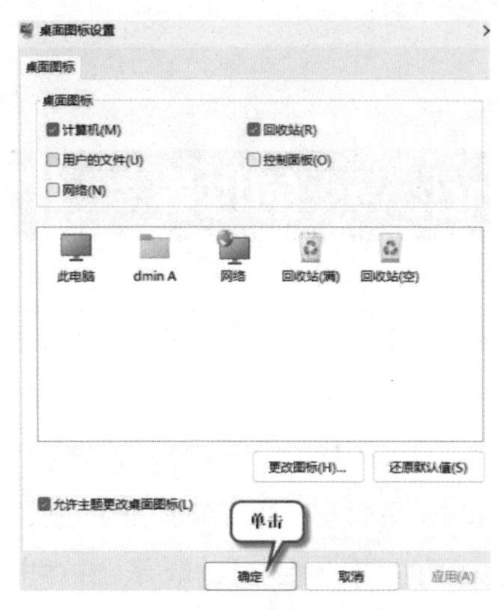

图 1–9　桌面图标设置

为了方便使用，用户也可以将文件、文件夹和应用程序的图标添加到桌面上。

桌面快捷方式的设置方法：右击需要添加到桌面的程序、文件或文件夹，在弹出的菜单栏中单击【发送到】→【桌面快捷方式】，此时该程序、文件或文件夹的图标便显示到桌面上了。

下面以添加微信桌面快捷方式为例展开说明：从电脑中找到微信应用程序文件所在的文件夹，右击微信应用程序文件，单击【发送到】，再单击【桌面快捷方式】，如图 1–10 所示。此时，微信桌面快捷方式就成功地添加到桌面上了。

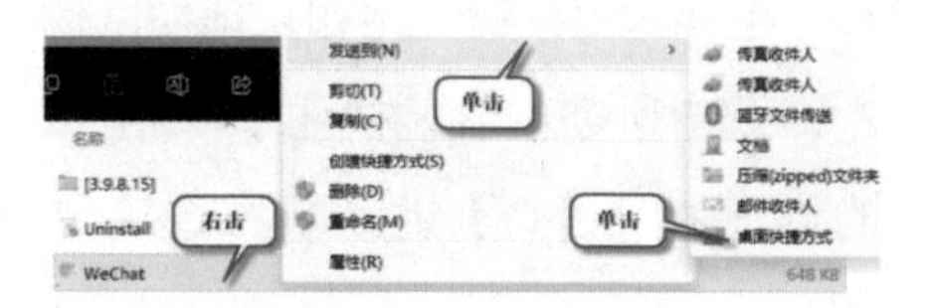

图 1–10　添加微信桌面快捷方式

如果用户想让电脑桌面更加简洁美观，可以将不再使用的桌面图标删除。

删除桌面图标的方法如下。

方法一：在桌面上选择要删除的桌面图标，右击并在弹出的菜单中选择【删除】，即可将其删除。

方法二：单击选择出需要删除的桌面图标，按下【Delete】键，也可轻松将该图标删除；另外，按下【Shift+Delete】组合键，会弹出【删除快捷方式】对话框并提示“你确定要永久删除此快捷方式吗？”，单击【是】即可彻底删除该桌面图标。

需要注意的是，用户可在【回收站】中查看或还原已删除的图标，但不包括永久删除的图标。

设置桌面图标大小的方法：右击桌面空白处，在弹出的菜单中点击【查看】，子菜单中会弹出三种图标大小的选项，用户可根据自己需求选择图标大小。除上述方法外，还可以按住【Ctrl】键不放，滑动鼠标滚轮，向上滑动放大图标，向下滑动缩小图标。

1.3.2 任务栏的功能和使用方法

任务栏位于桌面的最底部，主要由“开始”菜单、搜索框、任务视图、程序选择区、通知区和【显示桌面】按钮组成，如图1-11所示。接下来，将为大家详细介绍以上各部分。

图1-11 任务栏页面

1. 认识“开始”菜单

通常情况下，用户可以通过按下键盘上的【Windows】键将其打开；也可以通过单击屏幕下方左侧的【开始】图标打开“开始”菜单。“开始”菜单可用于完成启动程序、开关机和改变个人账号等操作，如图1-12所示。除已固定的应用外，单击【所有应用】，会显示出所有的应用名称；单击【电源】，在打开的菜单中可完成睡眠、关机或重启操作；单击账号头像，可以对系统设备、账号等各项内容进行设置。

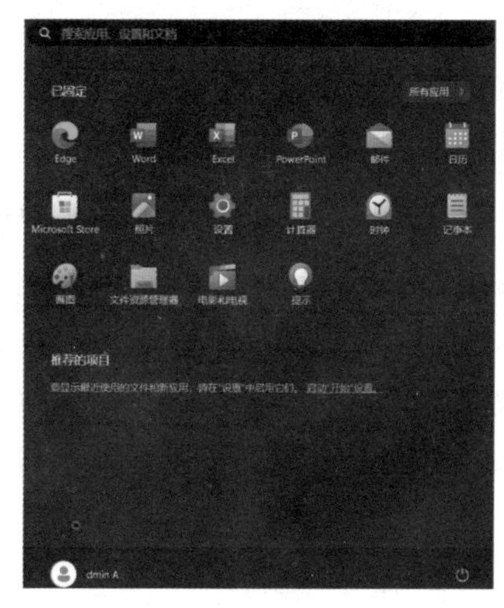

图1-12 “开始”菜单

2. 挖掘搜索框功能

任务栏中的搜索框既可以查找电脑中的文件，又可以在联网状态下实现网页搜索。下面以搜索“记事本”为例展开讲解：用户点击搜索框，输入“记事本”，然后，点击键盘上的【Enter】键（即回车键）后即可进入，如图1-13所示。

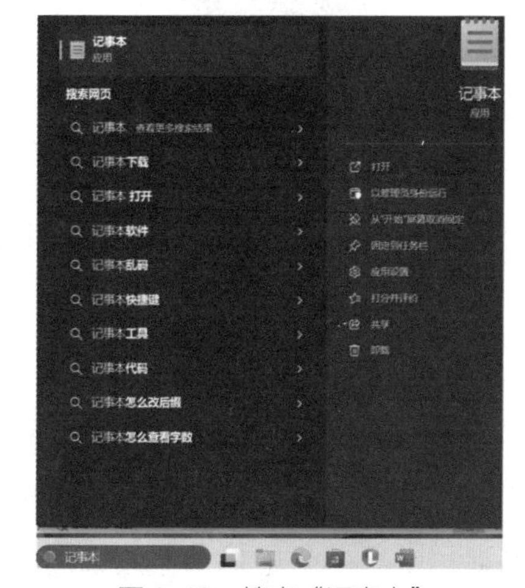

图1-13 搜索“记事本”

3. 巧用任务视图

当同时打开多个窗口时，为了方便进入当下需要操作的窗口，可以通过任务视图来寻找所需的窗口。具体操作如下：左键单击【任务视图】图标，即可快速进入多窗口操作页面；除此之外，还可以通过使用【Windows+Tab】组合键进入多窗口操作页面。

4. 固定应用程序到任务栏

用户可以将常用的程序固定到任务栏中的程序选择区，以方便快速启动该程序。具体操作如下：将鼠标指针放在想要固定到“任务栏”的应用程序上，单击并将其拖动至下方的任务栏中，松开鼠标，就完成了固定应用程序的操作，如图 1-14 所示。

图 1-14　固定应用程序

5. 隐藏与显示通知图标

通知区包含了网络、音量、输入法、时间等常用通知图标，因该区域显示的内容有限，有些通知图标会被隐藏起来，单击向下箭头图标即可将其显示出来。图 1-15 所示为在隐藏区打开蓝牙功能的操作。用户也可以将隐藏的通知图标拖动到通知区，使其显示出来。

图 1-15　显示图标

6. 快速返回桌面

当打开多个窗口，想要重新返回桌面时，用户可以点击【显示桌面】按钮快速回到桌面。此外，还可以通过使用【Windows+D】组合键快速返回桌面。

1.3.3 记事本与写字板的使用

1. 记事本

“记事本”是 Windows 系统自带的文本编辑工具，界面简洁，易于上手，不需要复杂的操作便可快速编辑文本。

（1）打开“记事本”

鼠标右击桌面空白处，在弹出的快捷菜单中单击【新建】→【文本文档】，此时桌面上就会出现一个“新建文本文档”，双击即可打开；或者使用【Windows+R】组合键打开“运行”窗口，输入“notepad”并敲击【Enter】键完成新建并打开。

（2）编辑文本

在“记事本”中通过键盘输入文本，拖动鼠标左键选中所需文本后，单击【编辑】或使用快捷键【Ctrl+C】【Ctrl+X】【Ctrl+V】即可完成复制、剪切和粘贴文本的操作。

（3）文本自动换行

当在“记事本”中输入过多的文字，且文字都在同一行不方便阅读时，自动换行可以有效地帮助我们对文本内容进行排版或样式设置。单击【查看】，勾选【自动换行】选项，即可帮助文本进行换行，避免出现文字都在同一行的问题，如图1-16所示。

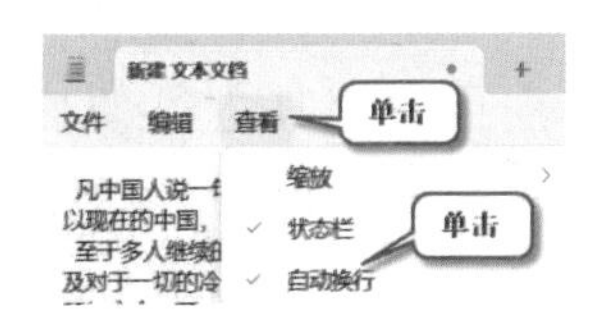

图1-16　自动换行

（4）保存文本

文本编辑完成后，点击菜单栏中的【文件】选项，选择【保存】即可保存文本；或者选择【另存为】，可在弹出的“另存为”窗口中修改文件名、文件类型和保存位置；另外，使用【Ctrl+S】组合键也可以实现文件保存操作。

2. 写字板

“写字板”是一个非常实用的文字处理软件。

（1）打开“写字板”

在任务栏的搜索框中输入“写字板”，敲击【Enter】键，可快速打开“写字板”软件。

（2）编辑文本

打开“写字板”后，可以在空白的文本编辑区域进行相关操作。比如，通过快捷键【Ctrl+C】【Ctrl+X】【Ctrl+V】实现复制、剪切和粘贴操作。“主页”命令栏下除了“剪贴板”外，还有“字体”“段落”“插入”和“编辑”等相关操作面板，如图1-17所示。

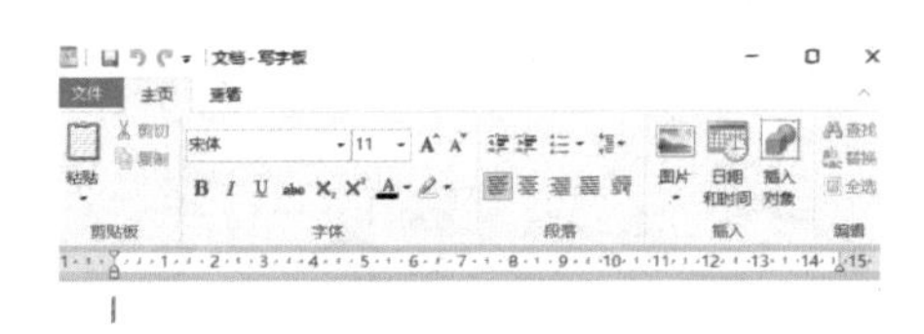

图1-17　“写字板”页面

在“字体”操作面板中，可根据需求修改文本的字体、大小及颜色等；在“段落”操作面板中，可根据需求调整文本内容的排版方式，如

“居中”或“向左对齐”等；鼠标右击选中的文本，在弹出的窗口中单击【段落】，在弹出的“段落”对话框中，可以根据个人需求设置缩进和间距等。

为了丰富文本内容，还可以通过“插入”操作面板插入图片、绘图或日期等。

需要修改文档中多次出现的内容时，为避免出现遗漏，可以用鼠标左键选择该内容，单击“编辑”面板中的【替换】，在弹出的“替换”对话框中，输入替换后的内容，再单击“全部替换”即可实现文档中该内容的全部替换，如图 1-18 所示。

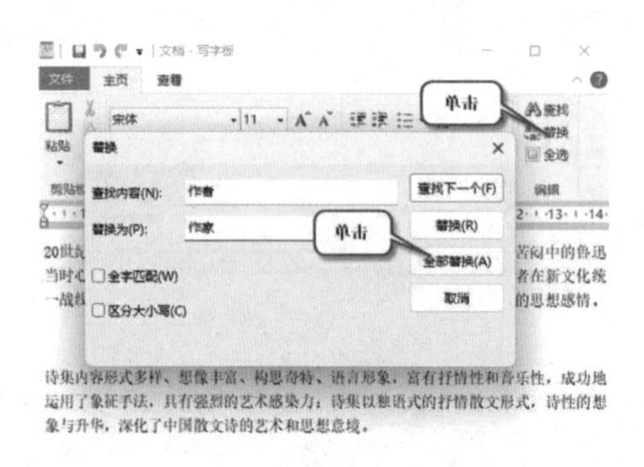

图 1-18　替换文本

（3）保存文本

当文本编写完成后，单击【文件】→【保存】，在弹出的“保存为”窗口中确认文件名、保存类型、保存位置后点击【保存】按钮，即可将该文件内容保存到电脑中。

1.3.4 巧妙利用截图工具和计算器

用户利用 Windows 系统自带的“截图工具”，不仅可以及时捕获关键信息，还可以有效地提高工作效率及处理信息的能力。

在 Windows 系统中，按下【PrtScr】键后，会将整个屏幕的截图复制到剪贴板。若用户只需要截取部分内容，则可以通过使用【Windows+Shift+S】组合键打开“截图工具”，根据需要选择截取屏幕的某个区域即可。

“计算器”是 Windows 自带软件，用户可利用其进行便捷计算。在任务栏的搜索框中，输入“计算器”后敲击【Enter】键；或者按下【Windows+R】组合键来打开“运行”窗口，输入“calc”并单击确定，即可打开计算器，如图 1-19 所示。

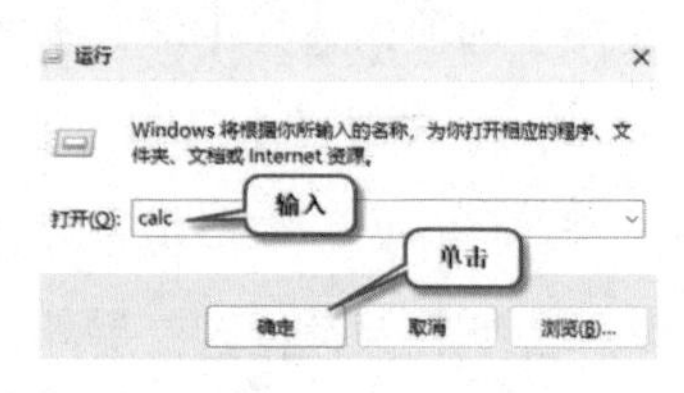

图 1-19　打开“计算器”

1.3.5 系统录制音频工具——录音机

Windows 自带的“录音机”软件能够满足日常简单的录音需求，其使用操作如下。

打开“开始”菜单，在搜索框内输入“录音机”后敲击【Enter】键，即可打开“录音机”界面，然后单击右上角的【…】图标，在弹出的列表项中单击【设置】，如图 1–20 所示。在“录音机”设置界面，可以设置录制的格式和音频质量。

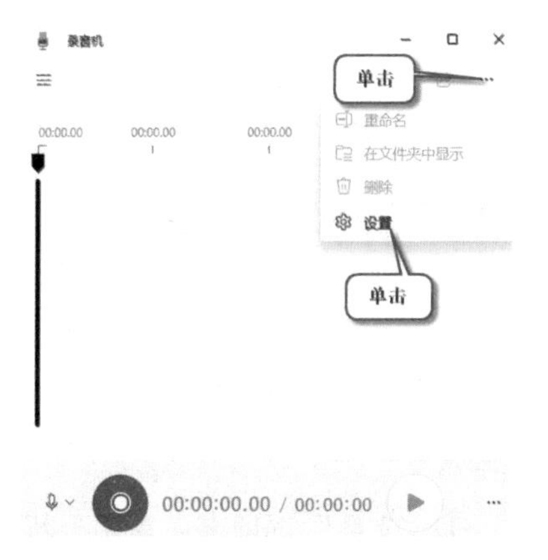

图1-20 打开“录音机”设置界面

设置完成返回主界面，点击下方红色按键开始录音，此时会弹出提示对话框，选择【是】即可。录制完成后，点击黑色按键停止录音，然后点击右上角【…】图标，在弹出的选项中点击【在文件夹中显示】即可查看录音文件。

1.3.6 系统录制视频工具——Game Bar

Game Bar 是 Windows 系统中的内置工具，借助这个工具用户可以轻松录制游戏片段，并进行多种应用的截图操作。单击【开始】图标，打开“开始”菜单，选择【设置】选项后进入“Windows”设置页面，单击【游戏】，选择开启 Game Bar，如图 1–21 所示。此后，可以通过【Windows+G】组合键打开 Game Bar。

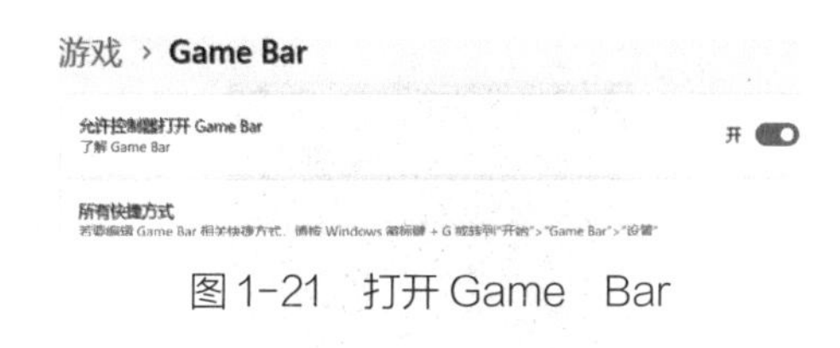

图1-21 打开Game Bar

进入程序后，桌面上方会弹出主菜单栏，如图 1–22 所示。点击【捕获】选项展开子菜单，选择单击【开启录制】即可进行视频录制；选择【获取屏幕截图】可实现屏幕截图，捕获的内容可通过单击【查看我的捕获】查看，如图 1–23 所示。

图1-22 Game Bar 菜单

图1-23 “捕获”操作

Game Bar 提供了性能监视器，可以显示游戏运行时的关键性能数据，如帧率、CPU 和 GPU 使用率，帮助了解游戏性能并进行必要调整，如图 1-24 所示。此外，还可以调整游戏音量、麦克风音量和其他音频设置，以确定游戏与流媒体的声音质量，如图 1-25 所示。软件使用完毕后，按下【Esc】键，即可退出 Game Bar。

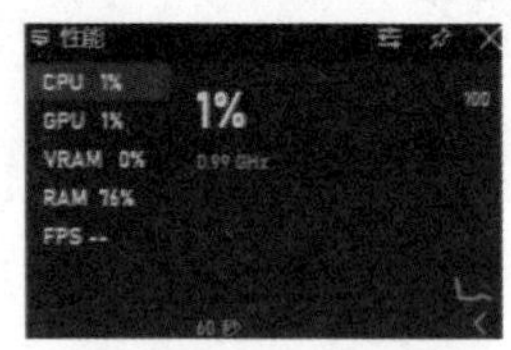

图1-24 查看性能

图1-25 调节音频

1.3.7 系统绘制静态图形工具——画图

“画图”是 Windows 系统中自带的绘图工具，常用于编辑图像和绘制简单的图形。操作时，先点击搜索框使用【Windows+S】组合键方式打开 Windows 搜索界面，然后输入“画图”或“paint”，敲击【Enter】键即可打开“画图”界面。

“画图”应用的主界面由快速访问工具栏、画图区域和功能区三部分组成，如图 1-26 所示。

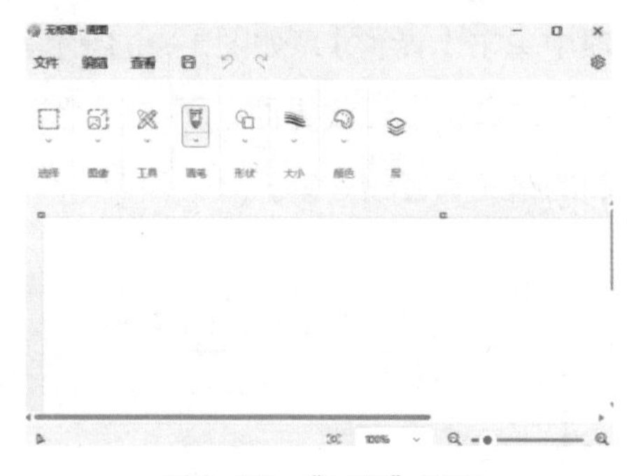

图1-26 “画图”界面

快速访问工具栏包括三个选项卡，即“文件”“编辑”和“查看”，具体如下。

①“文件”选项卡：常用于新建画布及文件的保存。打开“画图”应用，选择【文件】→【新建】来创建一个新的画布；当完成绘图或编辑后，选择【文件】→【保存】来保存文件，或单击【文件】→【另存为】导出不同格式的图像，如 JPEG 图片、PNG 图片等，如图 1-27 所示。

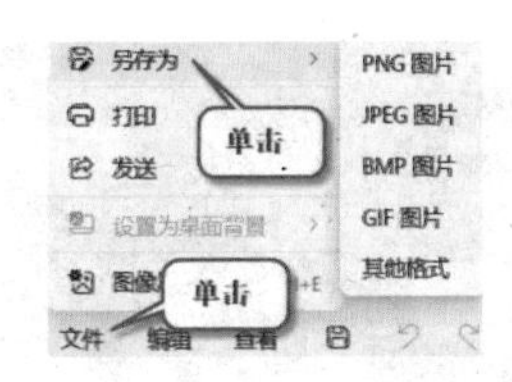

图1-27 文件“另存为”操作

②“编辑”选项卡：用于编辑照片或绘制图像。

③“查看”选项卡：包含的标尺、网格线等工具及缩放功能可以辅助更好地显示图像。

功能区主要包含“剪切”“复制”和“粘贴”功能、“选择”功能、“工具”功能、“形状”功能、“颜色”功能等，具体如下。

①“剪切”“复制”和“粘贴”功能：用于剪切、复制选定的部分，并在图像中粘贴该内容。

②“选择”功能：用于选择图像中的特定区域，以便进行编辑或移动。

③“工具”功能：包含各种绘图工具，如铅笔、画笔、橡皮擦、填充工具和不同类型的刷子等。比如，单击【刷子】下拉按钮可选择不同类型的刷子；【A】可以帮助完成文本的插入与编辑，同时在“文本”页面可实现对该文本内容、字体样式、字体大小及字体颜色的修改。

④“形状”功能：单击【形状】下拉按钮，在展开列表中选择各式图形，同时可以调整图形的大小、轮廓粗细、颜色等。此外，单击任一形状，可以在【轮廓】→【填充】下拉列表中设置笔迹样式，如蜡笔、记号笔等，如图1-28所示。

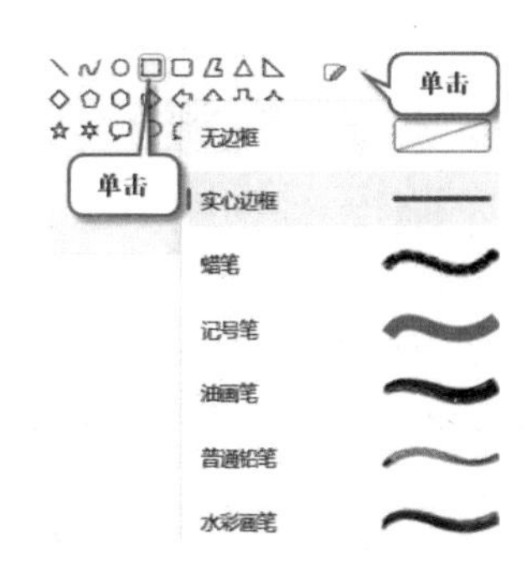

图1-28 使用“形状”功能

⑤“颜色”功能：其中提供了常用的各种颜色，“颜色1”为前景色，表示当前正在使用的绘图工具的颜色；“颜色2”为背景色，一般在需要设置背景颜色时才会用到，也叫图像的背景颜色或填充颜色。如图1-29所示，右击画布上的心形图案边框，再单击【填充】选项，然后选择【纯色填充】，即可将图案的边框颜色改为黑色。

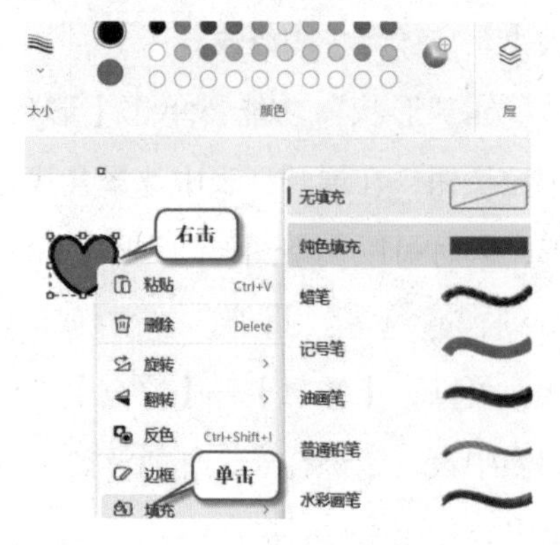

图 1-29 使用“颜色”功能

1.3.8 系统处理图像工具——照片

一般情况下，用户在搜索框中输入“照片”再敲击【Enter】键，或者打开“开始”菜单单击【照片】图标，即可打开应用程序。如果有修改图片的需求，可以打开当前需要修改的图片，点击图标，进入编辑状态。

在编辑状态下，单击【裁剪】图标，可以通过鼠标调节边框区域裁剪照片或修改照片的大小；旋转工具每次可将图片旋转 90° ；翻转工具可将图片沿某个轴镜像翻转。

单击【调整】图标，可根据需要增强图像的细节，或使用模糊工具来柔化图像以获得特殊效果，如图 1-30 所示。

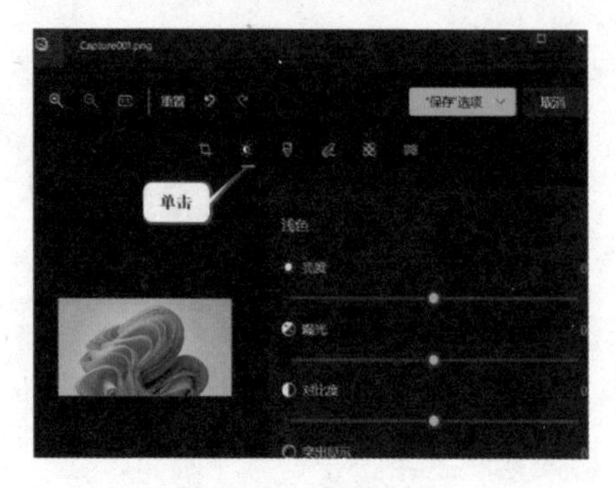

图 1-30 调整图像

单击【滤镜】图标，从右侧的滤镜栏中可以选择合适的滤镜效果，如图 1-31 所示。

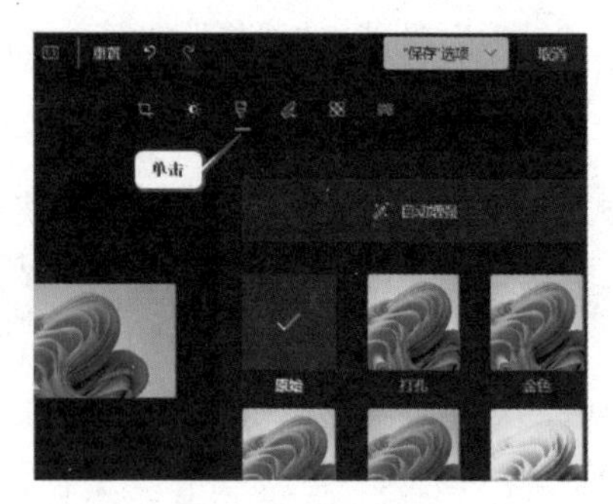

图 1-31 添加滤镜

若想在照片上添加一些备注，可单击【标记】图标，在下方的工具栏中选择合适的绘制工具进行标注，如图 1-32 所示。

图 1-32 “标注”图片

待图片上所有的编辑操作完成后，点击【保存】，相当于在原图上修改；根据需要也可以选择“另存为副本”，这一选项是在保留原图的同时，将修改过的图片新建一个文件进行保存。

1.3.9 Windows 窗口的自由切换

窗口是屏幕上与应用程序相对应的一片区域，它是用户与产生该窗口的应用程序之间的可视界面。

1. 窗口组成及其含义

如图 1–33 所示，以“此电脑”窗口为例进行讲解。“此电脑”窗口主要由标题栏、菜单栏、地址栏、搜索栏、导航栏、控制按钮、状态栏、工作区域、视图按钮等组成。其具体含义如下。

①标题栏显示的是当前窗口的标题和控制按钮，如“最小化”“最大化 / 还原”“关闭”等。用户可以通过拖动标题栏窗口来移动页面位置。

②菜单栏会列出各种可用的命令和选项，用户可以通过点击菜单项来执行操作。

③地址栏反映了从根目录开始到当前所在目录下的路径，单击地址栏即可看到文件的具体路径。

④搜索栏主要用于快速查找所需文件。在搜索栏中输入要查找文件的关键字，电脑就会自动执行查找操作。

⑤导航栏包含了“快速访问”“OneDrive”“此电脑”和“网络”等选项。

⑥控制按钮主要用于返回、前进、上移到前一个目录位置。

⑦状态栏显示了当前文件下的项目信息数量。

⑧工作区域显示了当前文件的内容，也称为“内容窗口”。

⑨视图按钮用于切换或调整工作区域的不同视图或模式。

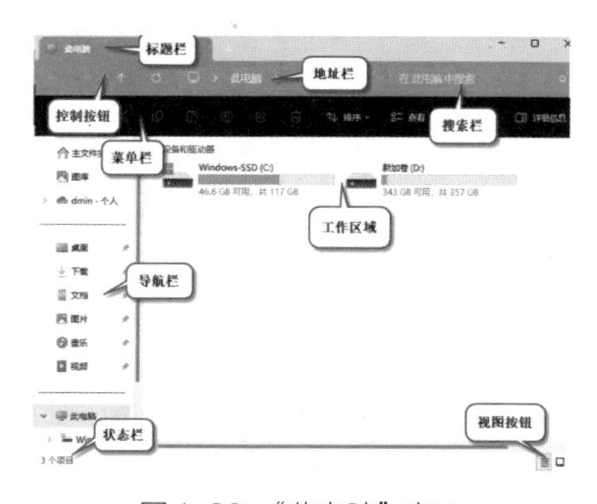

图 1–33 “此电脑”窗口

2. 打开与关闭窗口的操作方法

①打开窗口：用户若想打开某程序的窗口，双击其应用程序图标即可；另外，右击需要打开的程序图标后，在弹出的菜单选项中单击【打

开】也可以打开该程序窗口。

②关闭窗口：完成窗口操作后，若想将其关闭，可以单击窗口右上角的【关闭】；还可以在任务栏中右击需要关闭的程序，并在弹出的快捷菜单中选择【关闭窗口】命令来关闭窗口；或者在当前需要关闭的窗口中使用组合键【Alt+F4】也可快速将其关闭。

3. 多窗口的相关操作

为了方便进行多任务处理，常常会出现一个屏幕同时显示两个或多个窗口的情况。在 Windows 系统中，可以使用【Windows+ 左方向】组合键将当前窗口固定到屏幕左侧的一半；使用【Windows+ 右方向】组合键将当前窗口固定到屏幕右侧的一半；使用【Windows+ 上方向】组合键将当前窗口最大化；使用【Windows+ 下方向】组合键将当前窗口还原或最小化。

除上述快捷操作外，在多窗口的情况下，熟悉窗口间的切换操作有助于提高工作效率，其操作如下。

方法一：按住【Alt】键并连续按【Tab】键，可以在打开的窗口之间进行快速切换。

方法二：通过【Windows+Tab】组合键打开任务视图，在任务视图中，能够看到所有打开的窗口，在需要切换的窗口上单击鼠标，即可实现快速切换。

方法三：在任务栏中会显示已打开的窗口图标，单击该图标，便可切换到对应的窗口。

1.3.10 Windows 个性化设置

在 Windows 系统中，通过各种个性化设置，可以满足不同用户的个人偏好与需求。接下来，将针对桌面背景设置、锁屏界面设置、日期与时间设置、屏幕保护、账号头像设置、PIN 密码设置等方面的操作方法展开讲解。

1. 桌面背景设置

用户右击桌面空白处，选择【个性化】进入“个性化”页面后，点击【背景】→【浏览照片】，弹出图片选择窗口后，选择想要设置的背景图片，单击【选择图片】即可完成桌面背景设置。另外，用户还可以在“个性化设置背景”中选择或自定义喜欢的颜色，实现纯色的背景效果。

当用户对于某一桌面感到疲劳时，可使用“幻灯片放映”模式切换桌面，具体操作如下：单击【背景】下拉按钮，在如图 1-34 所示下拉列表中选择【幻灯片放映】选项，完成下方图片切换时间和契合度的设置后，即可使桌面背景呈现为幻灯片的效果。

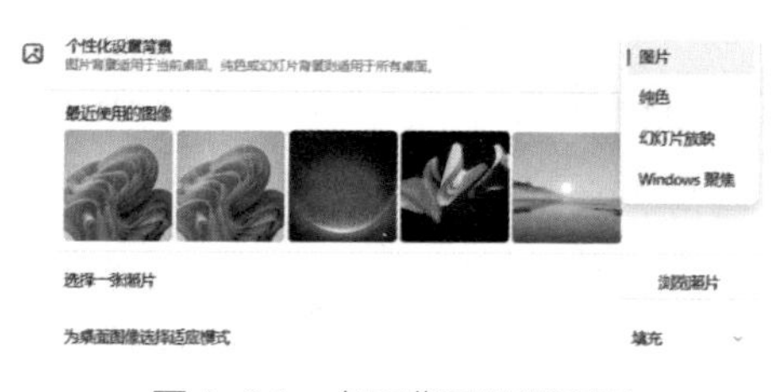

图1-34　桌面背景设置页面

2. 锁屏界面设置

用户可以根据个人爱好，设置锁屏界面的背景、显示状态。具体操作：在“个性化”页面中单击【锁屏界面】，在弹出页面中选择系统自带的或之前下载的图片作为锁屏壁纸，页面上方“预览”中可以看到设置的壁纸效果；使用【Windows+L】组合键，进入锁屏状态后，就可以看到设置的壁纸效果。另外，用户还可以选择在锁屏状态下显示的应用，方便在锁屏情况下仍然可以收到一些系统通知，如图1–35所示。

图1-35　设置在锁屏状态下显示的应用

3. 日期与时间设置

用户可以在屏幕下方的通知区查看日期与时间，将鼠标移动到“日期和时间”上，便会弹出当前的日期和星期几。若电脑显示的时间与当地时间不符，右击“日期与时间”处，在弹出的列表栏中选择【调整日期/时间】，在弹出的“日期和时间”设置页面中，关闭【自动设置时间】，单击【更改】，选择或手动输入时间和日期，即可实现更改，如图1–36所示。需要注意的是，Windows系统在联网情况下可以自动修改时间，只需要将【自动设置时间】设置为“开”即可。

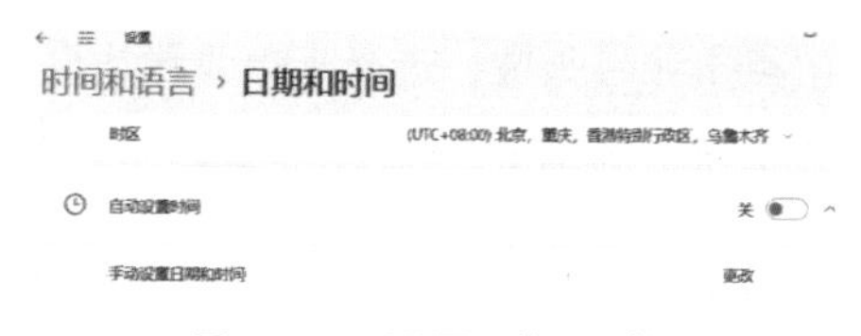

图1-36　设置日期和时间

4. 屏幕保护

有不少用户担心，如果人离开电脑前时忘记关闭显示器，敏感信息可能会被他人窥视，这个时候屏幕保护就很有必要了，不但可以保护个人隐私，还能有效地节省能源。设置屏幕保护的具体操作如下：右击桌面空白处，选择【个性化】→【锁屏界面】，单击【屏幕保护程序】，在弹出的页面中，根据自己的需求选择屏幕保护程序的类型，如彩带、3D 文字等，最后单击【确定】完成屏幕保护设置，如图 1-37 所示。

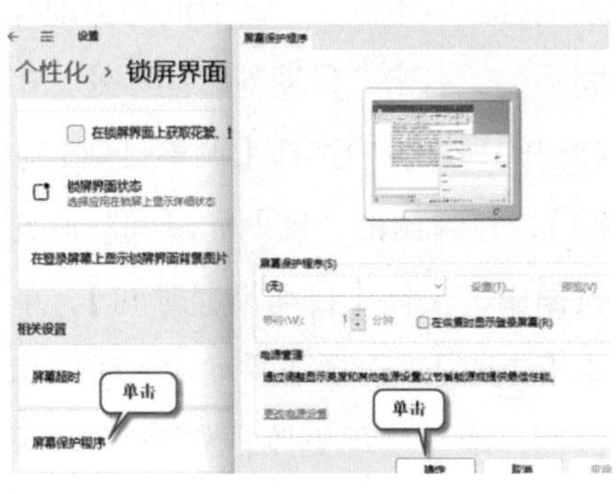

图 1-37　设置屏幕保护

5. 账号头像设置

登录的账号在默认情况下是没有头像的，用户可以在“开始”菜单中点击账号头像，选择【更改账户设置】进入设置页面，在“调整照片”中选择“摄像头”进行拍照；或者单击“选择文件”并选择想要用作头像的图片，再点击【Enter】键，就完成了对账号头像的设置。

6. PIN 密码设置

PIN 密码是为了方便用户登录计算机或其他手持设备所设置的短数字密码。设置 PIN 密码后，用户不需要输入完整的 Windows 登录密码，只需要输入几个相对容易记忆的数字即可快速登录系统。

设置 PIN 密码的具体操作：打开“开始”菜单，单击选择【设置】→【账户】，在弹出的页面中单击【登录选项】，单击【PIN】，选择【添加】，在弹出的窗口中设置 PIN 密码，为进一步保证设备的安全，勾选【包括字母和符号】选项，单击【确定】，即完成了 PIN 密码设置。

1.4　文件管理

1.4.1 认识文件与文件夹

1. 文件

文件是计算机上存储数据的基本单位，一个文件就代表了一份数据，它包含文本、图像、音频、视频和程序等各种形式的信息。接下来，从文件名、扩展名、文件路径、文件地址、文件大小等几个方面展开讲解。

①文件名：文件名是用户或系统为文件指定的名称。用户可以通过文件名在文件系统中标识并访问文件。

同一个文件夹下的文件名不能相同。文件名的长度最高可达 255 个字符，其中一个汉字相当于两个字符，而且文件名在使用时不区分大小写字母。需要注意的是，文件在命名中不能出现以下字符：斜线（\、/）、竖线（|）、小于号（<）、大于号（>）、冒号（：）、引号（“　”）、问号（？）、星号（*）等。

②扩展名：文件扩展名是文件总名称的一部分，通常在文件名的后面，用于标识文件的类型。它通常由一个或多个字母组成，例如，txt 表示文本文件；jpg 表示图像文件等。

③文件路径：文件路径用于描述文件在系统中的位置。

④文件地址：由“盘符”和“文件夹”组成，它们之间通过“\”分隔，后一个文件夹是前一个文件夹的子文件夹。例如，“E：\Work\Monday\总结报告.docx”的地址是“E：\Work\Monday”，其中，“Monday”文件夹是“Work”文件夹的子文件夹。

⑤文件大小：文件大小表示文件所占存储空间的大小，一般以字节（B）为容量单位。

2. 文件夹

文件夹也叫文件目录，它是文件系统中的一个层级结构元素，通常包含一个或多个文件或文件夹。文件夹的命名规则与文件类似，但注意区分的是，文件夹通常没有扩展名。

1.4.2 新建文件与文件夹

①新建文件：用户在桌面空白处使用鼠标右击，选择【新建】，在弹出的菜单中根据类型提示单击选择，即可完成某类文件的新建操作。

②新建文件夹：用户可以在桌面上双击【此电脑】，在弹出的页面中找到创建文件夹的目标位置，然后在文件资源管理器窗口的顶部点击【新建文件夹】；或者右击桌面空白区域选择【新建】→【文件夹】，接着对新建的文件夹进行命名即可。新建文件夹后，在文件资源管理器中，找到并双击要打开的文件夹，便可打开该文件夹并查看其中内容。

1.4.3 文件资源管理功能区

电脑的文件资源管理器中，通常情况下会默认隐藏功能区。用户只需要双击【此电脑】或使用【Windows+E】组合键打开文件资源管理器，然后右击任意文件，便可在弹出菜单栏中找到对该文件的常用操作，如“打开”“属性”“显示更多选项”等，如图 1–38 所示。

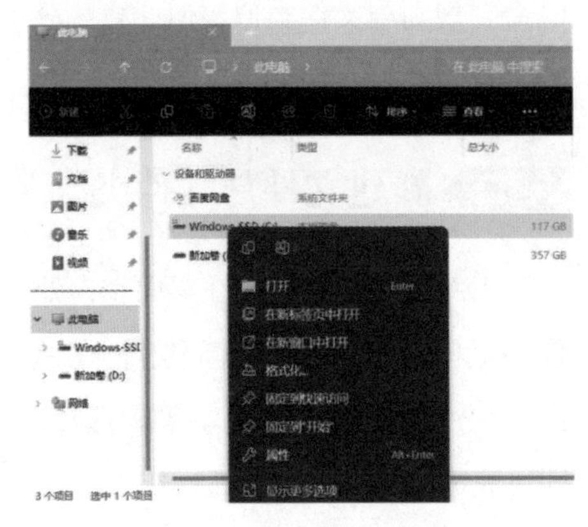

图 1–38　打开文件资源管理功能区

选择其中任意一个文件夹打开，在页面上方可以对文件或文件夹进行新建、复制、粘贴、删除等一系列操作，如图 1–39 所示。

图 1–39　对文件进行操作

页面上方的“查看”标签页包含了对文件或文件夹进行切换显示方式、排序和分组、显示 / 隐藏文件扩展名等功能。

1.4.4 搜索和查看文件

1. 搜索文件

打开文件资源管理器后，单击左侧的【此电脑】，然后在该范围内使用搜索栏输入关键字搜索文件。搜索结束后，会在下方窗口显示搜索结果，如图 1–40 所示。

图 1–40　搜索文件

2. 查看文件信息

打开文件资源管理器后，鼠标右击要查看的文件，在弹出的菜单栏中选择【属性】按钮，即可查看该文件的具体信息，如图 1–41 所示。

图 1–41　查看文件信息

1.4.5 删除与还原文件或文件夹

当打开某个文件夹时，可通过页面上方提供的删除功能，或右击其文件或子文件夹并单击弹出窗口中的

【删除】，实现对该文件或子文件夹的删除操作。当存在误删情况时，鼠标双击【回收站】，从“回收站”中查找误删的文件或文件夹，并右击该文件或文件夹，在弹出的菜单栏中单击【还原】即可进行还原，如图1-42所示。

图1-42　还原文件

1.4.6 压缩与解压文件或文件夹

当用户需要将多个文件或文件夹一起发送给其他人或进行备份时，就需要使用压缩功能来减小文件的大小，实现有序地组织和整理文件并快速传输。

压缩文件或文件夹的操作方法：首先，确定电脑已经下载并安装过某个压缩软件，如7-Zip、WinRAR等；接着，选中需要压缩的文件或文件夹后右击它，在弹出的菜单栏中单击【添加到压缩文件】，电脑会自动生成和该文件或文件夹同名的压缩包。当然，也可以同时压缩多个文件或文件夹：新建一个文件夹，将需要压缩的多个文件或文件夹全部移入该新建文件夹后，右击选择【添加到压缩文件】即可。

如果收到了压缩文件，可以右击该压缩文件，选择【解压到当前文件夹】，即可完成解压缩操作。

1.4.7 隐藏和显示文件夹

对于电脑上一些敏感且重要的文件夹，常常会用到文件夹的隐藏和显示功能，以确保其他人不会轻易看到该文件，有效地保护隐私并避免出现误删除操作。

隐藏文件夹的操作方法：首先，使用【Windows+E】组合键打开文件资源管理器，右击需要隐藏的文件夹；然后，选择【属性】，在“属性”对话框中，单击【隐藏】复选框；最后，单击【确定】即可完成隐藏，如图1-43所示。

显示文件夹的操作方法：如果用户想要显示隐藏的文件，可以在文件资源管理器的菜单栏中找到“查看”标签页，然后在“显示/隐藏”处勾选【隐藏的项目】，即可查看被隐藏的文件夹。

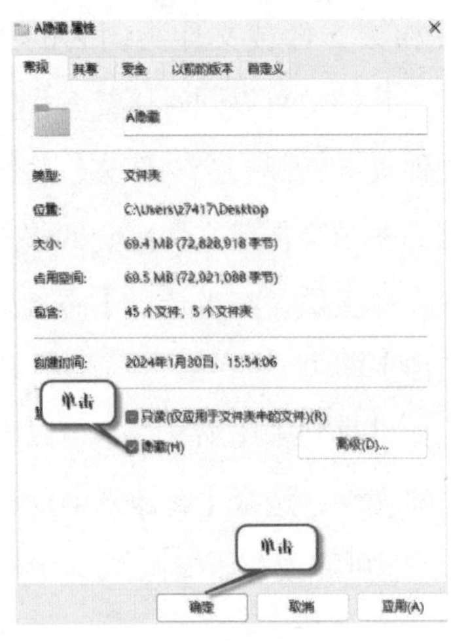

图 1-43　隐藏文件

1.4.8 加密和备份文件夹

1. 加密文件夹

加密文件夹可以避免未经授权的访问，极大地提高文件的安全性。

加密文件夹具体操作如下：首先，右击需要进行加密的文件夹，选择【属性】按钮，在弹出的“属性”对话框中单击【高级】，勾选“加密内容以便保护数据”；然后，点击【确定】返回到“属性”对话框，单击【应用】，弹出“加密警告”对话框，选择【加密文件及其父文件夹】，单击【确定】即完成文件加密。

2. 备份文件夹

备份文件夹与复制文件夹都是创建源文件的副本，但复制文件夹是生成一个完全相同的副本，这两个文件夹之间的关系是相对独立的，对一个文件的更改不会影响另一个；而备份文件夹是创建一个安全副本，通过备份操作既能确保备份文件是最新的，又能保证用户误操作后回退到以前的版本，实现文件的可恢复功能。

备份文件夹的具体操作：首先，右击需要备份的文件并选择【复制】，或者单击选中需要备份的文件使用【Ctrl+C】组合键；其次，找到准备备份到的目标位置；最后，右击目标位置并单击【粘贴】，或者使用【Ctrl+V】组合键，即完成手动备份操作。

1.5　软件的安装与管理

1.5.1 通过官方网站下载安装软件

软件在日常生活中扮演着关键的角色，涵盖了办公学习、游戏娱乐、聊天互动等各个方面。

当电脑在联网状态下时，若知道

所需软件的官网网址，在浏览器的地址栏中输入网址进入所需软件的官方网站，便可从官方网站下载安装该软件。图1-44所示为在微信官网下载微信Windows版的界面。

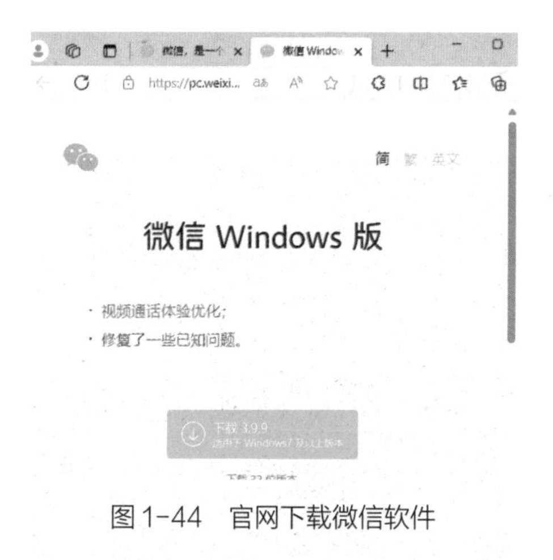

图1-44 官网下载微信软件

若是不知道该软件的官网网址，可以在浏览器的搜索栏中直接输入想要下载的软件名称，从搜索到的网页中选择并点击带有“官方”标志的搜索结果，即可进入该软件的官方网站。

1.5.2 通过电脑管理软件安装软件

用户也可以使用电脑自带的管理软件或下载的管理软件进行系统的清理与软件管理。以联想电脑管家为例，打开联想电脑管家，单击左侧菜单栏中最底部的【应用商店】，从弹出的“联想应用商店”页面中，找到需要下载的软件，单击立即安装即可，如图1-45所示。

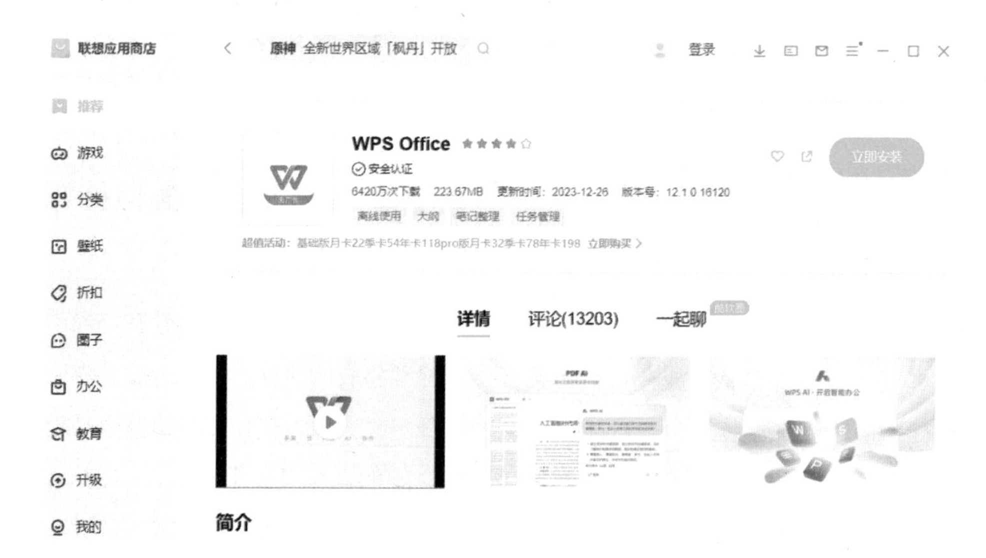

图1-45 “联想应用商店”页面

1.5.3 通过链接下载软件

用户在使用链接下载软件时，为保证电脑的信息安全，建议尽量使用受信任来源的链接，如某软件的官方网站、开发者网站或其微信公众号（受信任平台）所发布的链接。

用户只需点击链接，即可启动下载，省去了搜索和导航到官方网站的步骤。这一方式也方便了用户之间相互分享，通过提供一个下载链接，即可共享一个便利且安全的工具或资源。

1.5.4 安装软件的注意事项

①选择可信任的来源：用户在下载软件时，建议从可信任的来源下载，如官方网站、应用商店和其他可信平台，防止误装恶意软件。

②谨慎处理捆绑软件：不少人在安装过程中会遇到一些附加软件的推荐，应尽量拒绝安装这些不熟悉或不需要的软件。

③实时调整安装路径：大多情况下，安装的软件默认存放在 C 盘（系统盘），若软件安装过多，可能会导致程序运行缓慢，所以需要注意调整安装路径，避免出现 C 盘空间不足、程序运行缓慢的现象。

1.5.5 按照名称搜索软件

用户可以在任务栏的搜索框中输入软件的名称，在键盘上敲击【Enter】键后，系统会自动打开并运行该软件。图 1-46 所示为搜索“百度网盘”应用程序的操作界面。

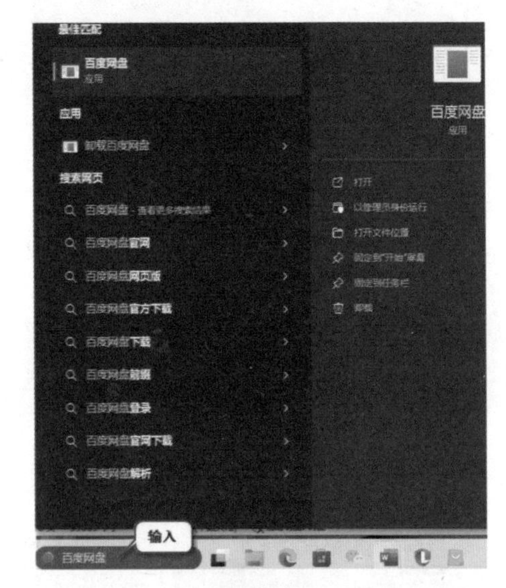

图 1-46　通过搜索框搜索“百度网盘”应用程序

1.5.6 从桌面和任务栏打开软件

对于常用的软件，在安装过程中有必要将它的快捷方式同时放入桌面和任务栏，以方便使用时快速启动软件。例如，在桌面上右击微信图标，再单击【打开】即可启动微信软件，如图 1-47 所示。如果任务栏中也存在需要打开软件的图标，那么单击该图标也可以打开相应软件。

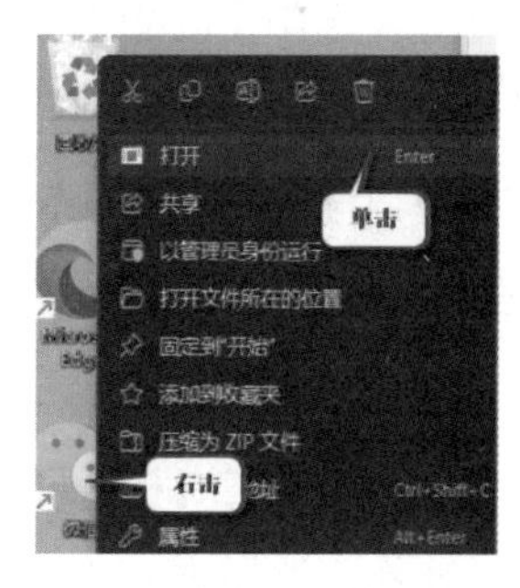

图 1-47　从桌面打开微信软件

1.5.7 更新与升级软件

软件开发者每隔一段时间就会对软件进行版本升级，从而为用户带来更好的体验。若安装的软件不是最新版本，就需要更新升级至最新版本。此时，用户可以从电脑管理软件如联想电脑管家中进行软件更新升级，具体操作如下。

首先，打开联想电脑管家软件，选择左侧菜单栏中的【应用商店】，在弹出的“联想应用商店”页面中，单击【全部升级】或选中需要升级的软件，即可完成软件升级，如图 1-48 所示。

图 1-48　更新与升级软件

1.5.8 卸载软件

为了方便用户管理电脑的内存，常通过卸载一些不常用的软件来保证电脑的正常运行。目前比较常用的卸载应用的方式，有使用软件自带的卸载组件卸载、使用设置面板卸载和使用第三方软件卸载等，具体如下。

①使用软件自带的卸载组件卸载：单击【开始】图标，打开“开始”菜单，在应用列表中右击需要卸载的软件，在弹出的菜单栏中选择【卸载】，即可完成卸载。

②使用设置面板卸载：用户通过【Windows+I】组合键打开“Windows 设置”页面，选中【应用】，从弹出的应用列表中选择要卸载的程序，单击右下方的【卸载】按钮，在弹出的提示框中单击【卸载】即可完成卸载。

③使用第三方软件卸载：打开电脑管理软件，选择进入“卸载”页面，从已安装的软件中选择需要卸载的软件，单击【卸载】按钮，即可完成卸载。

1.6 网络应用

1.6.1 认识并使用 Microsoft Edge 浏览器

Microsoft Edge 浏览器是 Windows 系统默认的浏览器，与 IE 浏览器相比，它在网页加载速度与性能方面具有显著优势。同时，Microsoft Edge 浏览器还包含内置的防病毒、恶意软件拦截及智能追踪防护等功能，极大地提高了用户的在线安全性。

一般情况下，用户可在桌面双击 Microsoft Edge 浏览器图标，或单击任务栏中该浏览器图标将其开启。

接下来将围绕 Microsoft Edge 浏览器几个比较常用且具有优势的功能展开讲解，包括 PDF 阅读器、跨同步功能、收藏常用的网页链接、历史记录、无痕浏览模式等，具体如下。

1. PDF 阅读器

Microsoft Edge 浏览器内置了一个强大的 PDF 阅读器，用户无须安装其他插件或应用程序即可在该浏览器上查看或编辑 PDF 文件。

2. 同步功能

Microsoft Edge 浏览器提供的跨同步功能，可以在不同的设备上同步书签、浏览历史、密码等相关信息。具体同步操作如下：首先，进入该浏览器主页，点击右上角的【…】图标，单击【设置】打开“设置”页面；其次，在“设置”页面中单击【同步】，在弹出的页面中选择【启动同步】，选择并确认同步的项目，如收藏夹、扩展、密码等；最后，在该页面中选择要同步的设备，确保在需要同步的设备上已经登录了相同的 Microsoft 账户，即可完成同步。

3. 收藏常用的网页链接

为方便日后快速访问某些常用的网页，可将其在 Microsoft Edge 浏览器中收藏起来。用户打开并进入常用网页后，在地址栏右侧点击【收藏】按钮 ☆ ，即可完成收藏，如图 1-49 所示。除此之外，使用【Ctrl+D】组合键也可以收藏网页。

图 1-49 收藏网页

若想要查看收藏的网页，点击浏览器右上角的【…】图标，单击【收藏夹】图标，即可进行查看，还可以进行添加和右击选择【删除】等操作，如图 1-50 所示。

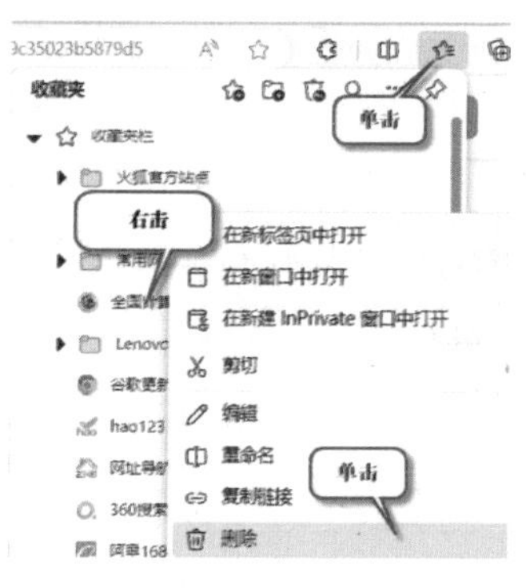

图 1-50 删除收藏网页

4. 历史记录

如果用户想要找回之前浏览过的网页，可单击【…】图标，单击【历史记录】，即可查看历史记录，如图 1-51 所示。

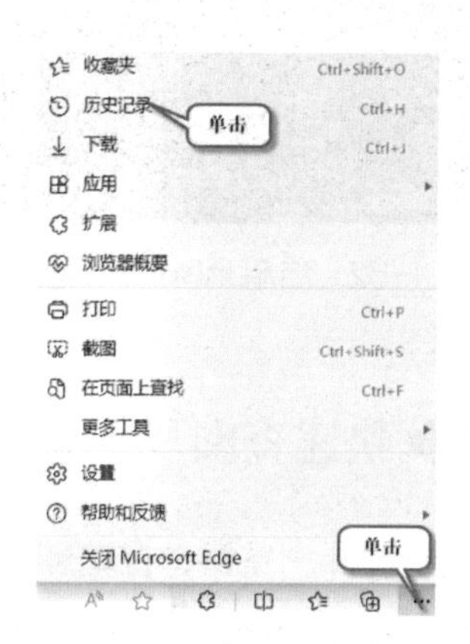

图 1-51 查看历史记录

5. 无痕浏览模式

Microsoft Edge 浏览器中提供了

无痕浏览模式。在无痕浏览模式下，浏览器不会保存浏览历史和其他临时文件，以确保用户在结束浏览会话后不留下任何痕迹。具体开启操作：点击【…】图标，选择【新建 InPrivate 窗口】，或者使用【Ctrl+Shift+N】组合键，都能开启无痕浏览模式。在启用 InPrivate 窗口后，会看到一个新的浏览器窗口，该窗口的标题栏上会有“InPrivate”字样，表示正在进行无痕浏览，如图 1-52 所示。另外，在 InPrivate 窗口中点击右上角的“×”按钮，即可退出无痕浏览模式。

图 1-52　启用 InPrivate 窗口

1.6.2 快速查阅及下载资源

用户打开浏览器，在地址栏中输入关键词，按下【Enter】键即可进行搜索。通常情况下，用户可以通过 Google、Bing、百度等搜索引擎查找所需信息。如果需要查找学术资料，可以使用专业的学术搜索引擎，如 Google Scholar 等。除此之外，一些在线图书馆和数据库也为用户提供了丰富的学术资料，如国家图书馆、知网、学术期刊数据库等，利用搜索引擎搜索并进入其官网，即可快速查阅所需的资源，如图 1-53 所示。

图 1-53　搜索国家图书馆官网

资源一般包括图片、视频或其他文件，为方便使用，多数用户会选择将其下载下来，具体的下载方式如下。

①另存为：如果需要下载网页上的精美图片，可以选择右击该图片，再单击【将图像另存为】，在弹出的窗口中设置文件名、保存类型及保存路径，单击【保存】即可完成图片的下载。

②利用网页插件下载：适用于使用浏览器查看的视频下载插件，如 Video DownloadHelper、Flash Video Downloader 等，可以帮助完成视频的下载。

③利用云盘下载：这里以百度网盘为例介绍操作，在电脑上下载百度网盘，然后注册并登录百度账号，在百度网盘中找到相关的资源页面；确认资源信息后，点击页面上的【下载】按钮，再选择一个合适的下载路径，并点击【下载】即可，如图1-54所示。同时，还可以在百度网盘的下载管理页面中查看下载进度。一旦下载完成，就可以根据选择的下载路径找到该文件。

图1-54 利用百度网盘下载资源

1.6.3 轻松实现网上购物

网上购物凭借其购买便捷、不受地区限制等优点，备受网络用户欢迎，那么如何进行网上购物呢？下面将为大家展开说明。

1. 注册个人账号

用户如果有网上购物的需要，应先在相应的购物网站注册个人账号，常用的购物网站有淘宝、京东、天猫等。以淘宝为例，在浏览器中输入该网站网址或“淘宝”关键词即可打开淘宝官方主页。若有淘宝账号，则在淘宝主页点击【登录】，在弹出的窗口中输入相关账号信息，或者选择扫码登录即可，如图1-55所示。若没有淘宝账号，则在淘宝主页点击【注册】，在弹出的页面中输入相关信息，最后单击【注册】完成账号的注册，如图1-56所示。随后进入登录页面即可完成登录。

图1-55 登录淘宝账号

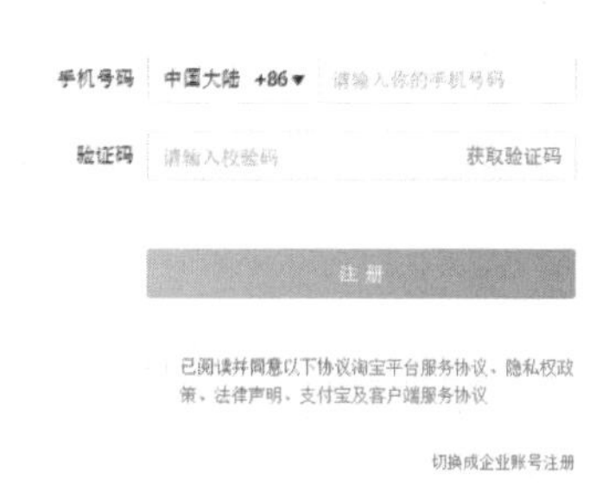

图1-56 注册淘宝账号

2. 选购商品

用户可以使用购物网站提供的分类导航或搜索栏，浏览感兴趣的商品。待选出心仪的商品后，将其加入购物车，然后进入购物车页面，确认所选商品和数量，勾选确定购买该商品后，单击【确定】按钮。若是首次购物，用户未设置过收货地址，需在弹出的对话框填写邮寄地址等信息，确认无误后，选择【提交订单】，这时会转到支付页面。在支付页面中选择支付方式并进行支付，确认付款后，系统会提示付款成功，此时便完成了商品的购买。

3. 查看订单状态

购买完成后，用户可单击【查看已买到的宝贝】，查看已购买的商品信息。同时，还可以单击【订单状态】来实时查看商品物流信息，避免出现快递长时间不发货或丢失情况。

4. 确认收货

收到商品后，可在【我的淘宝】→【已买到的宝贝】中单击【确认收货】。

5. 退货处理

若收到的商品不满足个人期望，希望退货时，可在【已买到的宝贝】页面选择【退货 / 退款】，提交申请原因，待商家同意后，将该商品寄回商家所在地，待商家确认收到返还商品后，即完成了退货操作。

1.6.4 感受网络娱乐休闲

1. 影视软件

用户可以通过浏览器访问影视软件，如爱奇艺、腾讯视频、优酷等。用户可以使用影视软件的搜索栏或通过浏览不同的频道和分类查找想要观看的影片，然后点击视频封面即可进入视频播放页面，也可根据自己的需要注册会员获取会员权限。

2. 音乐软件

用户可根据需要下载并安装音乐软件，如网易云音乐、QQ 音乐、酷狗音乐等，实现在线听歌。打开音乐软件后，用户可以先注册账号体验服务，进入播放界面，根据榜单、歌手等类别或直接从搜索栏输入想要播放的歌曲，点击【播放】，即可播放音乐。

3. 社交软件

社会软件作为即时通信的聊天工具，如微信、QQ、钉钉等，能够迅速发送和接收消息，方便快捷，深受大众的喜爱。

以微信为例，下载使用的操作如下。

①用户可以在官网下载并安装微信后，通过扫码登录进入微信页面。

②在微信主页面的搜索栏中输入相关信息（如手机号、微信号等）搜索并添加好友。已经添加的好友可以在微信通讯录中找到，选择并单击【发消息】图标，即可进入聊天界面。

③在聊天界面底部的输入框中，输入想要发送的文字消息或表情，然后点击【发送】按钮，即完成信息发送。当然，还可以通过语音或视频聊天方式来实现实时交流。

1.6.5 实时掌握头条新闻和天气变化

1. 浏览新闻

用户可以使用浏览器打开某些新闻网站，如新浪新闻、网易新闻、搜狐新闻等，通过订阅或浏览首页来获取最新的新闻资讯。

2. 了解天气

用户可以通过电脑端使用浏览器来访问天气网站，如中央气象台、天气网等，从而获取详细的天气信息。

1.6.6 网络连接问题及处理方法

1. 无法连接到网络

若电脑显示无法连接到网络，用户应检查网线是否插好，确保路由器或交换机正常工作，然后重启网络设备，再去检查网络是否恢复正常。

2. 无法访问特定网站

若出现这种情况，应确保网站地址正确，清除浏览器缓存和历史记录，并尝试使用其他浏览器访问，还需确认网站是否在维护中。

3. 硬件问题

硬件问题包括网络适配器故障、路由器故障或网线故障等。用户可以通过检查网络适配器、路由器和网线等设备的状态，来确定是否存在硬件问题。如果存在设备故障，建议更换故障设备，或者联系技术人员以获取帮助。

4. 网络安全问题

网络安全问题包括防火墙设置、病毒查杀软件或其他安全软件的配置错误等。用户可以通过检查防火墙设置、病毒查杀软件或其他安全软件的配置，来确定是否存在网络安全问题，并根据需要调整设置或解除相应的阻止操作。

1.6.7 弹出广告和恶意软件问题及处理方法

弹出广告和恶意软件是网络使用过程中常见的问题，可能会导致不必要的干扰、隐私泄露或系统损坏。用户可以通过广告拦截器插件、设置浏览器选项、安全防护软件来避免弹出广告和恶意软件问题的发生。

1. 广告拦截器插件

用户可以下载并使用浏览器内置的或第三方广告拦截器插件，如 AdBlock Plus、uBlock Origin 等，可以有效地阻止大多数弹出广告。

2. 设置浏览器选项

设置浏览器提供的相关选项，可以阻止弹出窗口。首先，要确保浏览器的弹出窗口阻止功能是开启的：打开 Microsoft Edge 浏览器，点击右上角的【…】，选择【设置】→【隐私、搜索和服务】，在该页面中会显示“Microsoft Defender Smartscreen”选项，确保其处于打开状态，如图 1-57 所示。这个功能可以帮助阻止恶意软件、欺诈网站和弹出式广告。

3. 安全防护软件

用户可以使用可靠的安全软件或病毒查杀软件来处理弹出广告和恶意软件问题，需确保其是最新版本，定期进行病毒扫描，并保持操作系统和所有软件的更新，以弥补安全漏洞，确保系统的安全性。

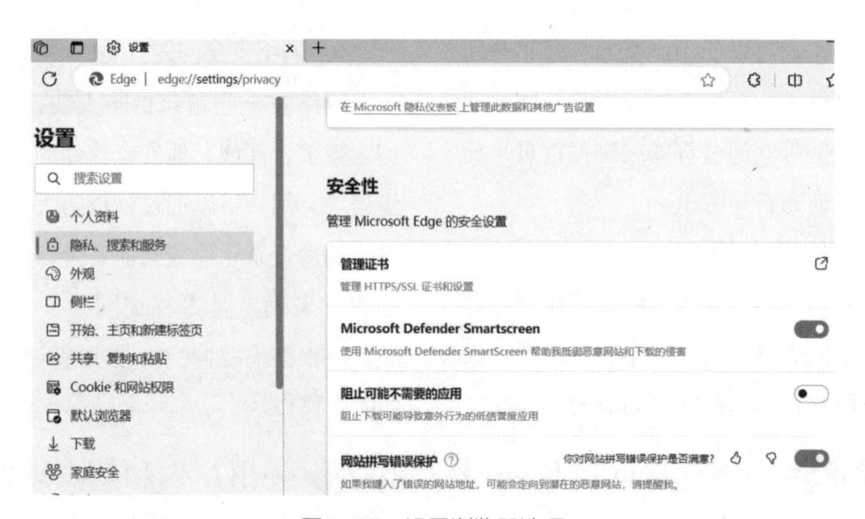

图 1-57　设置浏览器选项

第2章 学习输入法

2.1 文字输入操作

2.1.1 手指的正确分工及按键要领

手指的分工是指手指和键位的搭配，即将键盘上的字符合理地分配给十指，并且规定每个手指打哪几个字符键。在输入文字时，手指的正确分工通常是根据使用的键盘布局和打字技巧来确定的。

以下是在 QWERTY 键盘上的手指正确分工的详细说明。

1. 左手

小指：负责 1、Q、A、Z 和左 Shift 键，还分管左边的一些控制键。

无名：负责 2、W、S 和 X 键。

中指：负责 3、E、D 和 C 键。

食指：负责 4、R、F、V 和 5、T、G、B 键。

2. 右手

小指：负责 0、P、"；"、"/" 和右 Shift 键，还分管右边的一些控制键。

无名：负责 9、O、L 和"."键。

中指：负责 8、I、K 和","键。

食指：负责 6、Y、H、N 和 7、U、J、M 键。

3. 大拇指

大拇指专门用于击打空格键。

位于打字键区第三行的 A、S、D、F、J、K、L 和"；"键，这 8 个字符键称为基本键，也是左右手指固定的位置，其中的 F 键和 J 键称为原点键。

需要注意的是，手指定位后不能随意移开，更不能放错位置。在打字过程中，每个手指只能击打指法所规定的字符键，击完键后手指必须立刻返回到对应的基本键上。

此外，当熟练输入文字后，可能会使用更高级的打字技巧，如让手指根据记忆和键盘上的键位布局来定位，这可以进一步提高打字速度和准确性。无论使用何种方法，练习和熟练掌握正确的手指分工都是提高文字输入效率的关键。

2.1.2 语言栏的使用与设置

“语言栏”是指用于管理和切换不同语言输入法的工具。使用和设置语言栏可以帮助在多种语言之间轻松切换，以便在不同语言环境下进行文本输入。

以下是关于语言栏的使用和设置的一般步骤。

①打开“语言和区域”页面：使用【Windows+I】进入“Windows 设置”页面，选择【时间和语言】→【语言和区域】，如图 2-1 所示。

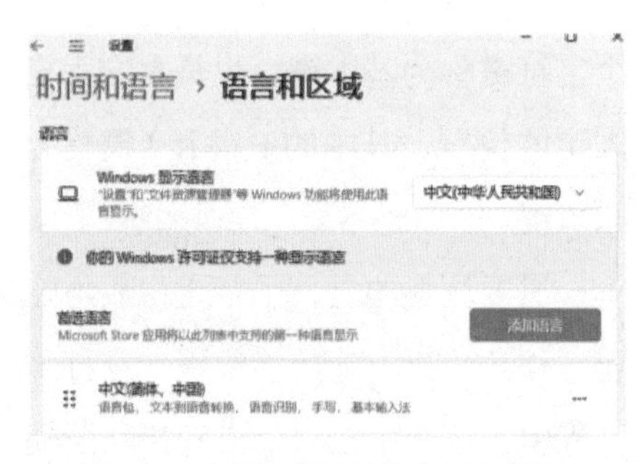

图 2-1 打开“语言和区域”页面

②添加语言：单击【添加语言】，选择想要添加的语言，系统会下载和安装相应的语言包。在“首选语言”部分可以设置默认的输入语言，这将影响操作系统界面语言和默认键盘输入法。

③设置键盘输入法：在“语言和区域”页面中，可以配置每种语言的键盘输入法。单击所选语言，然后选择【选项】以配置键盘输入法。

④启用语言栏：在“时间和语言”页面中单击【输入】，在弹出的页面中选择【高级键盘设置】，在“切换输入法”下勾选相应选项即可启用语言栏并实现输入法的切换，如图 2-2 所示。

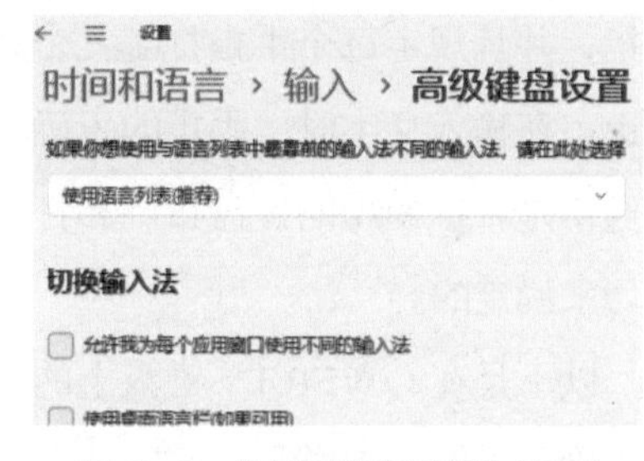

图 2-2 “高级键盘设置”页面

2.1.3 全半角及中英文标点输入

全角字符是专门用于汉语系统的一种字符格式，而英语及许多外语都使用半角字符。全角字符的一个字占两个标准字符位置，半角字符的一个字占一个标准字符位置。

常用的标点符号，如句号、省略号和连接号等，在中文和英文模式下的表现有所区别。其中，中文的句号为“。”，英文的句号为“.”；中文的省略号为“……”，英文的省略号为“...”；中文连接号常用的有一字线连接号“—”、半字线连接号“-”、波浪式连接号“~”等，英文连接号为连字符“-”。

单击输入法软件的辅助窗口上的中文/英文切换按钮可在不同模式之间切换。图标**中**表示输入法系统为中文模式，图标**英**表示输入法系统为英文模式。

2.1.4 输入法的安装及切换

以搜狗输入法的安装操作为例，从搜狗输入法官方网站下载软件，并选择安装路径进行安装，如图 2-3 所示。安装完成，桌面上显示的搜狗输入法辅助窗口如图 2-4 所示，用户可以根据需要使用快捷键【Windows+空格】来切换不同输入法。

图 2-3 下载搜狗输入法软件

图 2-4 搜狗输入法辅助窗口

2.1.5 输入法的高级设置

通常情况下，输入法的高级设置功能提供了更多个性化和定制化的选项，允许用户自定义特定功能的快捷键，并满足用户特定的需求，如切换输入法、切换语言、启用特殊符号等。接下来将展开讲解最常用的高级设置功能。

①拼音自动纠正功能：通过【Windows+I】组合键进入“Windows 设置”界面，选择【时间和语言】→【语言和区域】，单击“中文（简体，中国）”右侧的【…】图标，如图 2-5 所示。弹出“选项”页面后，选择【添加键盘】，如图 2-6 所示。此时，单击已安装的键盘右侧的【…】图标，然后在弹出的页面中单击【常规】，即可开启拼音自动纠正功能。

②语言栏和高级键设置：通过【Windows+I】组合键进入“Windows 设置”界面，选择【时间和语言】→【输入】→【高级键盘设置】，打开“高级键盘设置”页面后，单击【语言栏选项】，即可进行语言栏和高级键设置，如图 2-7 所示。

图 2-5 打开“语言和区域”界面

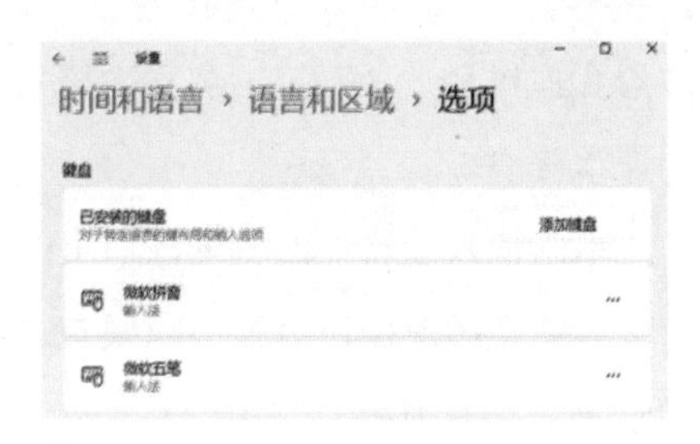

图 2-6 添加键盘

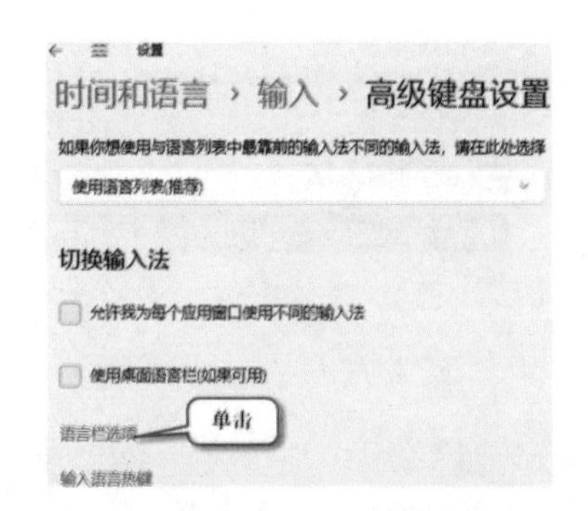

图 2-7 打开【语言栏选项】

2.2 拼音输入法输入汉字

2.2.1 全拼与简拼混合输入

全拼输入是使用完整拼音来输入每个汉字，这种输入方法通常要求用户熟悉并键入每个汉字的完整拼音。例如，“你好”在全拼输入模式下需键入“ni hao”。

简拼输入是用汉字的首字母来表示汉字，而不是完整的拼音。这种输入方法更加简洁快速，用户只需要键入汉字的声母的首字母，而不必键入完整的拼音。例如，“你好”在简拼输入模式下只需键入“nh”即可。

用户采用全拼和简拼混用的模式，可以避免输入较多字符，同时减少筛选工作，极大地提高输入效率。例如，“文字键入”在这种模式下需键入“wenzisr”。

2.2.2 双拼输入

双拼输入是一种建立在拼音输入法基础上的输入法，被视为全拼输入的一种改进。它通过将汉语拼音中每一个含有多个字母的声母或韵母各自映射到某个按键上，使得每个字的拼音都可以用两个按键敲出。这种将声母或韵母映射到按键上的对应表称为双拼方案，一般不是固定的，比较常见的有自然码双拼方案、小鹤双拼方案等。这种输入方式极大地提高了拼音输入法的输入速度。

如图 2–8 所示，以搜狗输入法为例，用户点击输入法辅助窗口中的“菜单”图标，再点击【更多设置】，在弹出的“常用”页面里的【输入习惯】栏中可以切换为双拼输入模式。

图 2–8　在搜狗输入法中切换输入模式

2.2.3 中英文混合输入

中英文混合输入功能可以实现在中文输入状态下输入必要的英文字符。

若输入法在中文输入状态下，键入对应内容的全拼拼音，单击【空格】键可实现中文输入；单击【Enter】键可完成英文输入。

如图 2–9 所示，以输入“我的 python 课程”为例说明中英文混合输入功能：键入“wodepythonkecheng”通过筛选中文汉字，中间的“python”不做汉字选择，即可实现中英文混合输入。

wo'de'python'ke'cheng

1 我的python课程　2 我的朋友

图 2–9　中英文混合输入

2.2.4 模糊音输入

模糊音输入允许输入与标准拼音不完全匹配但发音相似的汉字，这样可以有效减少拼音输入法中可能出现的歧义。

以搜狗输入法为例，模糊音设置操作方法如下：用户点击搜狗输入法辅助窗口中的“菜单”图标，再点击【更多设置】，在弹出的“常用”页面里的【输入习惯】栏中选择【模糊音设置】，可以根据自身需求对模糊音进行选择，如图 2-10 所示。

图 2-10　模糊音设置

2.2.5 拆字辅助码

输入法会根据用户的输入习惯，将常用字优先置于选项前，可能会导致输入时查找生僻字比较耗时。

拆字辅助码是将字的拆开部分作为辅助输入，比如，“账”可拆成“贝”（bei）和“长”（chang），对应的辅助码为 b 和 c。其输入操作：先键入“zhang”出现候选项，单击【Tab】键，再键入“bc”，选中候选区的“账”字，按下空格键即可。

2.2.6 生僻字的输入

搜狗输入法为不会读的汉字提供了“u”模式，方便生僻字的正确输入。使用搜狗输入法的“u”模式打字的操作方法：以“札”字为例，键入“uhspnz”进行笔画拆分，“hspnz”代表拆分出的笔画“横、竖、撇、捺、折”，如图 2-11 所示；还可以通过拆分文字打出不认识的文字，以“淼”字为例，它由三个“水”组成，通过拆分文字，只需要键入“ushuishuishui”就可以打出“淼（miao）”了，如图 2-12 所示。

图 2-11　使用“u”模式拆分笔画输入

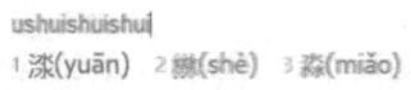

图 2-12　使用“u”模式拆分文字输入

2.2.7 搜狗拼音输入法的特色功能

①云输入功能：可以在云端记录用户的输入习惯，从而提供更精准的输入建议。

②智能联想功能：能够根据用户

的输入习惯和上下文智能地提供候选词汇。

③个性化装扮：用户可以根据自己的喜好，自定义输入法的主题和外观，如图 2-13 所示。

图 2-13 “搜狗拼音输入法”个性化装扮

2.3 语音输入法

2.3.1 设置和调整麦克风

使用语音输入法前，需要正确设置和调整麦克风，确保语音识别的准确性。具体操作如下。

①确保计算机已经连接了一个可以正常工作的麦克风，如果使用的是外部麦克风，要确保它正确插入或连接到设备上。

②在任务栏的搜索框中输入“控制面板”，单击【声音】→【录制】，即可查看和选择麦克风设备。

③在“录制”页面，找到【麦克风】选项，单击【属性】按钮，如图 2-14 所示。

④进入【属性】对话框，点击【级别】，通过移动横轴上的按钮调节麦克风的音量大小，如图 2-15 所示。

需要注意的是，用户需要提前确保麦克风的音量适中，语音清晰可辨，切忌音量过大产生噪声。另外，一些语音输入法应用程序还具有特色的设置选项，允许调整语音识别的灵敏度、设置语言和其他参数。

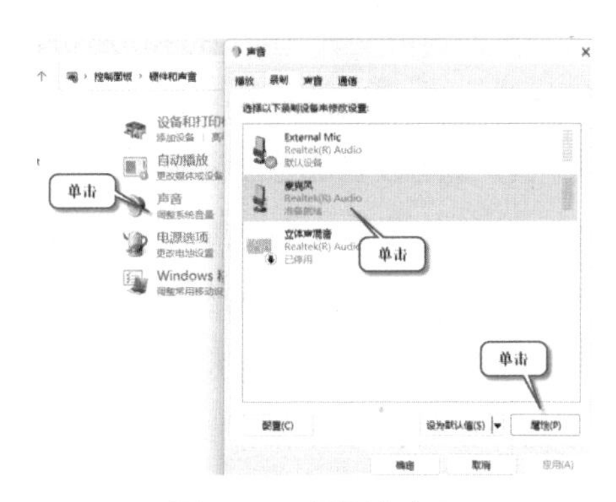

图 2-14 设置麦克风

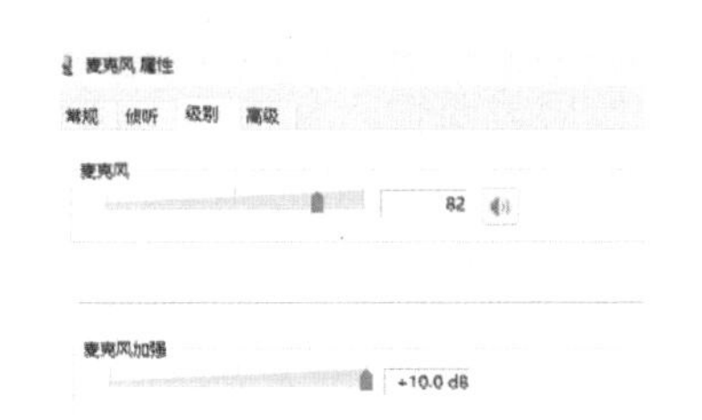

图 2-15 调节麦克风音量

2.3.2 语音输入的操作技巧

如图 2-16 所示，以搜狗输入法为例，单击辅助窗口中的【语音】按钮，待出现图 2-17 所示的语音输入界面，即可进行语音的输入。

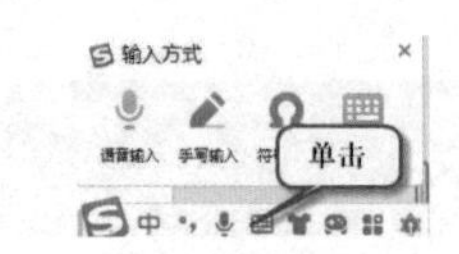

图 2-16　打开语音输入功能

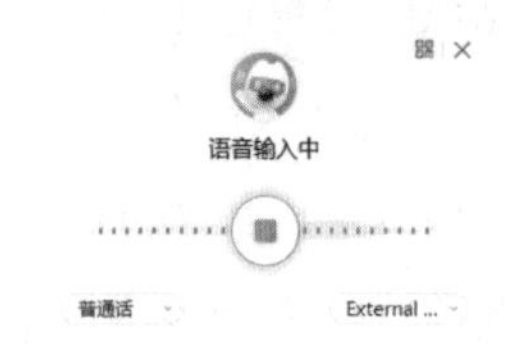

图 2-17　语音输入界面

下面列举一些使用语音输入功能的技巧。

1. 清晰发音和控制语速

用户使用语音输入时，发音要清晰明了，避免含糊不清。同时，还要控制语速，不要说得太快或太慢，以确保语音识别系统能够准确捕捉发音。

2. 使用标点和指令词

如果需要输入标点符号或执行特定操作，可以直接说出来，如“句号”“逗号”“换行”等，这可以保证在语音输入过程中文本的结构与格式的正确。

3. 避免环境噪声

建议在相对安静的环境中使用语音输入法，避免嘈杂的环境噪声，这有助于提高语音识别的准确性。

4. 熟悉语音命令

一些语音输入法支持语音命令，允许执行特定操作，如发送消息、搜索内容等，了解并熟悉这些命令可以极大提高效率。

5. 校对和编辑

语音输入后，仔细检查识别结果，必要时进行编辑和校对，特别是对于重要的文档或消息，需要确保文本的准确性。

2.3.3 提高输入准确性和速度的方法

1. 分段说话

尽量不要一口气说太长的句子，每次说完一个短语或句子后稍作停顿，让语音识别系统有时间处理语音。

2. 语音训练

一些语音输入系统提供个性化的语音训练功能，用户可以通过朗读示例文本提高识别的准确性，让系统更好地适应声音。

3. 适当调整设置

随着使用次数的增加，语音输入

系统也会逐渐改善，识别准确性也会提高。用户还可以根据需求进行适当的设置，以调整语音识别的灵敏度和其他参数。

2.4 五笔输入法

2.4.1 五笔输入法的基本原理

五笔输入法通过五个基本笔画的形状和顺序来构建汉字，以下是它的三个层次。

①笔画：五笔输入法将汉字的构成分为五个基本笔画，分别为横、竖、撇、捺（点）和折。

②字根：字根是汉字的基本组成元素，由不同的笔画和笔顺构成。

③单字：每个单字都有独特的含义和发音，用户在输入汉字时，实际上是通过组合字根来构建单字。

需要注意的是，五笔输入法中的五笔编码是基于字根的组合和笔画的顺序来设计的，因此不同的五笔输入法版本可能会有略微不同的编码规则。用户需要熟悉特定版本的五笔输入法的编码规则，才能准确输入汉字。

2.4.2 五笔字根在键盘上的分区

五笔字根是五笔输入法的基本构成单元，按字根的第一笔画的不同，将字根分成如图 2-18 所示的五大区（用数字划分），具体如下。

① 横区：也称 1 区，有 11G、12F、13D、14S、15A。其中 11G 是指 1 区 1 位 G 键，12F 是指 1 区 2 位 F 键，其他键位也是相同的命名方式。

② 竖区：也称 2 区，有 21H、22J、23K、24L、25M。

③ 撇区：也称 3 区，有 31T、32R、33E、34W、35Q。

④ 捺区：也称 4 区，有 41Y、42U、43I、44O、45P。

⑤ 折区：也称 5 区，有 51N、52B、53V、54C、55X。

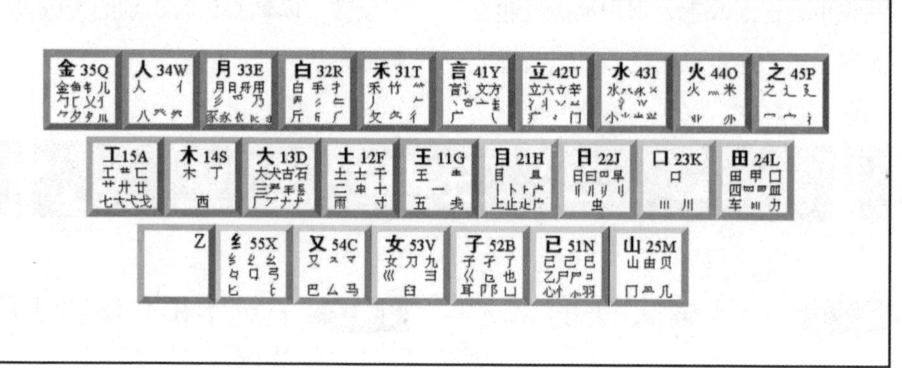

图 2-18　五笔字根在键盘上的分区

2.4.3 巧记五笔字根

1. 五笔字根分布规则

①字根按照首笔的笔画不同，被划分在不同区；同一区的字根按照次笔的笔画不同，被划分在不同位。

②形状相似的字根，被划分在同一区同一位。比如，“五”与“王”相近，所以在同一区同一位。

③不是所有的字根分布都符合以上规则。

2. 五笔字根记忆口诀及分布情况

（1）第一区

① 11G：“王旁青头戋（读音：jiān）五一”（此为五笔字根记忆口诀，下同）。

G 键位上的字根有：“王”“龶”“戋”“五”“一”。

② 12F：“土士二干十寸雨”。

F 键位上的字根有：“土”“士”“二”“干”“十”“寸”“雨”，以及“革”字的下面部分字根串。

③ 13D：“大犬三羊古石厂”。

D 键位上的字根有：“大”“犬”“三”“古”“石”“厂”,“厂”的变形字根“丆”“ナ”，“羊”字的下半部分字根“丰”及其变形字根“𦍌”，“犬”的变形字根“尢”，以及“镸”。

④ 14S：“木丁西”。

S 键位上的字根有：“木”“丁”“西”。

⑤ 15A：“工戈草头右框七”。

A 键位上的字根有：“工”“戈”“七”，“右框”结构字根“匚”，“戈”的变形字根“弋”,“草头”字根“艹”及其变形字根“龷”“廾”“廿”,“七”的变形字根“七”。

（2）第二区

① 21H：“目具上止卜虎皮”。

H 键位上的字根有："目""上""止""卜"，"具"字的上面部分字根"且"，"止"的变形字根"龰"，"卜"的变形字根"丨""⺊"，"虎"字的半包围结构字根"虍"，"皮"字的半包围结构字根"皮"。

② 22J："日早两竖与虫依"。

J 键位上的字根有："日""早""刂""虫"，"日"的变形字根"曰""⺟"，"刂"的变形字根"||""川""刂"。

③ 23K："口与川，字根稀"。

K 键位上的字根有："口""川"，"川"的变形字根"川"。"字根稀"是指这个键位的字根很少。

④ 24L："田甲方框四车力"。

L 键位上的字根有："田""甲""四""车""力"，"方框"结构字根"囗"，"四"的变形字根"罒""皿""四""罒"。

⑤ 25M："山由贝，下框几"。

M 键位上的字根有："山""由""贝""几"，"下框"结构字根"冂"，"骨"字的上面部分字根"骨"。其中，"骨"需要特殊记忆。

（3）第三区

① 31T："禾竹一撇双人立，反文条头共三一"。

T 键位上的字根有："禾""竹""丿""彳""攵""夂""𠂉"，"竹"的变形字根"⺮"。其中，"𠂉"需要特殊记忆。"共三一"是指这些字根都在区位号为 31 的 T 键位上。

② 32R："白手看头三二斤"。

R 键位上的字根有："白""手""斤""𠂉""⺈"，"看"字的上半部分字根"龵"，"手"的变形字根"扌"，"斤"的变形字根"斤""厂"。其中，"𠂉""⺈"需要特殊记忆。"三二"是指这些字根在区位号为 32 的 R 键位上。

③ 33E："月彡（读音：shān）乃用家衣底，爱头豹脚舟字底"。

E 键位上的字根有："月""彡""乃""用"，"月"的变形字根"⺝"，"家"字的下面部分字根"豕"及其变形字根"豕"，"衣"字的下半部分字根"𧘇"及其变形字根"𧘇"，"爱"字的上面部分字根"爫"，"豸"字的下面部分字根"豸"，"舟"字的下面部分字根"丹"。

④ 34W："人和八，三四里，登头祭头在其底"。

W 键位上的字根有："人""八"，"人"的变形字根"亻"，"登"字的上面部分字根"癶"，"祭"字的上面部分字根"祭"。"三四里"是指这些字根在区位号为 34 的 W 键位上。

⑤ 35Q：“金勺缺点无尾鱼，犬旁留叉儿一点夕，氏无七”。

Q 键位上的字根有：“金”“儿”“夕”，“金”的变形字根“钅”，“勺”字的半包围结构字根“勹”，“鱼”字的上面部分字根“鱼”，“犬”字旁结构字根“犭”，“叉”字的部分结构字根“乂”，“儿”的变形字根“几”，“夕”的变形字根“夕”“夕”，“氏”字去掉“七”剩下的部分字根“𠂆”。

（4）第四区

① 41Y：“言文方广在四一，高头一捺谁人去”。

Y 键位上的字根有：“言”“文”“方”“广”，“言”的变形字根“讠”，“高”字的上面部分字根“亠”“亩”，“捺”结构字根“㇏”“丶”，“谁”字的右面部分字根“主”。“在四一”是指这些字根在区位号为 41 的 Y 键位上。

② 42U：“立辛两点六门疒（读音：nè）”。

U 键位上的字根有：“立”“辛”“六”“门”“疒”，“六”的变形字根“立”，“两点”结构字根“冫”“丷”“丬”及其变形字根“丬”“䒑”。

③ 43I：“水旁兴头小倒立”。

I 键位上的字根有：“水”“小”，“水”的变形字根“氺”“氺”“氵”“㐅”，“兴”字的上面部分字根“⺍”“⺌”及其变形字根“⺍”，“小”的变形字根“⺌”。

④ 44O：“火业头，四点米”。

O 键位上的字根有：“火”“米”，“业”字的上面部分字根“⺌”及其变形字根“⺌”，“四点”结构字根“灬”。

⑤ 45P：“之宝盖，摘礻（读音：shì）衤（读音：yī）”。

P 键位上的字根有：“之”及其变形字根“辶”“廴”，“宝盖”结构字根“宀”“冖”，“礻”去掉一点剩下的部分字根“衤”。

（5）第五区

① 51N：“已半巳满不出己，左框折尸心和羽”。

N 键位上的字根有：“已”“巳”“己”“尸”“心”“羽”，“左框”结构字根“コ”，“折”结构字根“乙”，“尸”的变形字根“尸”，“心”的变形字根“忄”“⺗”。

② 52B：“子耳了也框向上”。

B 键位上的字根有：“子”“孑”“耳”“了”“也”“巜”，“上框”结构字根“凵”，“耳”的变形字根“卩”“阝”；“也”的变形字根“㔾”。其中，“巜”需要特殊记忆。

③ 53V：“女刀九臼山朝西”。

V键位上的字根有："女""刀""九""臼""彐""巛"。其中，"巛"需要特殊记忆。

④ 54C："又巴马，丢矢矣"。

C键位上的字根有："又""巴""马","又"的变形字根"ス""マ","矣"字的上面部分字根"厶"。

⑤ 55X："慈母无心弓和匕，幼无力"。

X键位上的字根有："弓""匕""幺","母"字的包围结构字根"口"及其变形字根"夕","匕"的变形字根"⺊","幺"的变形字根"纟""纟"。

2.4.4 灵活输入汉字

五笔输入法中，汉字分为键面汉字和键外汉字。

1. 键面汉字

键面汉字是指在字根表里已经存在的汉字，如S键位里的"木""丁""西"。根据输入方式不同，可以将键面汉字分为键名汉字和成字字根汉字，具体如下。

①键名汉字：是指键面上的第一个字根，其输入规则是把所在键连打四下。例如，"土"字的输入就是连打四下"F"，即"FFFF"。

②成字字根汉字：本身是一个字的字根，如S键位中，"丁"和"西"就是成字字根汉字。输入规则是：它所在的键＋第一笔代码＋第二笔代码＋末笔代码，不足四码的就使用空格键补充。

2. 键外汉字

键外汉字就是字根表里不存在的汉字，也可以理解为通过字根组成的字。键外汉字中有些字较简单，不用四码就可以打出来；有些字很复杂，四码不能完成；有些字只靠四个字母编码识别会出现重复问题。要解决这些问题就需要加入识别码和明确输入规则。

（1）识别码

识别码是由汉字的末笔笔画和字形组成的一个附加码，只有在汉字五笔编码不足四个的时候才能使用，四码及以上的汉字是没有识别码的。其中，末笔笔画是指写这个字的最后一笔，字形指字的结构，如左右结构、上下结构等，五笔中的字形只分为左右型、上下型和杂合型。

识别码的判断方法是：汉字的末笔代码作为区号，将汉字的字形作为位号，左右型、上下型和杂合型分别是1、2、3号位，两者结合就能确定识别码，如图2-19所示。

字型 \ 末笔	1横	2竖	3撇	4捺	5折
1左右型	11G	21H	31T	41Y	51N
2上下型	12F	22J	32R	42U	52B
3杂合型	13D	23K	33E	43I	53V

图 2-19　识别码图示

以“只”和“叭”为例，二者的末笔都是“捺”，因此它们的识别码都在 4 区。其中，“只”是上下结构，因此其识别码为 42U，所以“只”字的五笔编码为 KWU；“叭”是左右结构，因此识别码为 41Y，所以“叭”字的五笔编码为 KWY。

（2）输入规则

如果只能拆分为两个字根，就敲击：第一字根 + 第二字根 + 空格键。例如，“明”字拆分为“日”和“月”，需先敲击“J”“E”键，再敲击空格键。

如果只能拆分为三个字根，就敲击：第一字根 + 第二字根 + 第三字根 + 空格键。例如，“些”字拆分为“止”“匕”和“二”，需先敲击“H”“X”“F”键，再敲击空格键。

如果只能拆分为四个字根，就敲击：第一字根 + 第二字根 + 第三字根 + 第四字根。例如，“都”字拆分为“土”“丿”“日”和“阝”，需敲击“F”“T”“J”“B”键。

如果超过四个字根，就敲击：第一字根 + 第二字根 + 第三字根 + 最末字根。例如，“幅”字拆分为“冂”“丨”“一”“口”和“田”五个字根，但只能打四笔，所以需敲击“M”“H”“G”“L”键。

2.4.5 简码输入

简码，是指将编码简化，无须敲击某汉字全部字根的编码即可输入该汉字。本小节将会着重为大家介绍简码的输入方法以及汉字的结构和拆分原则。

1. 简码输入方法

①一级简码：即只敲打一个字根 + 空格键即可输入的汉字。例如，“我”字的编码是 Q；“的”字的编码是 R。其他的一级简码如图 2-20 所示。

Q我 35　W人 34　E有 33　R的 32　T和 31　Y主 41　U产 42　I不 43　O为 44　P这 45
A工 15　S要 14　D在 13　F地 12　G一 11　H上 21　J是 22　K中 23　L国 24
Z　X经 55　C以 54　V发 53　B了 52　N民 51　M同 25

图 2-20　一级简码

②二级简码：敲击前两个字根 + 空格键即可输入的汉字。

③三级简码：敲击前三个字根 + 空格键可以输入的汉字。

④四级简码：也叫全码，即敲击四个字根才能输入的汉字。

需要注意的是：在五笔输入法中

一共只能敲击四个字根，若一个汉字由超过四个字根组成，那么只需要打出前三个字根和最后一个字根即可，中间的不用打。

2. 汉字的结构和拆字原则

（1）汉字的结构分类

按照汉字的结构，可以将其分为四类，分别是"单"结构、"散"结构、"连"结构和"交"结构。

"单"结构汉字就是指构成汉字的字根只有一个，即键面汉字。在输入这类汉字时不必再进行拆分。例如，"水""小""力""虫""广"等。

"散"结构汉字是指构成汉字的字根有多个，而且每个字根之间有明显的距离，既不相连也不相交。例如，"明""佣""浅""仿""打""只""休"等。

"连"结构汉字是指由一个单笔画字根与一个基本字根相连而构成的汉字。例如，"千""自""且"等。

"交"结构汉字是指由几个字根互相交叉构成的汉字，字根与字根之间相互交叉重叠。例如，"果""用""丰"等。

（2）拆字原则

拆字原则主要包括书写顺序、取大优先、能连不交、能散不连等。

书写顺序是指在拆分汉字时，应该按照汉字的书写顺序即"从左到右，从上到下，从外到内"将其拆分为基本字根。

取大优先是指按照书写顺序拆分汉字时，拆分出来的字根应尽量"大"，拆分出来的字根的数量应尽量少。

能连不交是指当一个字既可以拆成相连的几个部分，也可以拆成相交的几个部分时，通常采用"相连"的拆法。

能散不连是指在拆分汉字时，如果能够拆分成"散"结构的字根，就不要拆分成"连"结构的字根。

2.4.6 词组输入

字根组成汉字，汉字组成词组，再由词组组成句子。通常情况下，在五笔输入法中，学会词组输入也可以提高输入速度。接下来，就为大家介绍下二字词组、三字词组、四字词组及多字词组的输入规则。

1. 二字词组

二字词组是指由两个字组成的词组，其编码由每字的前两个字根组成，共四码。例如，"天空"中的"天"拆分为"一""大"两个字根，"空"拆分为"宀""八""工"三个字根；编码时，分别取这两个字的前两码，也就是“一”“大”“宀”“八”，就形成了“天空”这个词组的编码“GDPW”。

2. 三字词组

三字词组是指由三个字组成的词组，其编码输入规则：前两字各取第一个字根，最后一字取前两个字根，共四码。例如，“计算机”中的“计”可以拆分为“讠”和“十”两个字根；“算”拆分为“竹”“目”和“廾”三个字根；“机”拆分为“木”和“几”两个字根。编码时，分别取“计”和“算”的第一码，加上“机”的第一码和第二码，即“讠”“竹”“木”“几”，就形成了“计算机”这个词组的编码“YTSM”。

3. 四字词组

四字词组是指由四个字组成的词组，以成语居多。其编码规则：由每字的第一个字根组成，共四码。例如，“打草惊蛇”，分别取这四个字的第一个字根，就是“扌”“艹”“忄”“虫”，这四个字根所在的键位分别为“R”“A”“N”“J”，所以“打草惊蛇”的编码是“RANJ”。

4. 多字词组

多字词组是指超过四个字的词组。其编码规则：取每个词组的第一、二、三及最后一个汉字的第一个字根，共四码。例如，“新疆维吾尔自治区”，分别取“新”“疆”“维”“区”这四个字的第一个字根，即“立”“弓”“纟”“匚”，这四个字根对应的键位分别是“U”“X”“X”“A”，所以“新疆维吾尔自治区”的编码是“UXXA”。

第3章 学习 Word

3.1 初识 Word

3.1.1 新建空白文档与模板文档

用户双击【Microsoft 365】图标进入主页，然后单击主页左侧菜单栏中的【Word】图标跳转至 Word 模块，该模块的页面中提供了包括“空白文档”“常规笔记”在内的几种常用模板，如果需要其他不同的模板，可以单击右下角【查看更多模板】，即可跳转至新页面进行选择，如图 3-1 所示。

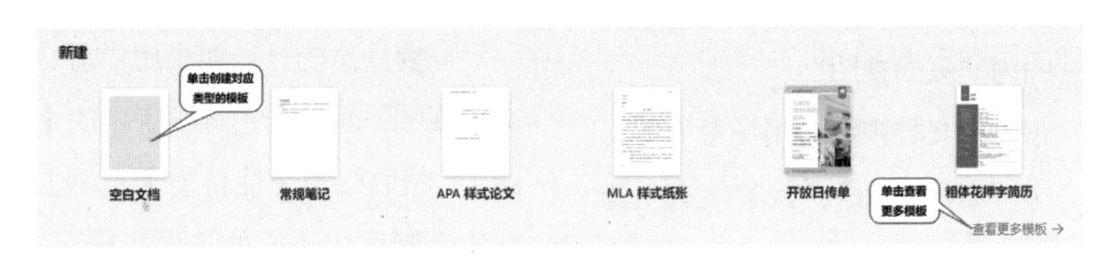

图 3-1 Word 模块

3.1.2 认识 Word 的基础界面

Word 的基础界面分为三部分，即主选项卡、功能区和工作区。如图 3-2 所示，以创建的空白文档为例，界面最上方的主选项卡将常用的各种功能与命令分成不同类别，方便用户查找及使用，如“开始”“插入”等。单击主选项卡中的选项将在功能区中展开该类别包含的操作工具。工作区位于界面下方的空白区域，用户可在该区域进行文档内容编辑。

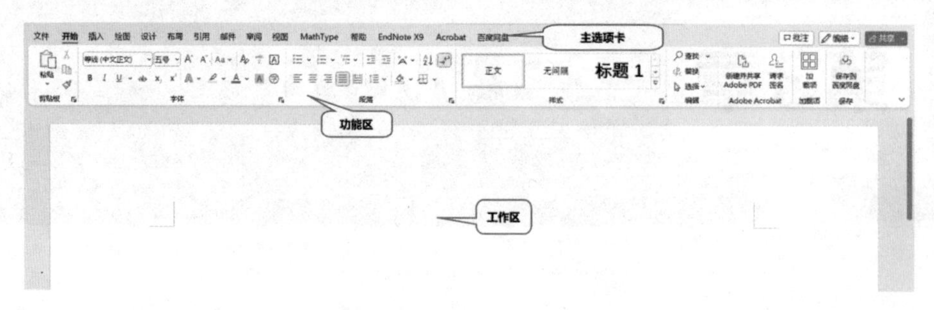

图 3-2　Word 基础界面

3.1.3 切换文档视图

切换文档视图可以改变文档的显示方式，不同的文档视图会有不同的编辑和查看选项，以便用户在不同的情境下编辑和查看文档。常见的文档视图包括“阅读视图”“页面视图”“Web 版式视图”“大纲视图”和“草稿视图”，通常情况下，电脑的默认视图为“页面视图”。

常见的文档视图适用场景如下。

①“阅读视图”：因其没有页边距和工具栏，适用于用户浏览和阅读文档的情景。

②“页面视图”：会显示包括页边距、页眉、页脚等在内的整个页面布局，适用于用户查看文档的打印版面的情景，以确保文档在打印时的格式正确。

③“Web 版式视图”：通常会将页面自动调整为网页格式，适用于用户创建网页内容或查看文档的 Web 版式的情景。

④“大纲视图”：显示文档的层次结构，可以创建和管理文档的大纲，适用于用户组织和重排大型文档的情景。

⑤“草稿视图”：显示不包括任何格式或布局的文档内容，适用于用户想要免受格式干扰，编辑纯文本内容的情景。

需要注意的是，如果用户需切换文档视图，可单击主选项卡中的【视图】，然后根据个性化需求，单击展开的功能区中不同的选项完成设置，如图 3-3 所示。

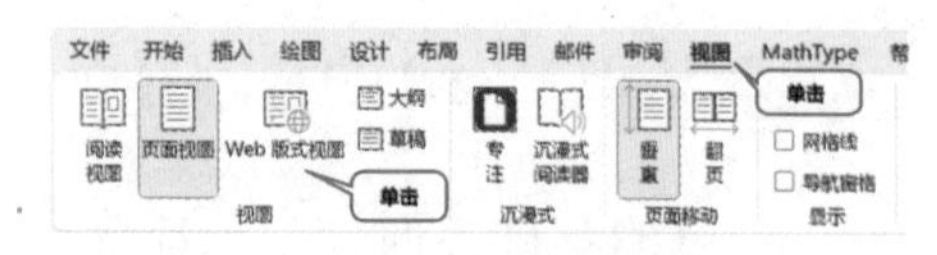

图 3-3　切换文档视图

3.1.4 保存文档并自定义存储位置

①单击主选项卡中的【文件】。

②单击弹出界面中左侧工具栏的【保存】。

③在弹出的新界面中根据需求选择合适的存储位置，如图 3-4 所示。

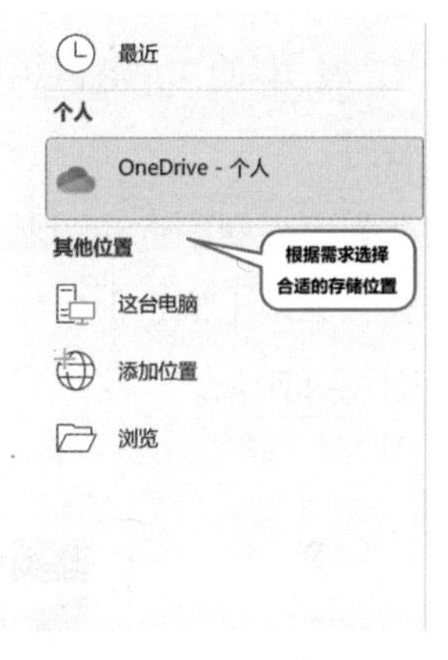

图 3-4 选择存储位置

④在弹出界面中设置“文件名”与“保存类型”，单击【保存】完成操作，如图 3-5 所示。通常情况下，文件默认的“保存类型”为“.docx”格式。

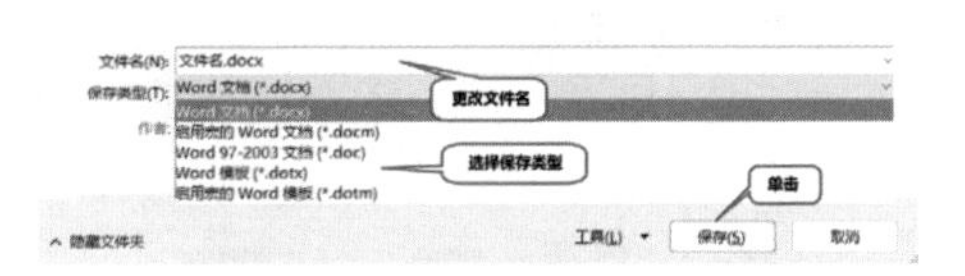

图 3-5 完成存储设置

3.2 文字的编辑与排版

3.2.1 编辑文字样式

用户单击主选项卡中的【开始】，在功能区的“字体”区域可以编辑文字的样式，如图 3-6 所示。光标悬停在图标上时将在浮动窗口中显示其功能简介，常用的操作工具有“字体”“字号”“加粗”“倾斜”“字体颜色”等。

图 3-6 “字体”区域

操作时，用户需要先按住鼠标左键，挪动光标并选中文本内容，被选中的文字会呈现灰色的背景色，然后使用操作工具编辑这部分内容的文字样式即可。

3.2.2 编辑段落格式

用户选取文本中的一段文字，右击鼠标，在弹出的菜单中单击【段落】，会弹出一个新界面，在其中选择【缩进和间距】，在打开的页面中可以设置段落的“对齐方式”“大纲级别”“缩进”及“间距”等，在“预览”窗口中可以看到编辑的段落样式，如图 3-7 所示；完成设置后，单击【确定】保存更改。

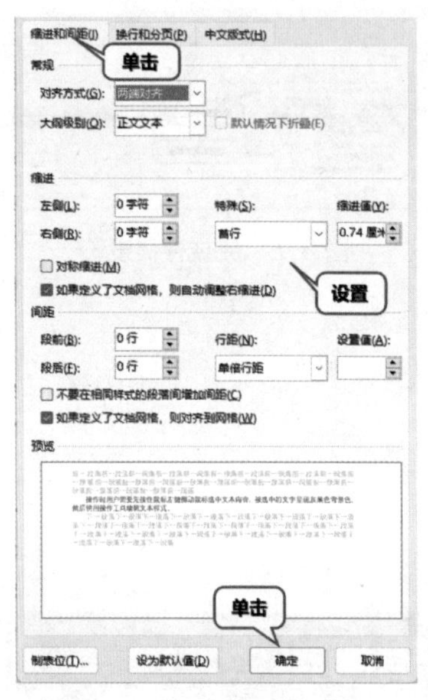

图 3-7 “缩进和间距”页面

3.2.3 插入 SmartArt

SmartArt 可以帮助用户以图形化和易于理解的方式展示信息和概念。具体操作如下。

①单击鼠标左键，将光标放置在想要插入 SmartArt 的位置。

②单击主选项卡中的【插入】。

③在展开的功能区中单击【SmartArt】。

④在弹出界面中选择图形类别及图形样式，单击【确定】创建图形模板，如图 3-8 所示。

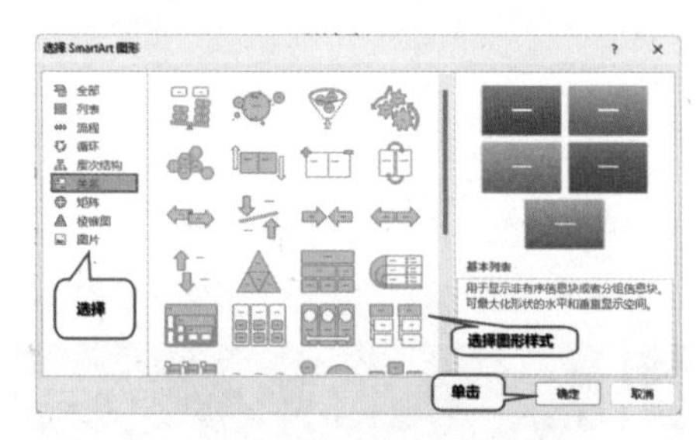

图 3-8 选择 SmartArt 图形

⑤编辑文本内容并在界面上方的功能区中编辑图形的组织结构及样式等个性化设置，如图 3-9 所示。

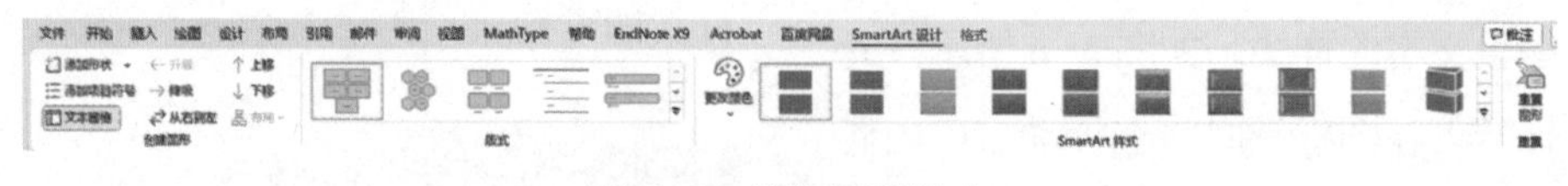

图 3-9 编辑图形样式

3.2.4 插入特殊符号

用户在编辑文档时插入特殊符号，有助于丰富文档内容，增强文档可读性。具体操作如下。

①单击鼠标左键，将光标放置在想要插入符号的位置。

②单击主选项卡中的【插入】。

③单击功能区右侧的【符号】，下拉菜单中会显示常用的符号，单击即可插入。

④如果常用符号不能满足需求，则单击下拉菜单中的【其他符号】，在弹出界面中的“符号”和“特殊字符”页面可以浏览更多符号。用户可以选择不同的字体和字符子集，以查看各种字符。有时候特殊字符可能位于不同的字体中，因此需要切换字体来找到所需的符号，如图 3–10 所示。

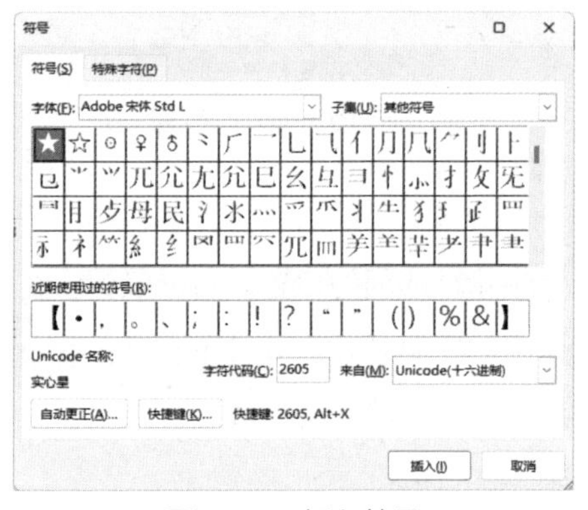

图 3–10　插入符号

3.2.5 插入公式

①单击鼠标左键，将光标放置在想要插入公式的位置。

②单击主选项卡中的【插入】。

③单击功能区右侧的【公式】，打开公式编辑器，如图 3–11 所示。

图 3–11　公式编辑器

④用户可以使用键盘在公式编辑器的输入框中输入数学公式，也可以使用功能区的【公式】选项卡中提供的数学符号、上下标、分数、括号等工具，如图 3–12 所示。

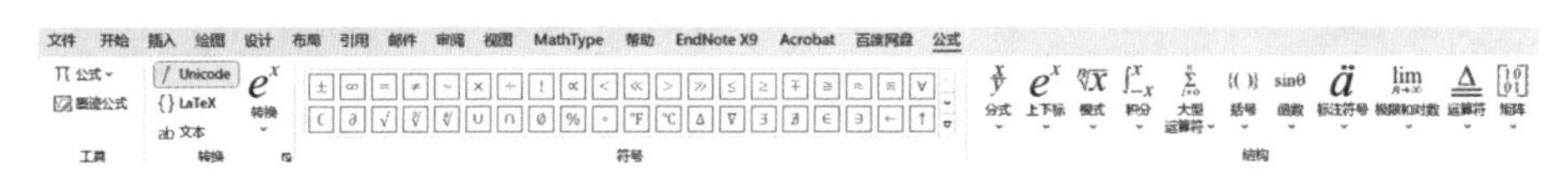

图 3–12 【公式】选项卡

⑤完成公式内容的编辑后，单击编辑器右侧的下拉箭头，在弹出菜单中可以更改公式的对齐方式，具体操作如图 3–13 所示。

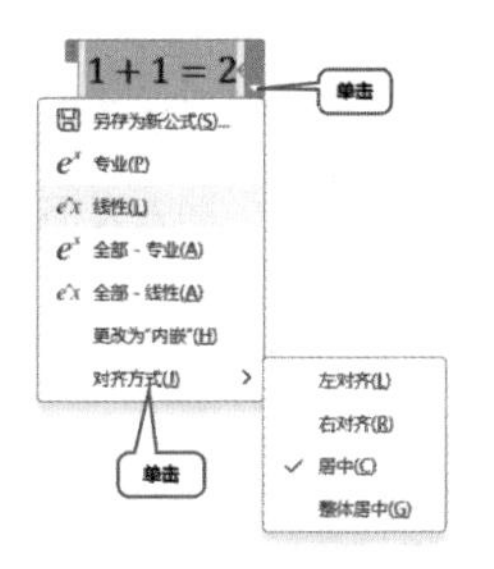

图 3–13　更改公式对齐方式

3.3 表格的编辑与排版

3.3.1 表格的基本操作

用户在编辑文档内容的时候插入表格，可以更清晰地组织和展示数据。插入表格的具体操作：首先，用户单击鼠标左键，将光标放置在想要插入表格的位置；然后，单击主选项卡中的【插入】，单击功能区中的【表格】，再单击下拉菜单中的【插入表格】；最后，在弹出界面中编辑表格的尺寸及列宽等信息，单击【确定】即可完成创建，如图 3–14 所示。用户可以在已经创建的表格中编辑内容。

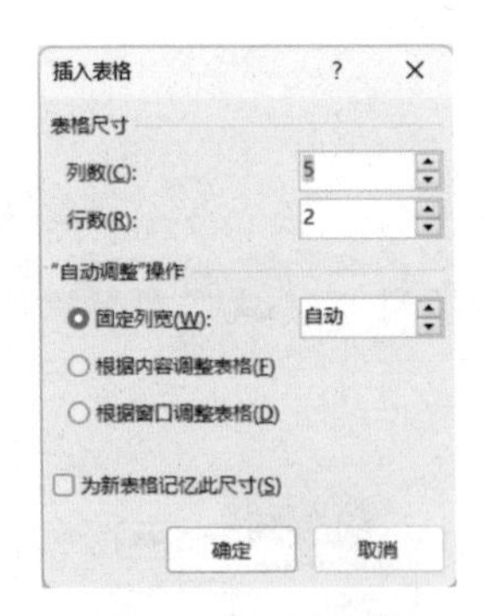

图 3–14　插入表格

除上述常规的插入表格外，对表格进行的基础操作还包含插入行或列、删除行或列，接下来将分别介绍这些操作的步骤。

①插入行或列：将光标移动至想要插入行或列的位置，右击鼠标，在弹出的工具栏中单击【插入】，在下拉菜单中选择插入行或列的方式，如图 3–15 所示。

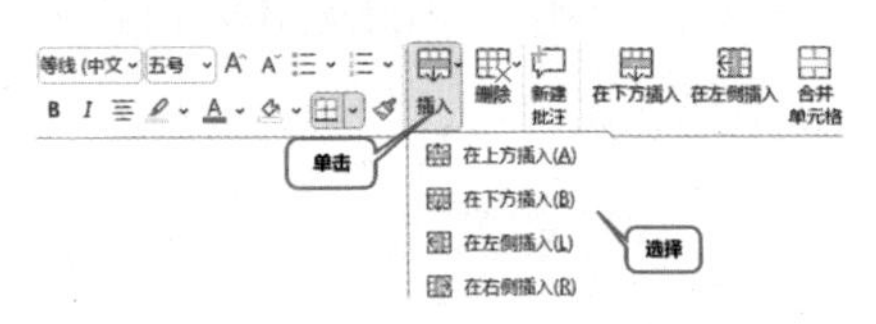

图 3–15　插入行或列

②删除行或列：将光标移动至想要删除行或列的位置，右击鼠标，在弹出的工具栏中单击【删除】，在下拉菜单中选择删除行或列的方式，如图 3–16 所示。

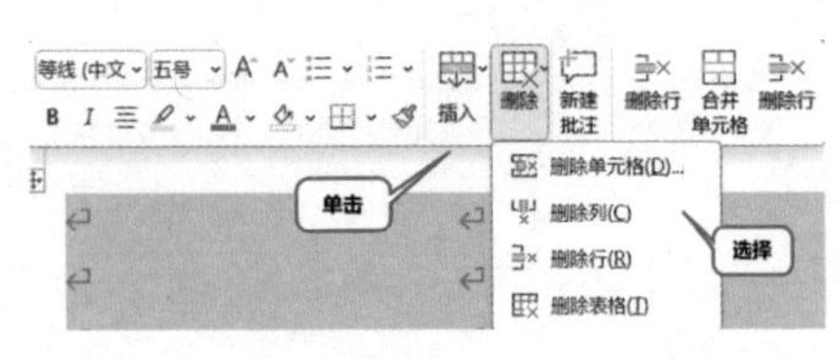

图 3–16　删除行或列

3.3.2 单元格的合并与拆分

1. 合并单元格

合并单元格是指将多个相邻的单

元格合并成一个更大的单元格，通常用于在表格或文档中创建更复杂的布局或显示方式，具体操作如下。

①用户需要了解的是，相邻行内或相邻列内的单元格均可合并，拖动光标选中待合并的单元格，被选中的单元格会呈现灰色背景。

②用户右击鼠标，在弹出的菜单中单击【合并单元格】，完成操作。

2. 拆分单元格

拆分单元格的作用在于可以更精细地控制表格和文档的布局，具体操作如下。

①用户需要将光标移动到需要拆分的单元格内，单击左键确定光标位置。

②接下来，右击鼠标，在弹出的菜单中单击【拆分单元格】，在弹出界面中编辑目标列数与目标行数，单击【确定】完成操作。

3. 合并与拆分单元格的注意事项

单元格的合并与分割可能涉及表内数据的变动，因此用户在进行上述操作时务必注意以下几点。

①用户在合并单元格前，要确保合并的单元格中的数据完全相同或具有相同的属性。如果单元格中包含不同数据，合并后可能会导致数据混淆。

②跨行或跨列的文本通常不支持合并。

③拆分单元格时，数据通常会根据拆分的方式分布到新的单元格中。这种情况下数据不会丢失，但会被重新分配到相应的位置。

3.3.3 编辑表格属性与外观

1. 编辑表格属性

①将光标移动至表格上，右击表格内任意位置，再单击下拉菜单中的【表格属性】。

②紧接着，会弹出如图3-17所示的界面，其中共有五个选项卡，分别是“表格”“行”“列”“单元格”和“替代文字”。在不同选项卡界面，用户可以根据需要编辑表格整体或局部的尺寸、对齐方式等属性。

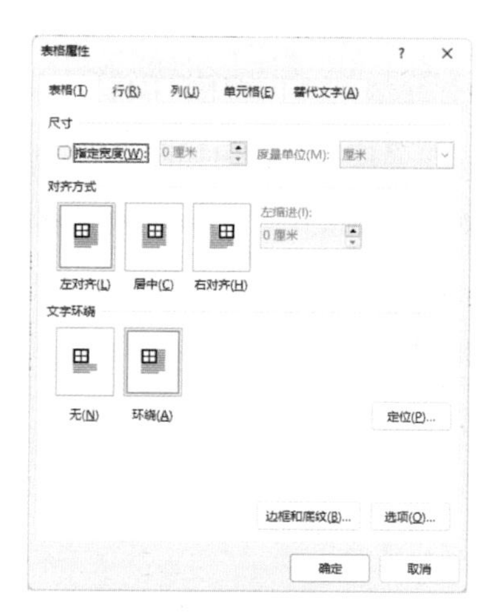

图3-17 编辑表格属性

2. 编辑表格外观

表格外观主要包括字体、颜色、边框等。用户可按住鼠标左键拖动光标选中待编辑的区域，页面会自动弹出工具栏，在这个工具栏中就包含了编辑表格外观的常见操作选项。下面以编辑表格边框为例，具体操作如下。

①按住鼠标左键拖动光标选中待编辑的单元格或行、列。

②在弹出的工具栏中单击【边框】图标右侧的下拉箭头，在下拉菜单中单击【边框和底纹】，如图 3-18 所示。

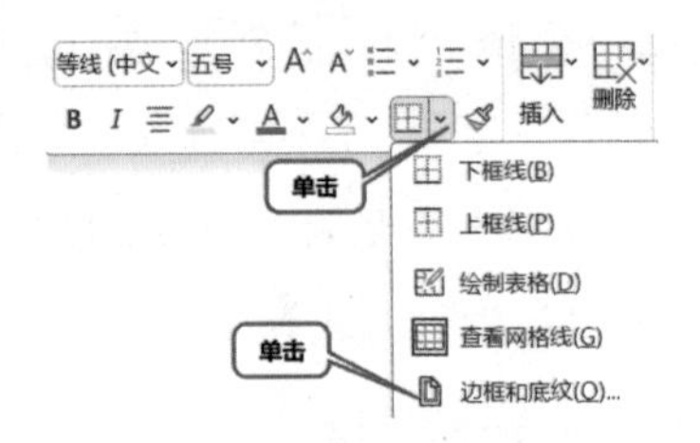

图 3-18　选择【边框和底纹】

③屏幕上会弹出如图 3-19 所示的界面，在该界面中可以编辑边框的样式、颜色及宽度等，修改完成单击【确定】保存操作。

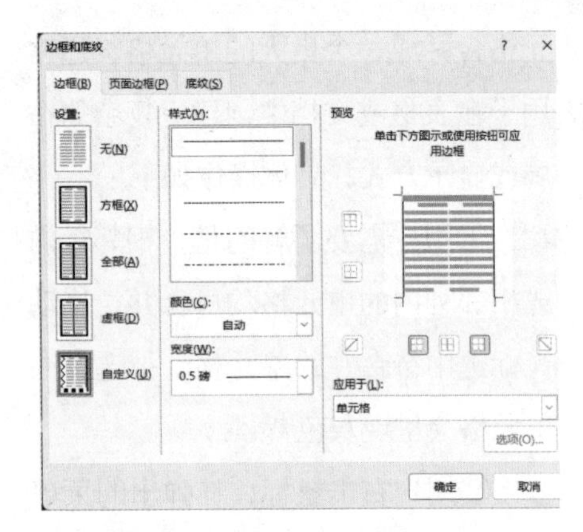

图 3-19　“边框和底纹”编辑界面

3.3.4 编辑表格样式

优秀的表格样式会使表格看起来更加吸引人，也能突出表格制作者的专业性。编辑表格样式的具体操作如下。

①单击表格内任意位置，然后双击表格左上角出现的十字箭头光标，页面上方的功能区将自动切换至【表设计】选项卡。

②在【表设计】选项卡中，用户可以根据需要调整表格的样式，如编辑表格的边框及底纹等，如图 3-20 所示。

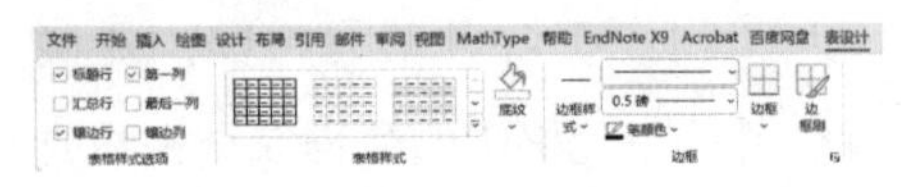

图 3-20　【表设计】选项卡

3.4　图片的插入与编辑

3.4.1 插入与裁剪图片

通常情况下，使用Word插入图片的操作也在【插入】选项卡中进行，与插入表格类似，不再赘述。另外，有时候插入的图片尺寸不符合要求，这就需要根据实际情况对图片进行裁剪修改，具体操作如下。

①用户使用鼠标双击待裁剪的图片，界面上方的功能区会自动切换至【图片格式】选项卡。

②单击功能区最右侧【裁剪】的下拉箭头，会展开如图3-21所示的菜单栏，用户可以根据需求选择不同的裁剪方式。

图3-21　图片裁剪

3.4.2 编辑图片样式

用户可以编辑包括边框、效果、版式等在内的图片样式；还可以修改图片的颜色、艺术效果与透明度等。这些操作命令被整理在【图片格式】选项卡中，如图3-22所示。用户可根据需要自行编辑。

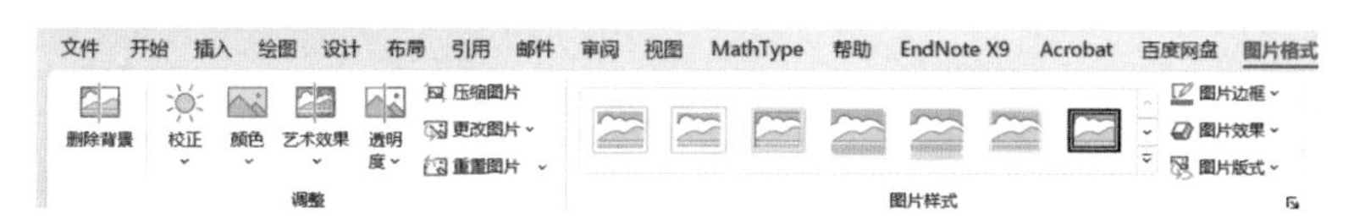

图3-22　【图片格式】选项卡

3.4.3 编辑图片布局

用户可以根据需要修改图片在文本中的布局，具体操作如下。

①用户使用鼠标双击待裁剪的图片，界面上方的功能区自动切换至【图片格式】选项卡。

②在【图片格式】选项卡的【排列】区域中单击【位置】，在下拉菜单中单击【其他布局选项】，如图3-23所示。

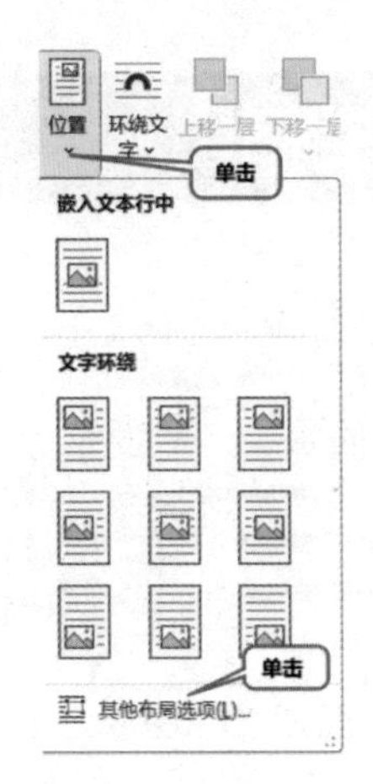

图 3-23　编辑图片布局

③在弹出的“布局”界面中可以修改图片的位置、文字环绕方式、大小等信息，如图 3-24 所示。

图 3-24　“布局”界面

3.4.4 添加图片注释

用户可以通过添加图片注释解释图片内容、提供背景信息或强调关键点，具体操作如下。

①用户选中并使用鼠标右击图片，单击下拉菜单中的【插入题注】。

②在弹出窗口中单击【新建标签】，在再次弹出的窗口中输入题注内容，如“图片”，然后修改标签的编号形式及位置等信息，单击【确定】完成操作，如图 3-25 所示。

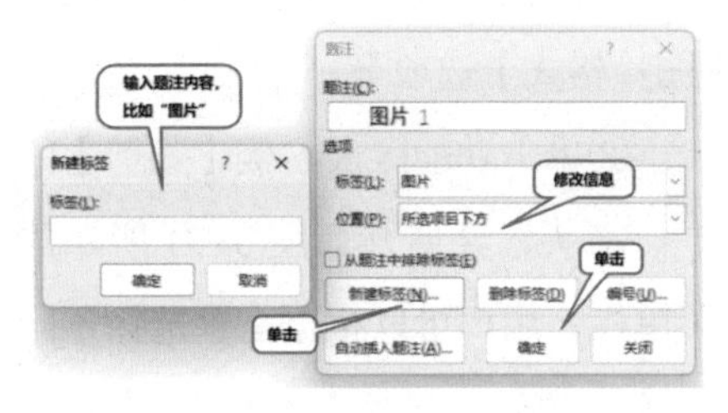

图 3-25　添加图片注释

3.5　图表的插入与编辑

3.5.1 插入图表

图表是一种将数据呈现为图形的强大工具，能够清晰地表现数据的趋势和关键数据点。插入图表的具体步骤如下。

①移动光标并单击鼠标左键，将其放置在想要插入图表的位置。

②单击主选项卡中的【插入】。

③单击功能区中的【图表】，会弹出如图 3–26 所示界面，用户只需要根据需求选择相应的图表类型，单击【确定】，即可插入空白图表。

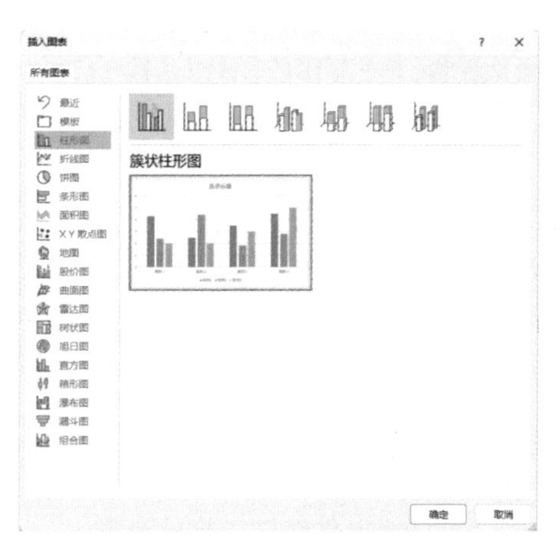

图 3–26　选择图表类型

④插入空白图表的同时会打开一个 Excel 工作表，在该工作表中修改或粘贴数据后关闭工作表。

⑤双击“图表标题”修改后，完成操作。

3.5.2 编辑图表元素

①用户单击选中图表，此时图表周围会出现一个边框。

②图表处于待编辑状态时，界面顶端会弹出【图表设计】选项卡，单击该选项卡，再单击对应功能区中的【添加图表元素】。

③【添加图表元素】下拉菜单中包括多种元素，如图 3–27 所示，用户可以根据需要添加元素并编辑元素样式，更改元素的位置。

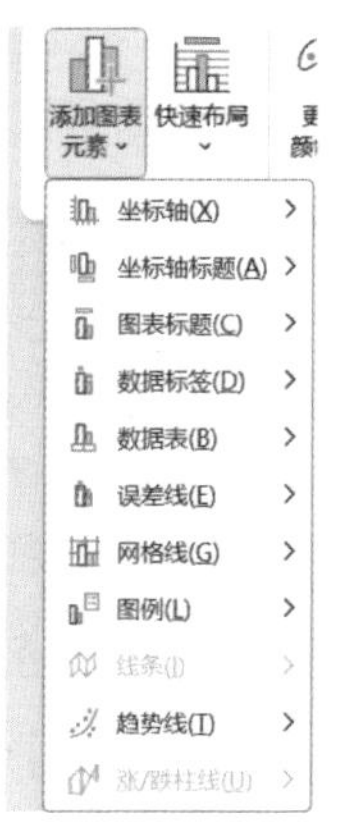

图 3–27　添加图表元素

3.5.3 编辑图表布局

用户通过编辑图表布局，修改图表的大小及文本环绕方式，能够使图表与文本内容搭配得更好。

①单击选中图表，图表右上角会出现几个快捷操作命令，依次单击【布局选项】及其下拉菜单中的【查看更多】，如图 3-28 所示。

图 3-28 编辑图表布局

②在弹出界面中可以修改图表的位置和文字环绕方式等信息。

3.5.4 编辑图表样式

单击确保选中图表，再单击界面顶端的【图表设计】选项卡，在对应功能区的【图表样式】区域可以进行各种图表样式的编辑，包括更改颜色、线条样式、填充颜色等，如图 3-29 所示。

图 3-29 编辑图表样式

3.5.5 添加图表注释

用户可以通过添加图表注释解释图表的内容、提供背景信息或强调关键点，具体操作如下。

①单击确保选中图表，右击图表，单击下拉菜单中的【插入题注】。

②在弹出窗口中单击【新建标签】，在再次弹出的窗口中输入题注内容，然后修改标签编号、标签位置等信息，单击【确定】完成操作。

3.5.6 图表的导出与共享

通常情况下，导出图表是将图表保存为图像文件，可以与他人共享，具体操作如下。

①单击选中图表，右击图表，单击下拉菜单中的【另存为图片】。

②在弹出的窗口中选择文件保存的位置，编辑文件名与文件类型。

③输出的图片文件可以方便地共享给他人。

3.6　文档分节与页面编辑

3.6.1 分页、分栏与分节

分页是创建新页面的操作，可以将文本或元素从一个页面转移到下一个页面。

分栏是将文本或页面分成多列的布局方法，使得文本能以多列的形式呈现。

分节是将文档划分为不同部分的方法。每个节可以独立设置不同的页面方向、纸张大小、页眉、页脚、页边距等。

设置分页、分栏、分节的具体操作方法：单击主选项卡中的【布局】；在功能区中单击【分隔符】，在下拉菜单中根据需要可以插入分页符、分栏符或分节符等，如图 3-30 所示。

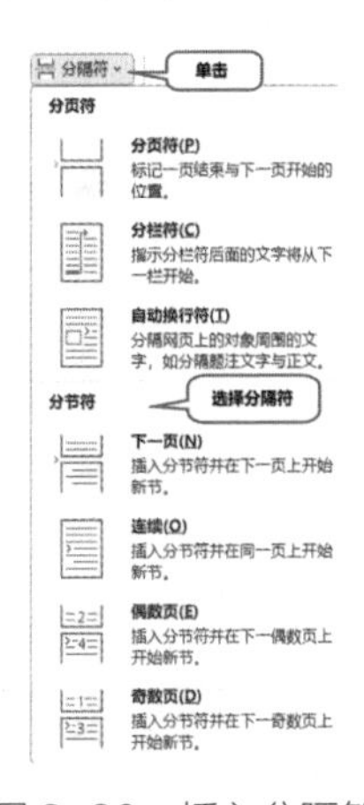

图 3-30　插入分隔符

3.6.2 设置页边距

设置页边距的具体操作方法：在【布局】选项卡中，单击【页边距】，会展开一个下拉菜单；菜单中预置了五种常用的页边距选项，包括“常规”“窄”“中等”“宽”“对称”；如果用户想自定义页边距，可以单击菜单末尾的【自定义页边距】，在弹出菜单中设置页边距的参数，如图 3-31 所示。

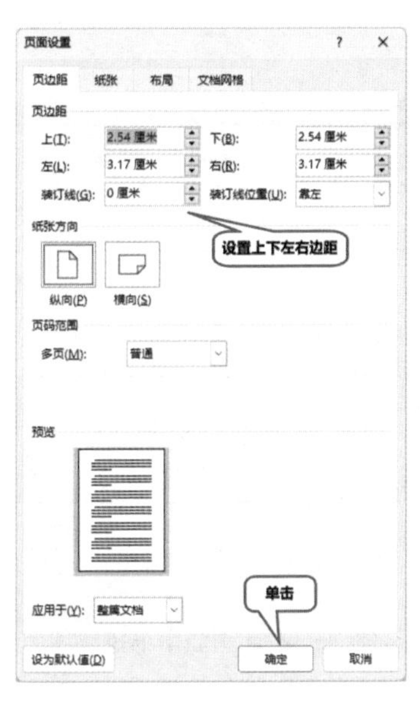

图 3-31　自定义页边距

3.6.3 页眉、页脚、页码添加

1. 添加页眉

单击【插入】中的【页眉】，下拉菜单中内置了多种页眉格式，如图 3-32 所示。另外，用户也可以自定义页眉格式，单击【页眉】下拉菜单中的【编辑页眉】，功能区自动切换至【页眉和页脚】选项卡，用户可以在此编辑页眉顶端距离并设置奇偶页、首页的页眉格式是否相同等，如图 3-33 所示。

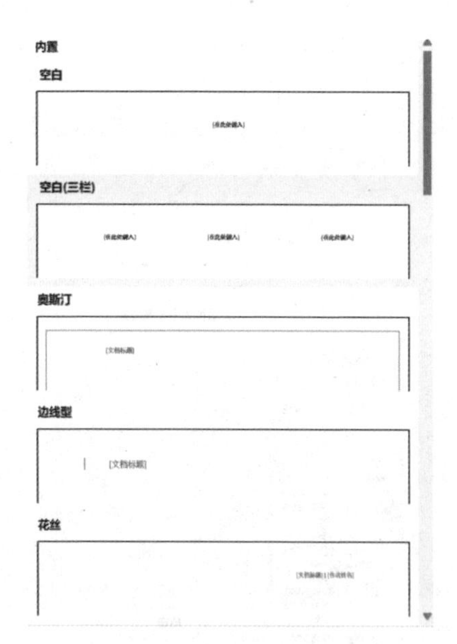

图 3-32 【页眉】下拉菜单

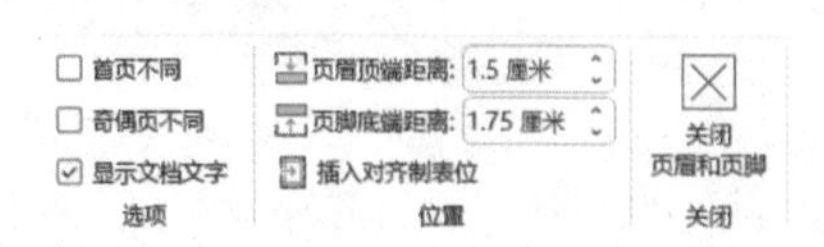

图 3-33 自定义页眉格式

2. 添加页脚

添加页脚的方式与添加页眉相似，在此不再赘述。

3. 添加页码

单击【插入】中的【页码】，在下拉菜单中选择添加页码的位置，单击【设置页码格式】，如图 3-34 所示；在弹出菜单中可以设置页码格式，如图 3-35 所示。

图 3-34 选择添加页码的位置

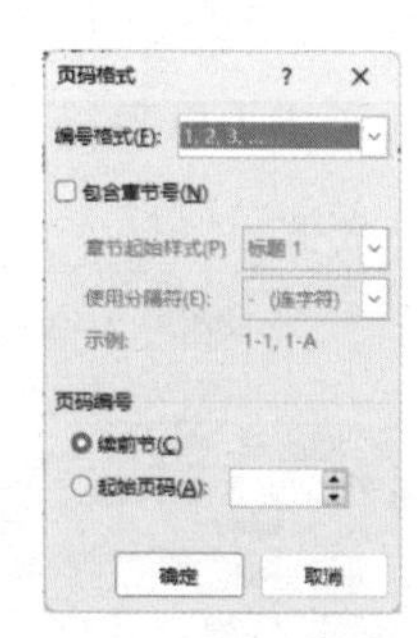

图 3-35 设置页码格式

3.6.4 页面背景设置

在 Word 中可以设置页面背景色或者插入页面背景图片，接下来分别介绍这两种操作的具体步骤。

1. 设置页面背景色

①默认的主选项卡中没有添加【页面颜色】选项卡，用户可以直接在界面顶端的搜索栏中搜索“页面颜色”，并单击搜索结果中的【页面颜色】操作命令，如图 3-36 所示。

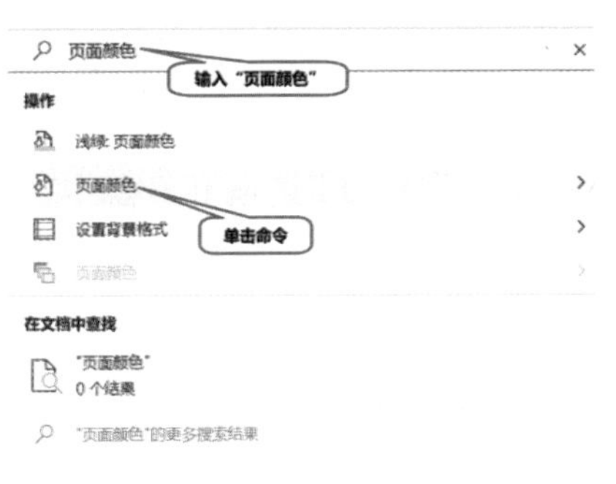

图 3-36 搜索“页面颜色”

②在弹出的界面中可以选择背景颜色及填充效果，如图 3-37 所示。

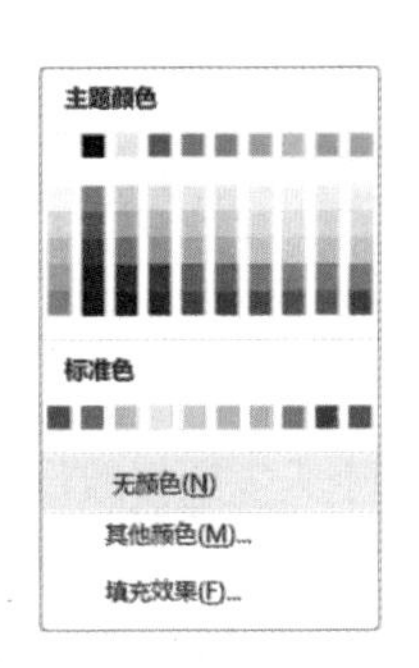

图 3-37 设置页面颜色

2. 插入页面背景图片

①在界面顶端的【搜索栏】中搜索“水印”，并单击搜索得到的“水印”结果，然后单击弹出的菜单末端的【自定义水印】。

②在弹出的界面中勾选【图片水印】，然后选择图片并设置缩放比例，最后依次单击【应用】和【确定】完成操作，如图 3-38 所示。

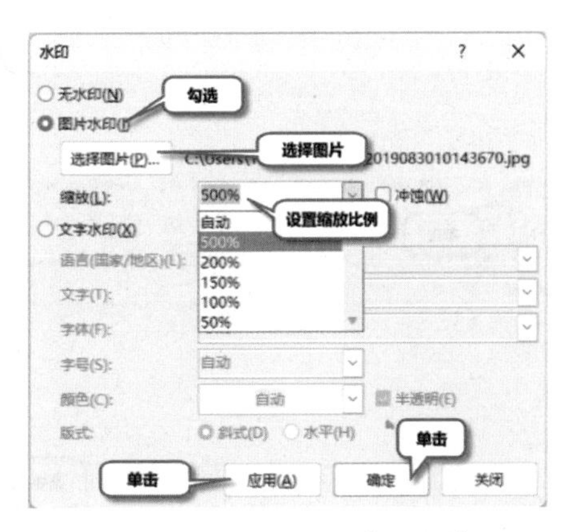

图 3-38 插入页面背景图片

3.7 目录的创建与修改

3.7.1 创建手动目录

创建手动目录的具体操作如下。

①在文档中的适当位置插入一个分节符，用于分隔目录与文档的其余部分。插入分节符的操作见 3.6.1 节。

②单击【引用】选项卡中的【目录】，在下拉菜单中单击【手动目录】创建目录模板，如图 3-39 所示。

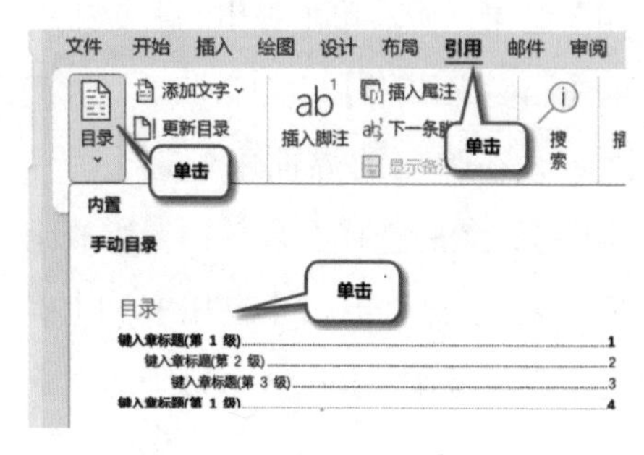

图 3-39 创建手动目录

③将光标移动到创建的目录模板中，手动编辑目录的标题及页码，并修改目录的样式，即可完成操作。

3.7.2 创建自动目录

创建自动目录的前提是要确保各级标题的样式被标记为标题。用户创建自动目录前，先选中待标记的标题，单击【开始】选项卡，然后在功能区中的【样式】区域选择并设置标题样式，如图 3-40 所示。

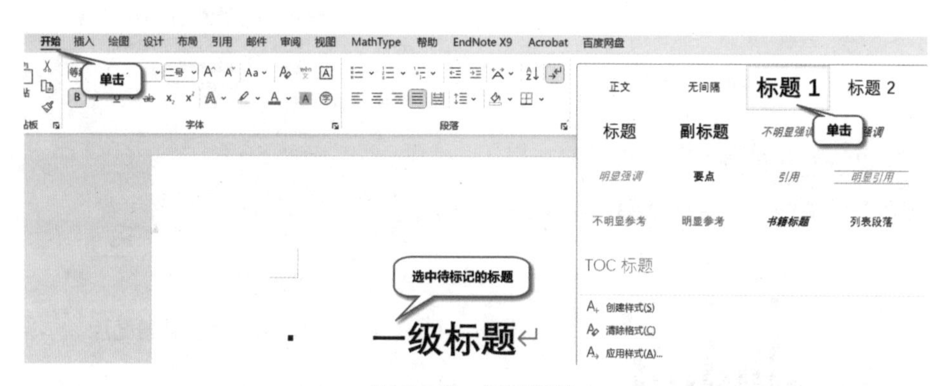

图 3-40 标记标题

待用户确保所有的标题都被标记后，可以进行自动生成目录的操作，具体步骤如下。

①在文档中的合适位置插入分节符，分隔目录与文档的其余部分。

②单击【引用】选项卡中的【目录】，在下拉菜单中单击【自动目录】自动创建目录，然后手动修改目录的标题。

③根据个人需要修改目录的样式。

3.7.3 更新目录内容

通常情况下，如果用户创建的是手动目录，在更改文档内容后，仍需要手动更新目录内容，无法通过【更新目录】一键操作。如果用户创建的是自动目录，则可以利用【更新目录】快速更新，具体操作如下。

①单击选中的目录区域，成功选中的标志是目录四周出现一个方框。

②单击目录左上角出现的【更新目录】，在弹出的菜单中可以选择只更新页码或更新整个目录，如图3-41所示。

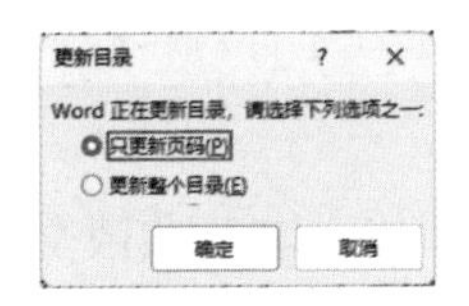

图3-41　更新目录

3.7.4 创建自定义目录

创建自定义目录的前提同样是要确保各级标题的样式被标记为标题。

创建自定义目录的具体操作步骤如下。

①在文档中的适当位置插入分节符，分隔目录与文档的其余部分。

②单击【引用】选项卡中的【目录】，在下拉菜单中单击末端的【自定义目录】。

③在弹出的窗口中设置目录的制表符前导符、页码对齐方式、格式、显示级别等，如图3-42所示，完成设置后点击【确定】保存设置。

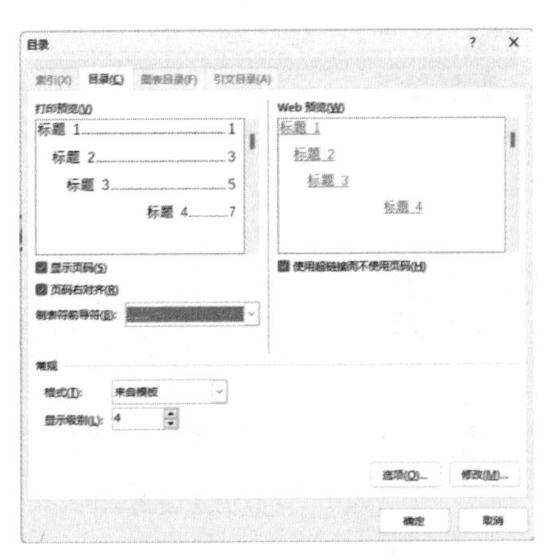

图3-42　自定义目录

3.8 文档的审阅、打印与保护

3.8.1 校对文档内容

单击【审阅】选项卡中的【拼写和语法】，在界面的右侧会出现一个菜单栏显示语法可能存在问题的文档内容，如图3-43所示。用户可以自行选择对问题进行忽略或改正。

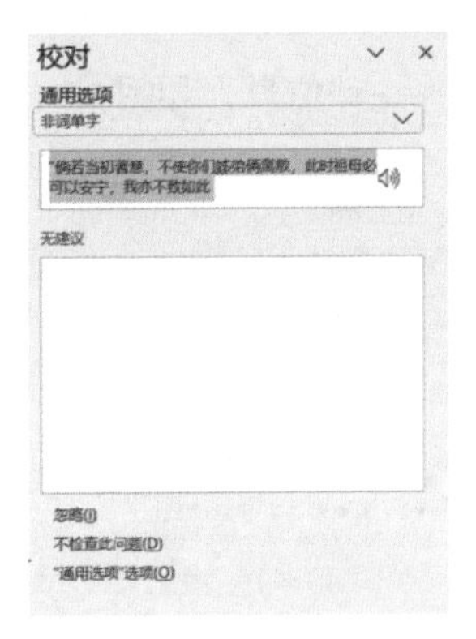

图3-43　校对文档内容

单击菜单栏最下方的【“通用选项”选项】，可以在弹出的菜单栏中修改语法设置，如图 3-44 所示。修改语法设置可以帮助确保文档符合特定的写作标准或写作风格，包括语法规则和标点符号使用规则等。

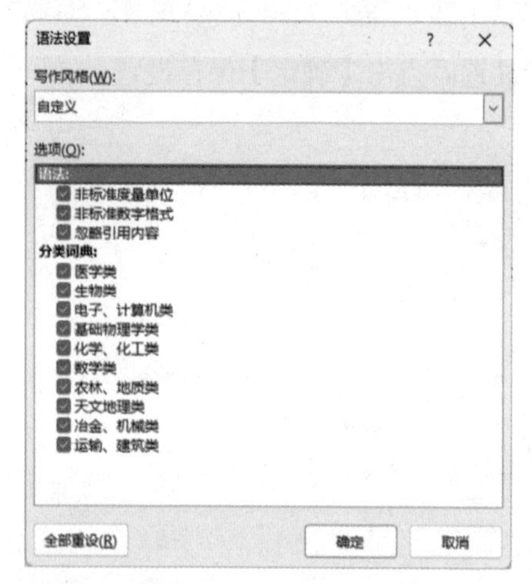

图 3-44　修改语法设置

3.8.2 文档字数统计

单击【审阅】选项卡，在功能区的左侧单击【字数统计】即可显示详细的字数统计信息，如图 3-45 所示。

图 3-45　字数统计信息

3.8.3 文档修订与批注

文档修订与批注的具体操作方法如下。

①单击【审阅】选项卡，再单击右侧功能区中的【修订】，用户可以根据需求选择【针对所有人】或【只是我的】。

②用户根据需要修改文档，所有修改将以不同颜色的文本高亮或画线的方式标记在文档中，以及在侧边栏中显示相关信息。

③除此之外，用户还可以添加批注。在相关文本附近右击，然后在下拉菜单中单击【新建批注】，即可添加批注。这些批注会显示在文档的侧边栏中。

④当用户完成修改文档和添加批注后，可以在【审阅】选项卡中选择“接受”或“拒绝”更改，或者将文档保存为最终版本。

3.8.4 文档打印

在完成编辑文档后，用户可以选择打印文档，具体的操作方法：首先，将编辑好的文档保存；然后，单击【文件】选项卡，在切换后界面的左侧菜单栏中单击【打印】；最后，根据需求设置打印的参数并完成打印，如图 3-46 所示。

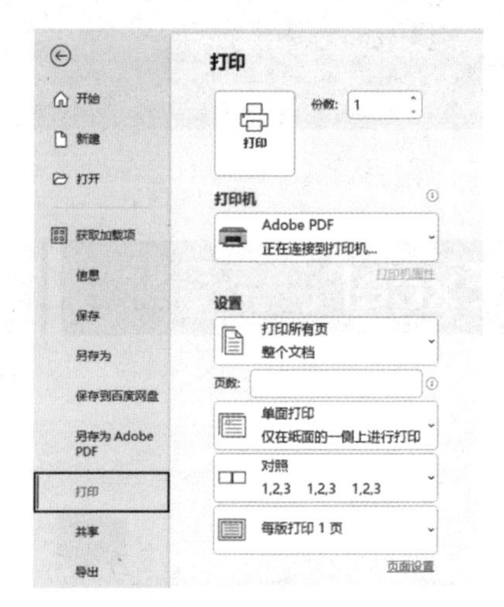

图 3-46　设置打印参数

3.8.5 文档保护

文档保护能够确保敏感信息不被未经授权的人员访问，这对于保护个人隐私甚至公司机密都至关重要，具体操作方法如下。

①单击界面左上角的【文件】选项卡，切换至新界面。

②单击新界面中左侧的【信息】选项卡，在弹出窗口中依次单击【保护文档】及下拉菜单中的【用密码进行加密】，如图 3-47 所示。

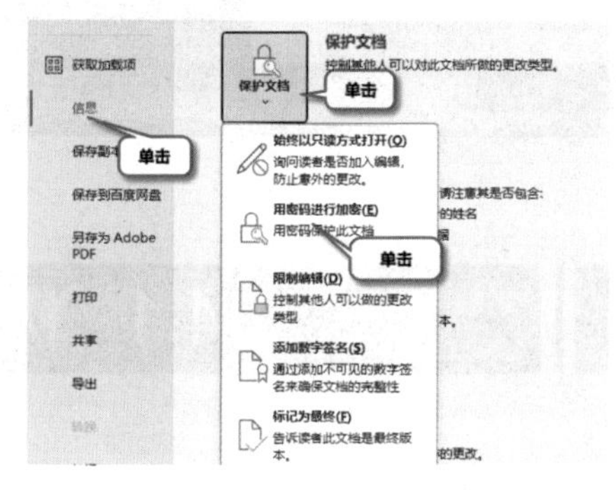

图 3-47　【信息】选项卡

③在弹出的窗口中输入密码，并跟随系统指引再次输入密码进行确认。

④保存并关闭文档，再次打开该文档时就将启用密码保护。

至此，该文档就得到了密码保护，只有知道密码的人才能打开和编辑它。但需要注意，如果用户忘记了密码，将无法打开该文档。

另外，修改与删除密码也是相同的操作流程，只需根据个人需要在输入密码的窗口中将密码修改或全部删除后保存即可。

第4章 学习 Excel

4.1 初识 Excel

4.1.1 新建空白文档与模板文档

用户双击【Microsoft 365】图标进入主页，然后单击主页左侧菜单栏中的【Excel】图标跳转至 Excel 模块。Excel 模块的页面中设置了包括“空白工作簿”在内的几种常用模板，如果需要其他模板，单击右下角的【查看更多模板】即可跳转至新页面进行选择，如图 4-1 所示。

图 4-1 Excel 模块

4.1.2 认识 Excel 的基础界面

Excel 的基础界面可以分为三部分，即主选项卡、功能区和工作区。下面，以图 4-2 所示的空白工作簿为例，为大家展开介绍。

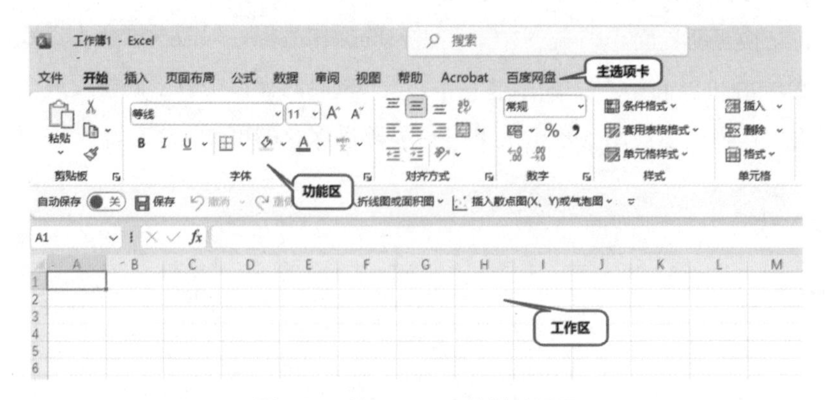

图 4-2 认识 Excel 的基础界面

在Excel的基础界面中，主选项卡位于最上方，将常用的各种功能与命令分成不同的类别；单击主选项卡中的选项可以在功能区中展开该类别包含的操作工具；用户可在界面下方的【工作区】编辑表格。

4.1.3 认识工作簿与工作表

1. 工作簿

工作簿是指整个Excel文件，它可以包含一个或多个工作表。每个工作表通常有一个标签，用户可以通过点击标签来切换不同的工作表。

2. 工作表

工作表是由多行和多列组成的一个电子表格，是用于组织、存储和分析数据的基本工作区域。

当用户打开Excel并新建文件时，实际是创建了一个工作簿，用户可以根据需要在工作簿中创建、编辑和组织多个工作表以便更有效地管理和分析数据，如图4-3所示。

图4-3 工作簿与工作表

右击工作表标签会弹出一个菜单栏，菜单栏中包括【插入】、【删除】、【重命名】等多种命令，用户可以根据需要进行设置，如图4-4所示。

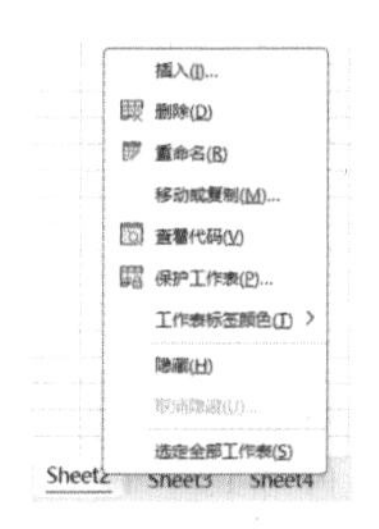

图4-4 组织工作表

4.1.4 认识单元格与公式栏

1. 单元格

单元格是Excel中的基本构建块，地址是由其列字母和行数字组成，例如，A1表示第一列第一行的单元格。通常情况下，单元格中可以输入文本、数字、日期、公式等内容，如图4-5所示。

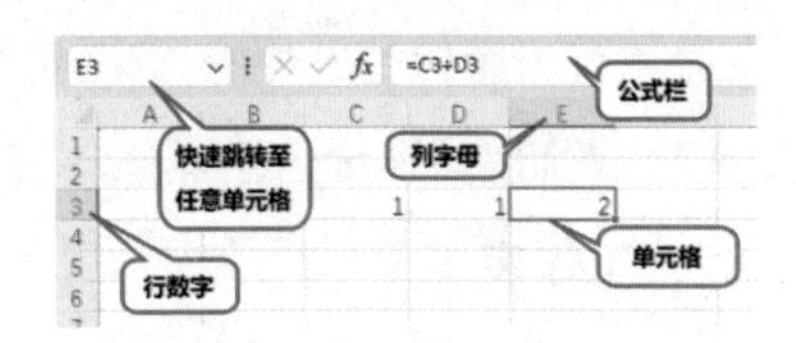

图 4-5　单元格与公式栏

2. 公式栏

公式栏位于 Excel 窗口的顶部，如图 4-5 所示。在公式栏中，用户可以查看或编辑当前单元格对应的公式；对于未使用计算公式的单元格，公式栏会显示当前单元格的内容。如果用户在公式栏的名称框中直接输入某单元格的地址，光标会迅速跳转到该单元格。

用户在编辑或检查一个公式时，公式栏是非常实用的工具，一方面公示栏区域为其提供了相对较大的编辑空间，能够清楚地展示选定单元格中的公式；另一方面，用户也可以在公示栏中快捷修改公式，使操作更加便捷。

4.1.5 保存工作簿并自定义存储位置

①单击主选项卡中的【文件】。

②单击弹出界面中左侧工具栏中的【另存为】。

③在弹出的新界面中根据需求选择合适的存储位置，如图 4-6 所示。

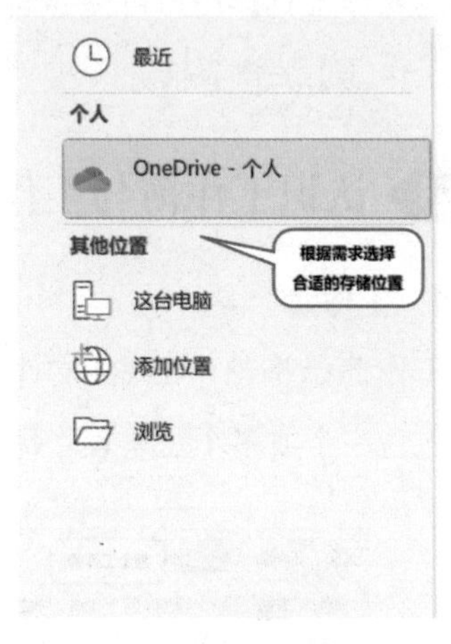

图 4-6　选择存储位置

④在弹出的窗口中设置“文件名”与“保存类型”，单击【保存】完成操作，如图 4-7 所示。Excel 默认的“保存类型”为“.xlsx”格式，通常使用默认类型即可。

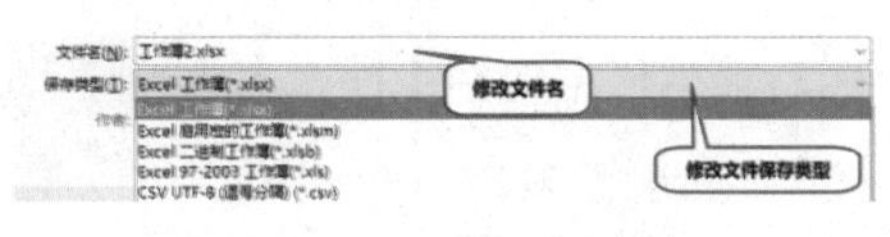

图 4-7　完成存储设置

4.2 表格编辑与数据计算

4.2.1 输入数据和文本

1. 直接输入

①在表格中选中要输入数据或文本的单元格。

②在选中的单元格中键入数据或文本。

③按【Enter】键或键盘的方向键移动到另一个单元格，完成输入。

2. 填充

填充操作是快速在多个单元格之间复制数据、文本或序列的方法，操作步骤如下。

①在表格中，选中某单元格，移动鼠标指针到该单元格右下顶点的小方形。

②当鼠标指针变为黑色十字时，按住鼠标左键并拖动鼠标到希望填充的范围。

③松开鼠标左键，Excel会自动填充选定的范围。

4.2.2 单元格基本操作

1. 选中单元格

用户使用鼠标左键单击单元格，它就会被选中；按住鼠标左键并拖动，可以同时选中多个单元格。被选中的单元格会呈现浅灰色背景与绿色边框，如图4-8所示。

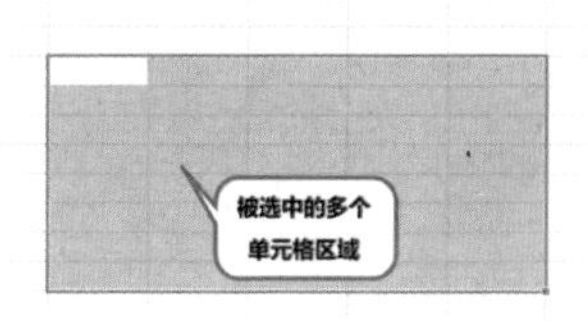

图4-8 选中单元格

2. 清除单元格内容

用户选中一个或多个单元格，使用键盘上的【Delete】键或右击选中的内容并在弹出的菜单栏中选择【清除内容】完成操作。

3. 设置单元的列宽与行高

用户选中待编辑的单元格；单击【开始】选项卡，选择【格式】并单击；在弹出菜单中分别选择【行高】与【列宽】进行修改，如图4-9所示。

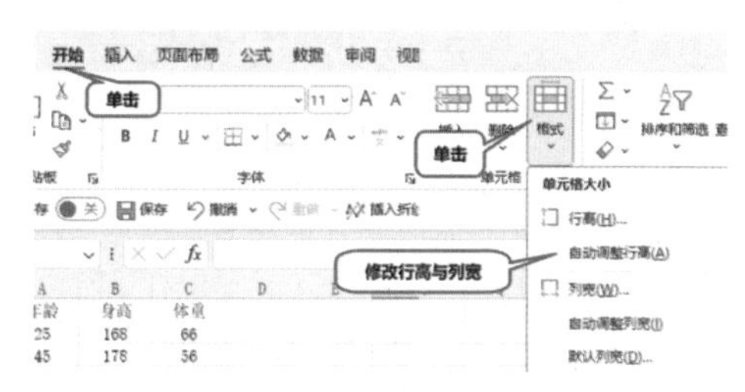

图4-9 修改行高与列宽

其中，【自动调整行高】与【自动调整列宽】是指根据单元格的内容自适应地调整单元格尺寸，确保单元格内的文本或数据完全显示在单元格中，不会被截断。图 4-10 和图 4-11 所示为设置【自动调整列宽】前后的单元格。

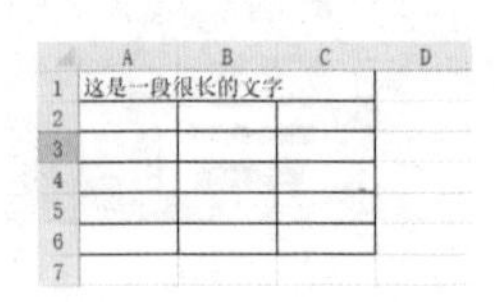

图 4-10　未设置“自动调整列宽”

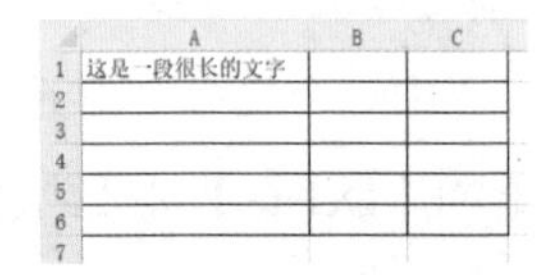

图 4-11　设置了“自动调整列宽”

4. 合并和拆分单元格

①合并单元格：选中要合并的单元格，使用【开始】选项卡中的【合并后居中】功能即可完成操作，如图 4-12 所示。

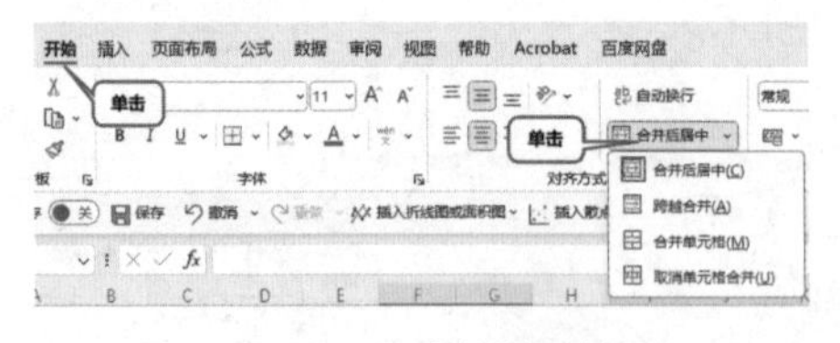

图 4-12　合并单元格

需要注意，默认的合并方式是同时在行和列两个方向将单元格合并成一个大单元格；而“跨越合并”属于一种特殊的合并方式，将选定区域内的单元格按行合并，每行合并成一个大单元格。两者的对比如图 4-13 所示。

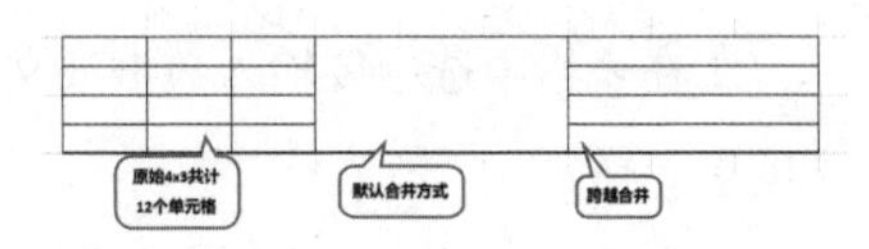

图 4-13　两种合并方式的对比

合并单元格是一种方便的排版工具，但是操作不当会导致数据丢失或对后续操作产生负面影响。因此，在合并单元格时应注意，合并后只会保留左上角的内容且单元格会继承左上角单元格的格式，并且合并的单元格无法进行排序操作；如果合并了包含公式的单元格，公式可能会受到影响。

②拆分单元格：流程与合并单元格相似，选中要拆分的单元格，然后在【开始】选项卡中单击【合并后居中】，在展开的菜单栏中单击【取消单元格合并】即可完成操作，如图 4-14 所示。

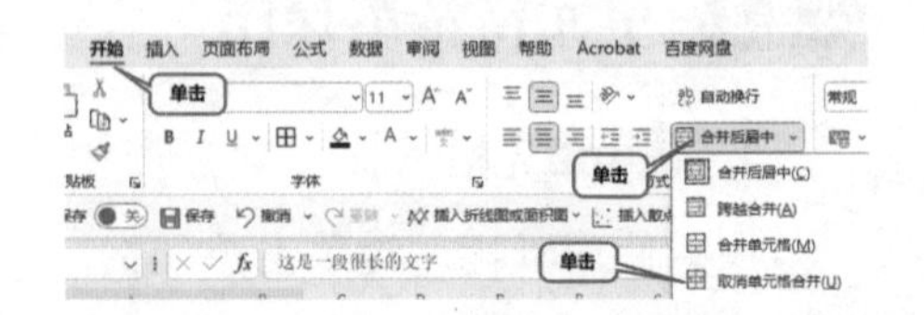

图 4-14　取消单元格合并

5. 编辑单元格格式

选中待编辑区域，右击并在弹出菜单中选择【设置单元格格式】，弹出如图 4-15 所示界面。用户可以根据需要编辑单元格的对齐方式、字体样式、边框和填充方式等。

图 4-15 “设置单元格格式”界面

①编辑对齐方式：单击【对齐】，在弹出界面中可以分别设置单元格水平方向与垂直方向上的对齐方式，如图 4-16 所示。

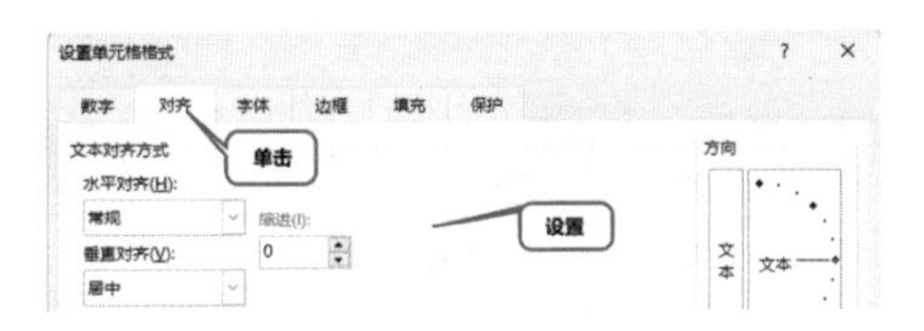

图 4-16 编辑单元格的对齐方式

②编辑字体样式：单击【字体】，在弹出界面中可以编辑字体、字形、字号、颜色以及有无特殊效果等，界面右下角可以看到编辑的预览效果，如图 4-17 所示。

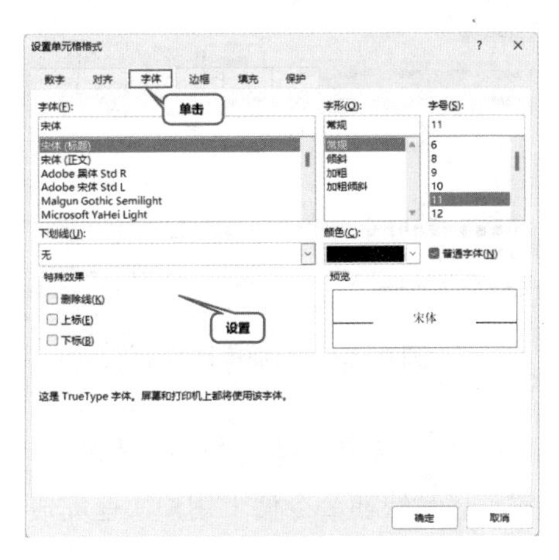

图 4-17 编辑单元格的字体样式

③编辑边框效果：单击【边框】，根据需求在弹出界面中选择边框的样式、颜色以及出现的位置，同样在界面右下角可以看到编辑的预览效果，便于快速调整，如图 4-18 所示。

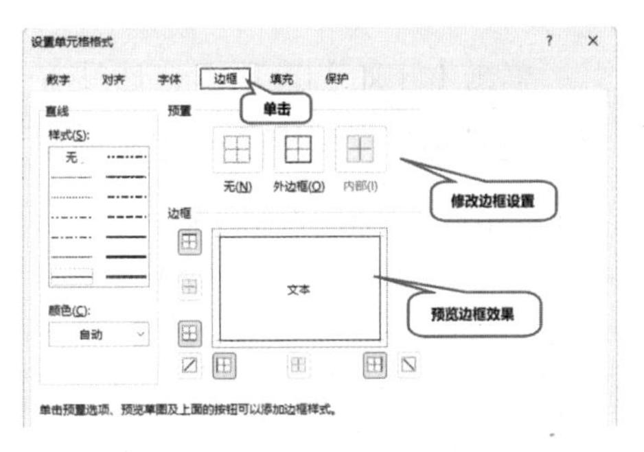

图 4-18 编辑边框效果

④编辑填充效果：合理利用填充效果可以提高表格的可读性；单击【填充】，在弹出菜单中根据需求完成设置即可，如图 4-19 所示。

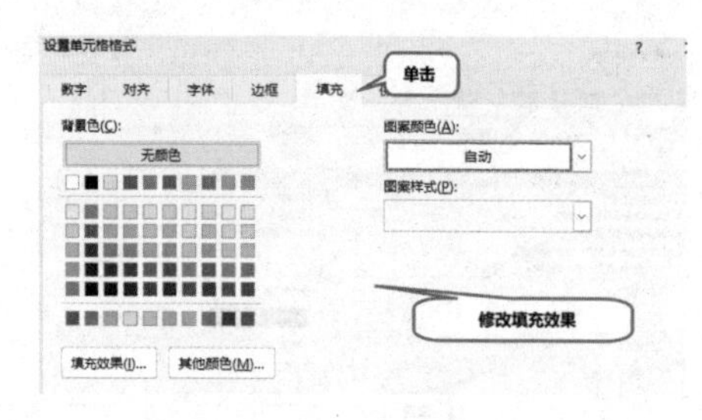

图 4-19　编辑填充效果

此外,【开始】主选项卡中也设置了多种快捷命令便于用户快速完成单元格格式的设置，如图 4-20 所示。

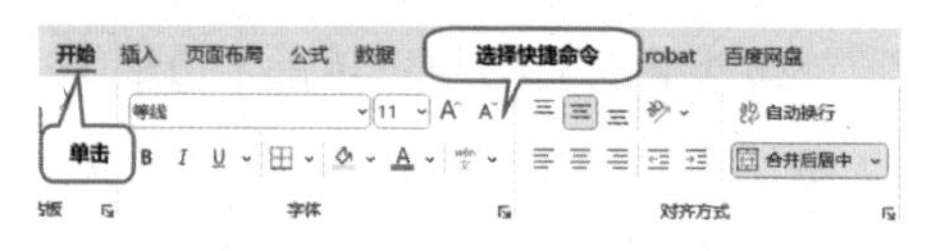

图 4-20　快捷命令

4.2.3 编辑表格样式

单击【开始】选项卡，然后在展开的功能区中选择【套用表格格式】，用户可以在弹出的菜单中挑选系统预设的表格格式或者单击【新建表格样式】自定义表格格式，如图 4-21 所示。

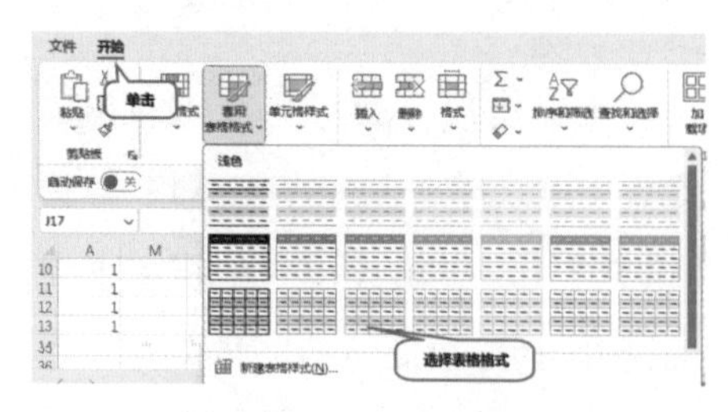

图 4-21　编辑表格样式

4.2.4 设置数据显示格式

设置数据显示格式是指调整单元格中的数值、日期、文本等内容的显示方式，使其更符合特定的需求。

设置数据显示格式的具体操作方法：选中待编辑区域，右击并在弹出菜单栏中选择【设置单元格格式】；在弹出的界面中选择【数字】，在【分类】区域选择适合数据类型的数值格式，如货币、百分比、日期等。用户也可以使用“自定义”选项进行更详细的个性化设置，如图 4-22 所示。

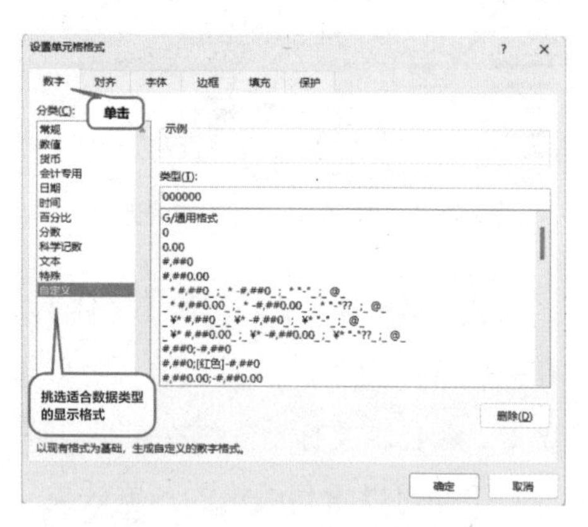

图 4-22　设置数据显示格式

4.2.5 编辑条件格式

编辑条件格式是指根据数据的值、公式或其他属性自动调整单元格的格式，帮助用户轻松识别数据的模式、趋势和异常值。常用的功能包括“突出显示单元格规则”“最前 / 最后规则”“数据条”“色阶”和“图标集”等。

如图 4-23 所示，编辑条件格式的操作步骤：选中待编辑区域，单击【开始】选项卡，在功能区中选中【条件格式】，根据个人需求选择不同的功能，按照系统提示进行设置。

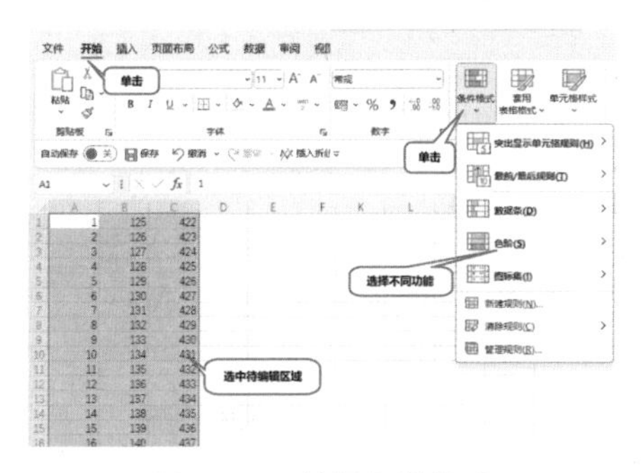

图 4-23　编辑条件格式

下面将针对不同的条件格式功能展开讲解。

1. 突出显示单元格规则

这一规则是基于数据值的范围、文本包含情况、发生日期或重复值等条件设置的数据样式。比如，以“将数据值大于 85 的单元格设置为红色背景”为例，具体操作如下。

①选中待编辑样式的区域，单击【条件格式】。

②单击【突出显示单元格规则】，选择【大于】，如图 4-24 所示。

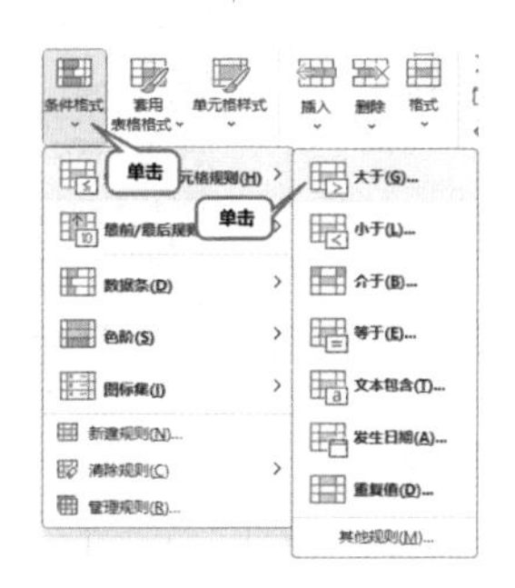

图 4-24　设置“突出显示单元格规则”

③在弹出窗口中输入临界值“85”，选择【自定义格式】，并在弹出页面中设置填充颜色为红色，如图 4-25 所示。

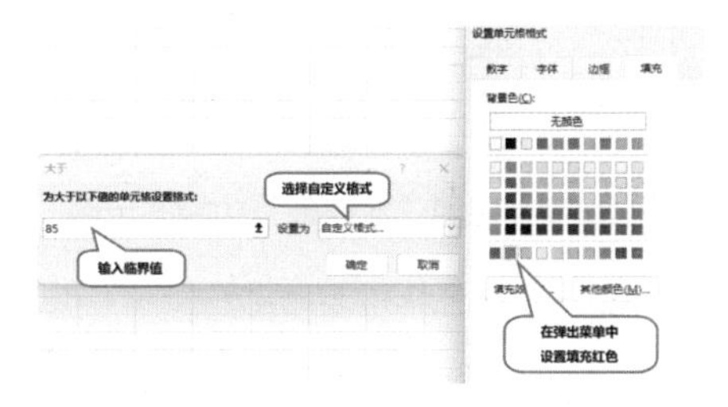

图 4-25　将数据值大于 85 的单元格设置为红色背景

2. 最前 / 最后规则

这一规则常用于突出显示数据集中的最大或最小值，系统预设了六种常用的“最前 / 最后规则”，如图 4-26 所示。

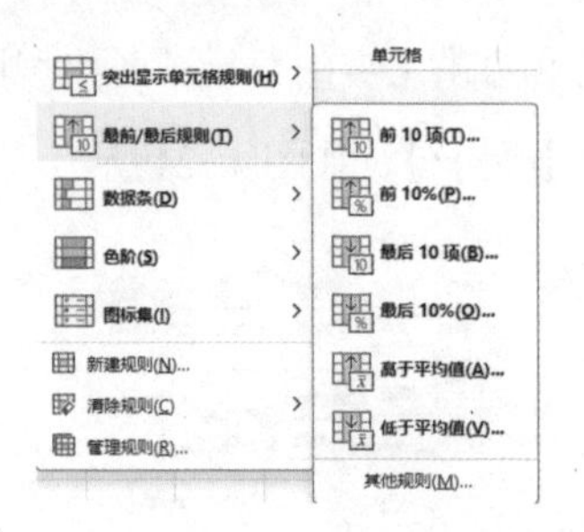

图 4-26　预设的“最前 / 最后规则”

3. 数据条

“数据条”用于在单元格中，通过数据条的长度来表示值相对于整个范围的大小，效果如图 4-27 所示。

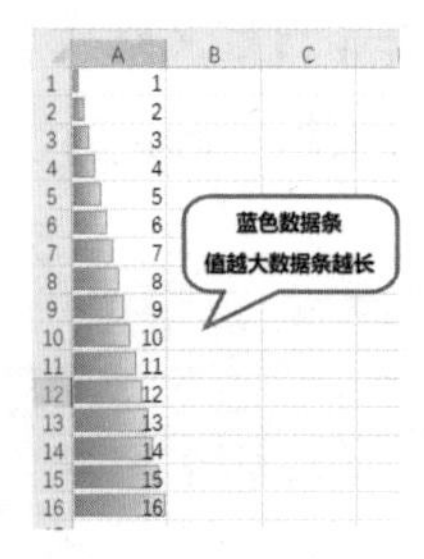

图 4-27　应用“数据条”功能的示例

4. 色阶

“色阶”用于根据数值的相对大小为单元格应用渐变的颜色，便于用户直观地识别数据的模式，如图 4-28 所示。应用“色阶”功能的效果如图 4-29 所示。

图 4-28　“色阶”功能

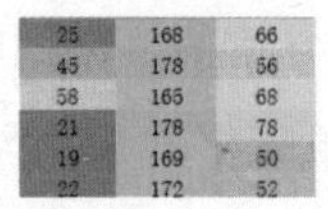

图 4-29　应用“色阶”功能的示例

5. 图标集

“图标集”用于在单元格中显示符号图标，根据数值或其他条件的不同进行设置，以提供更多的视觉信息，如图 4-30 所示。其中一种效果如图 4-31 所示。

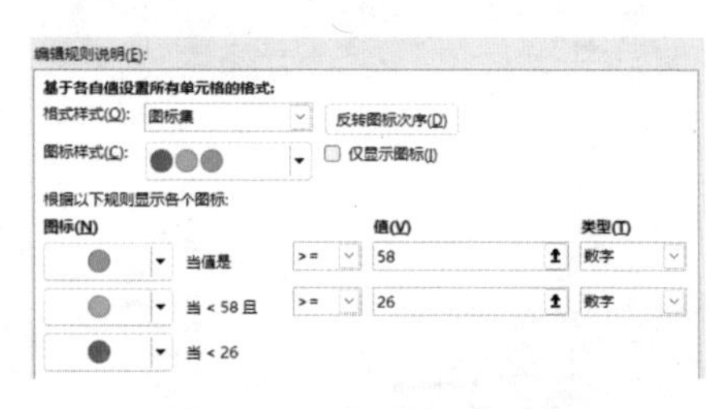

图 4-30　“图标集”功能

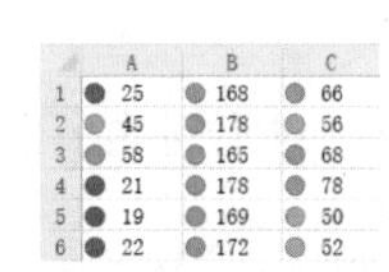

图 4-31　“图标集”功能示例

4.2.6 查找与替换数据

1. 查找数据

①单击【开始】选项卡，选择【查找和选择】。

②在下拉菜单中选择【查找】。

③在弹出菜单中输入需要查找的内容，限定其在表格中搜索的范围等

条件，单击【查找全部】完成操作，如图 4-32 所示。

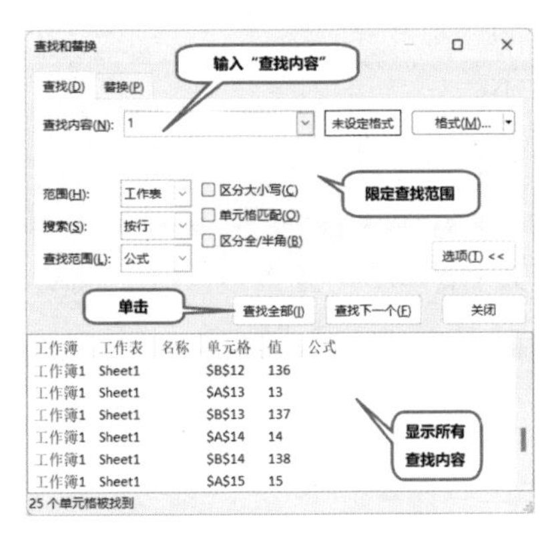

图 4-32　查找内容

2. 替换数据

①单击【开始】选项卡，选择【查找和选择】。

②在下拉菜单中选择【替换】。

③在弹出菜单中输入需要查找的内容与打算替换为的内容，分别限定两者的格式和在表格中搜索的范围等条件，单击【全部替换】完成操作，如图 4-33 所示。

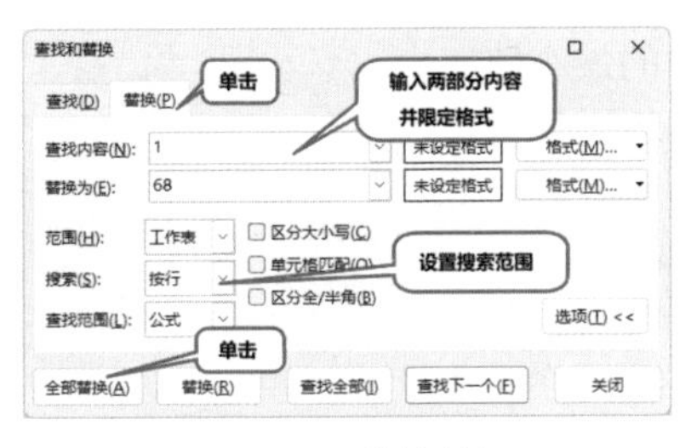

图 4-33　替换数据

4.2.7 使用公式进行数据计算

在 Excel 中使用公式可以进行各种数据计算和分析。使用公式进行数据计算的步骤：选择预备放置计算结果的单元格，在目标单元格中输入等号（=）；在等号后输入想要计算的公式，可以是简单的加减法，也可以是复杂的函数；按【Enter】完成运算并在目标单元格中显示结果。

需注意，计算公式中的元素用单元格的地址来表示，可以直接输入由列字母和行数字组成的地址，也可以通过鼠标单击选中待运算的单元格，被选中的单元格会呈现彩色背景填充，如图 4-34 所示。

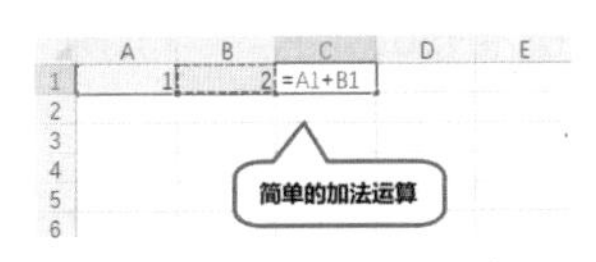

图 4-34　加法计算

4.2.8 使用预定义函数进行数据计算

使用预定义函数进行计算的具体操作方法如下。

①选择预备放置计算结果的单元格。

②单击【公式】选项卡，在对应

的功能区中选择【插入函数】。

③在弹出的菜单中依次选择函数类别及函数，然后设置函数参数完成操作，如图 4–35 所示。

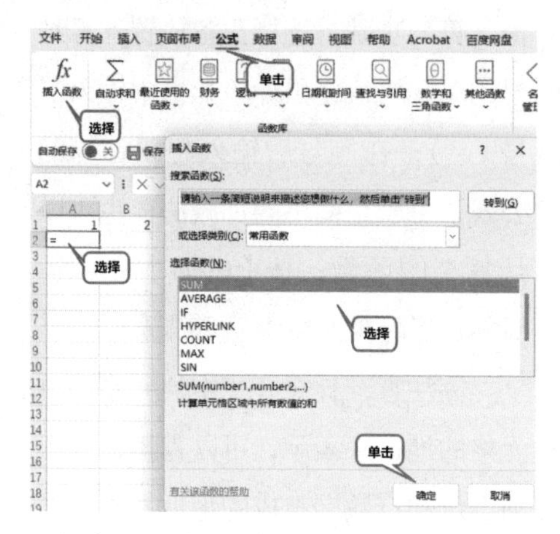

图 4–35　使用预定义函数进行数据计算

利用“插入函数”页面中的【搜索函数】栏，可以快速找到需要的函数，如图 4–36 所示。

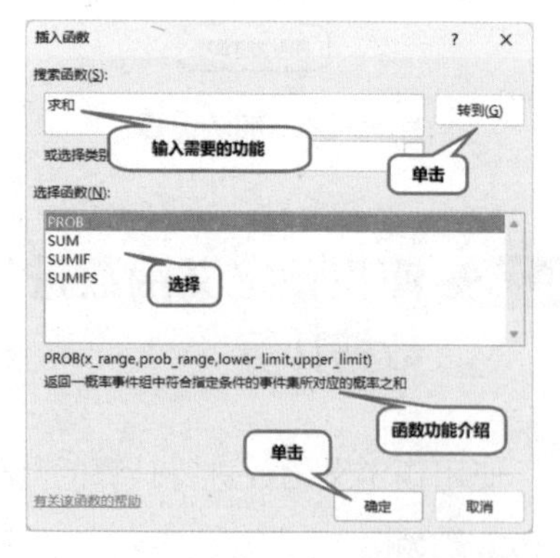

图 4–36　利用【搜索函数】栏提高效率

此外，【公式】选项卡对应的功能区中按照类别设置了多种函数的快捷命令，便于用户使用，如图 4–37 所示。

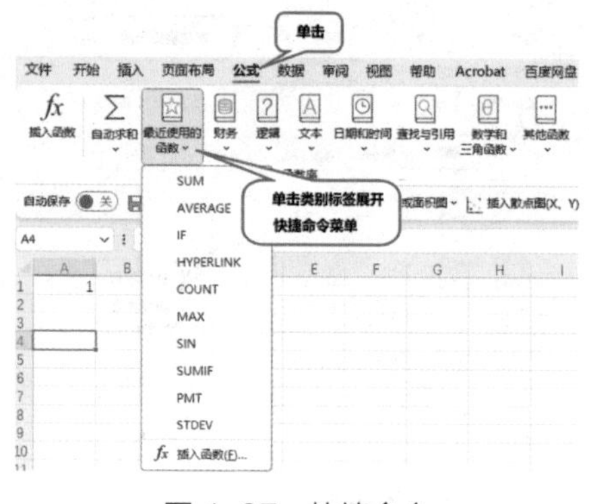

图 4–37　快捷命令

常用的预定义函数包括 SUM 函数、AVERAGE 函数、MAX 函数和 MIN 函数，功能分别如下。

① SUM 函数：求和。

② AVERAGE 函数：计算平均值。

③ MAX 函数：找到一系列数字中的最大值。

④ MIN 函数：找到一系列数字中的最小值。

4.3 数据处理

4.3.1 数据单列排序

在 Excel 中可以使用内置的排序功能对数据进行单列排序，具体操作方法如下。

①选择包含数据的目标列。

②单击【数据】选项卡，选择【排序】。

③在弹出的菜单中，依次设置“排序选项”“排序依据”“次序”等，点击【确定】即完成数据单列排序，如图 4-38 所示。

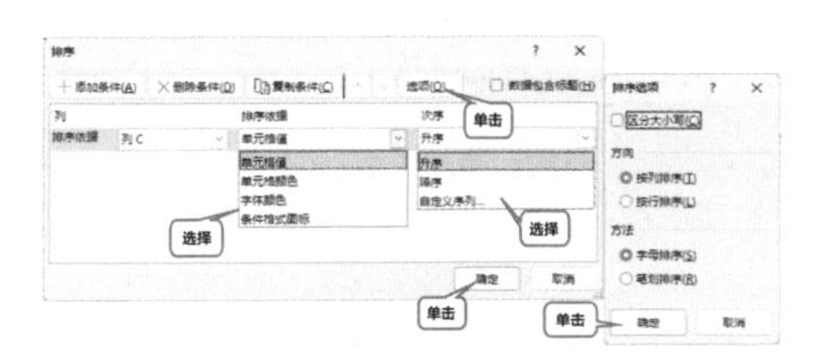

图 4-38 单列排序

4.3.2 数据多列排序

单列排序适用于只需要按照一个特定列的值或文本进行排序的情况；而多列排序适用于需要按照多列的值进行排序，或者当第一列有相同的值时希望按照其他列的值进行进一步排序的复杂场景，操作步骤如下。

①前面按照单列排序的前两个步骤进行操作。

②当需要按照其他列的值进一步排序时需要添加额外的排序条件，单击【添加条件】并选择【次要关键字】，接下来的操作与单列排序的最后一步相似，如图 4-39 所示。

③重复步骤②直到满足需求，完成操作。

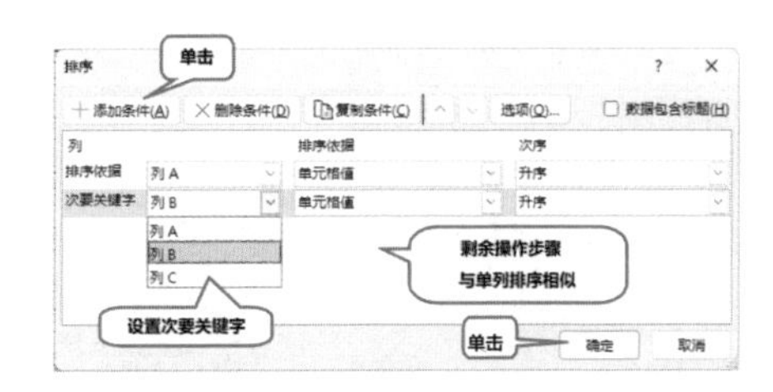

图 4-39 添加排序条件

上述步骤可以确保数据会优先按照第一个排序条件进行排序，当存在相同值时，则按照第二个排序条件进行排序，以此类推。这样用户可以定义复杂的排序规则，以确保数据按照需求正确排列。

4.3.3 数据自动筛选

在 Excel 中，数据筛选是用于限制工作表中数据显示的功能。自动筛选是一种简便的筛选方法，适用于基本的数据筛选需求。以下是数据自动筛选的步骤，如图 4-40 所示。

①在表格中选择要筛选的数据范围。

②在【数据】选项卡的功能区中选择【筛选】。

③在每列的标题栏上会出现下拉箭头，单击下拉箭头。

④在弹出的筛选菜单中，利用【数字筛选】或【搜索】选择包含或排除某些值。

⑤ Excel 将仅显示符合筛选条件的数据。

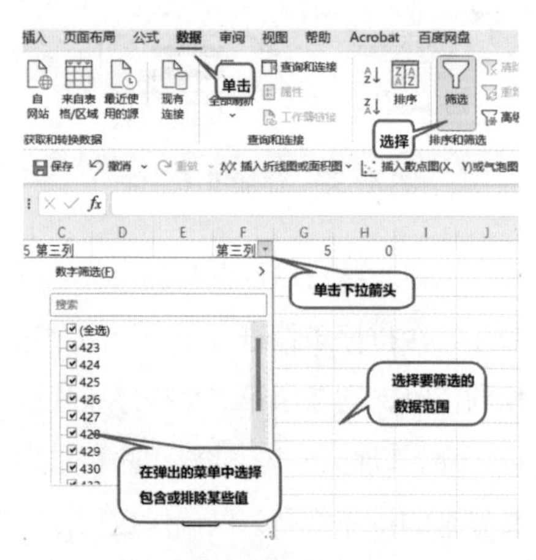

图 4-40 数据自动筛选

4.3.4 数据高级筛选

高级筛选提供更灵活的筛选选项，关键就在于筛选条件的设定，用户可以根据数据的类型和需求设置各种不同的筛选条件。接下来以三门学科的成绩作为筛选对象演示高级筛选的操作。

①在【数据】选项卡中选择【高级筛选】，弹出如图 4-41 所示的“高级筛选”菜单。

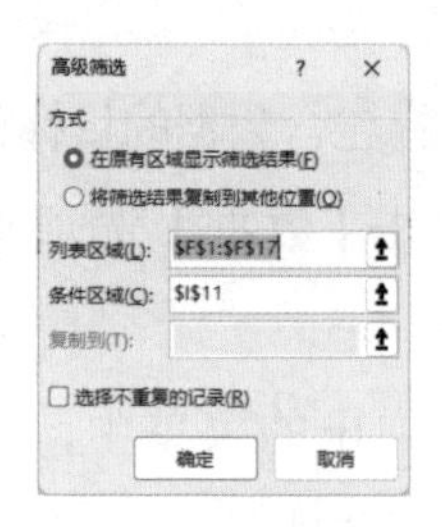

图 4-41 “高级筛选”菜单

②选择【列表区域】，按住鼠标左键并拖动选中所有内容，如图 4-42 示。

成绩表		
数学	语文	英语
65	79	88
78	91	69
81	88	56
67	97	98
99	85	85

图 4-42 选中待筛选的“列表区域”

③在表格中键入数学、语文和英语三门学科的筛选条件，单击【条件区域】，框选筛选条件，如图 4-43 所示。

数学	语文	英语
>90	>80	>80

图 4-43 编辑筛选条件并框选

④单击【确定】完成操作，在表格中显示数学、语文和英语三科满足筛选条件的结果，如图 4-44 所示。

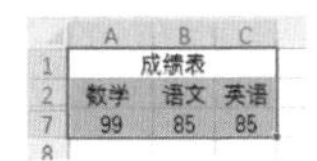

图 4-44 筛选结果

4.3.5 利用 SUMIF 进行数据汇总

SUMIF 是根据指定条件对范围内数据进行求和的函数。

SUMIF 通常的语法：=SUMIF (range, criteria, [sum_range])。

“range” 表示要应用条件的范围。“criteria” 表示条件，用于确定哪些单元格将被求和。“sum_range” 是一个可选参数，表示要求和的实际数值范围，当这个参数省略时，则默认应用条件的范围与 “range” 相同；除此之外，“sum_range” 的大小和形状应该与 “range” 相同，当二者不同时，结果可能会受到影响。

接下来，以对图中大于 75 的数据进行求和为例讲解操作步骤。

①选择预备放置计算结果的单元格。

②在目标单元格中输入运算公式 “=SUMIF (A1:F1, ">75")”，如图 4-45 所示。

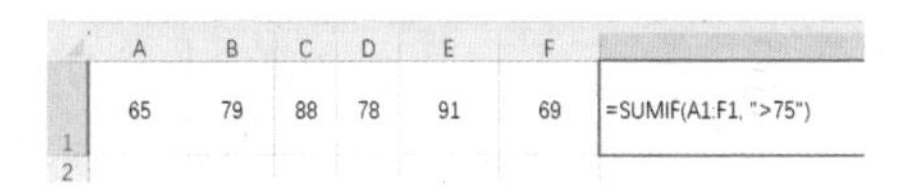

图 4-45 输入 SUMIF 公式

③按【Enter】键完成运算，在目标单元格中显示结果，如图 4-46 所示。

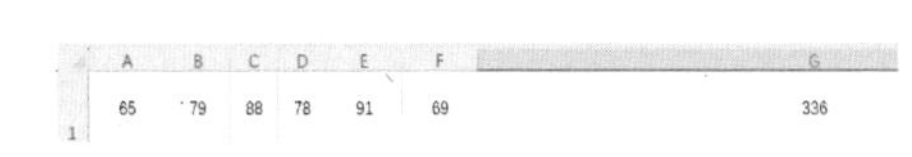

图 4-46 数据汇总结果展示

④验证计算结果是否正确，图中大于 75 的数值有四个，利用计算器进行求和计算的结果为 336，如图 4-47 所示，与表格计算结果一致，得证操作正确。

79 + 88 + 78 + 91 =
336

图 4-47 利用计算器计算求和结果

4.3.6 利用合并计算进行数据汇总

利用合并计算进行数据汇总更加方便快捷，但是需要确保合并单元格的范围是规律的，否则可能会出现错误。具体的操作步骤如下。

①单击【数据】选项卡，选择【合并计算】，如图 4-48 所示。

图 4-48　选择【合并计算】

②选择存放计算结果的单元格。

③在弹出窗口中选择“求和函数”，拖动光标选择计算范围，单击【确定】完成操作，如图 4-49 所示。

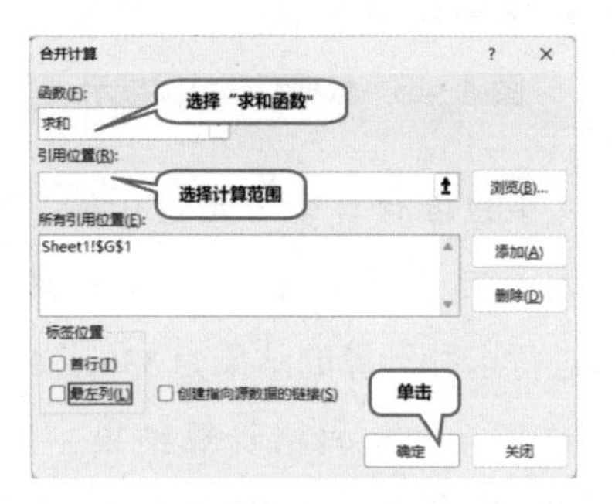

图 4-49　合并计算

4.3.7 利用数据透视图进行数据汇总

数据透视图可以对大量的数据进行汇总和分析。利用数据透视图，用户可以在短时间内快速创建汇总报表，分析数据的趋势、模式和关系，而无须编写复杂的公式。

以各科成绩汇总的案例为例进行具体操作，步骤如下。

①准备数据，需要确保数据有明确的列标题，如图 4-50 所示。

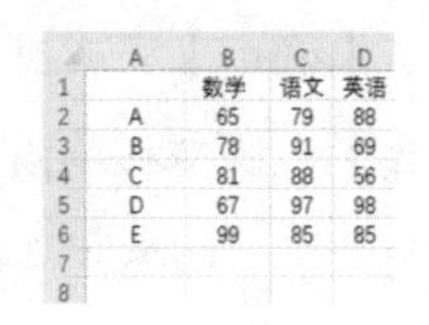

	A	B	C	D
1		数学	语文	英语
2	A	65	79	88
3	B	78	91	69
4	C	81	88	56
5	D	67	97	98
6	E	99	85	85
7				
8				

图 4-50　准备待处理数据

②拖动光标选中要包括在数据透视图中的数据范围。

③单击【插入】选项卡，选择【数据透视图】，如图 4-51 所示。

图 4-51　插入“数据透视图”

④在弹出的窗口中选择放置数据透视图的位置，单击【确定】，如图 4-52 所示。

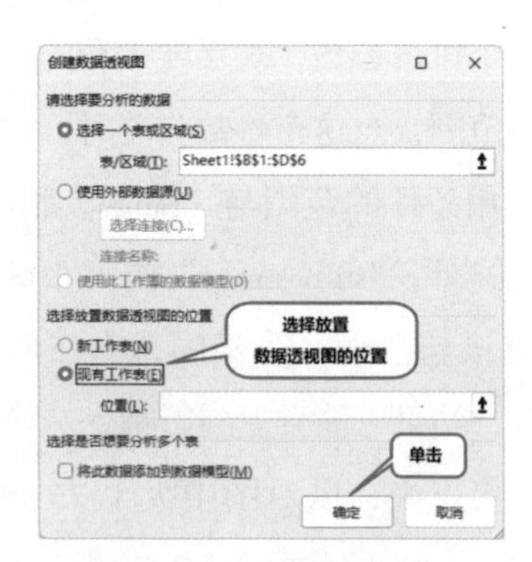

图 4-52　选择放置位置

⑤在工作区右侧出现的新页面中，将“数学”“语文”和“英语”字段拖动到“值”区域，如图 4-53 所示。

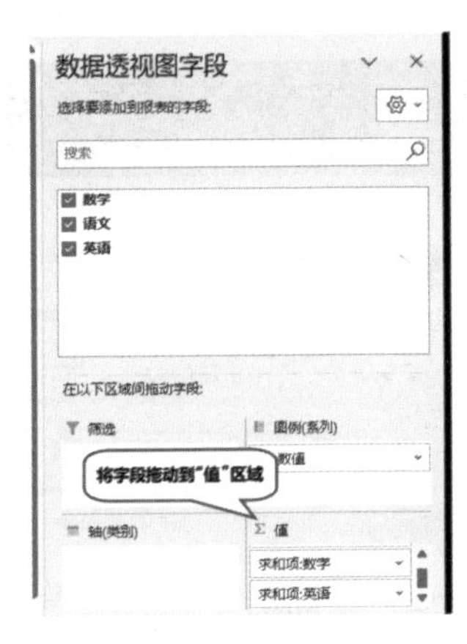

图 4-53　编辑字段

⑥单击字段名，在弹出窗口中单击【值字段设置】，如图 4-54 所示。

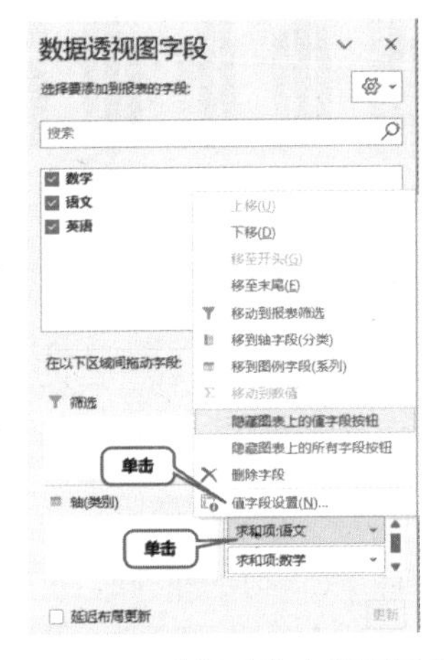

图 4-54　选择【值字段设置】

⑦在弹出窗口中单击【值汇总方式】，选择【求和】，单击【确定】完成操作，如图 4-55 所示。

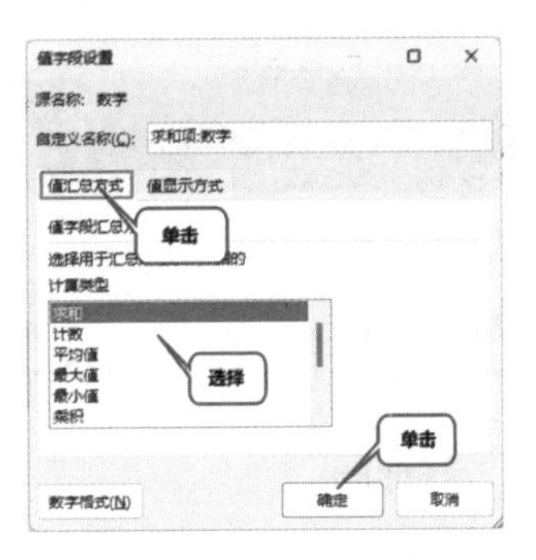

图 4-55　完成操作

⑧最终得到的数据透视图如图 4-56 所示。

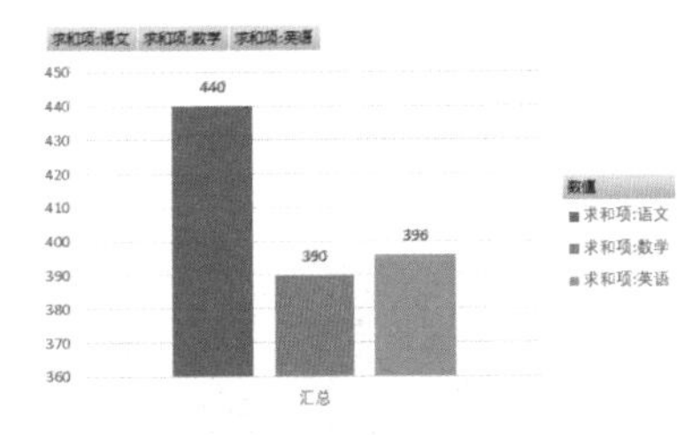

图 4-56　数据透视图

⑨如果源数据发生更改，可以右击数据透视图并选择【刷新数据】，快速更新数据透视图中的信息，如图 4-57 所示。

图 4-57　快速更新数据透视图

4.4 统计图表

4.4.1 柱形图和堆积柱形图

1. 柱形图

柱形图通常以 X 轴显示类别，Y 轴显示值，分别显示多个单独的柱子，每个柱子代表一个类别，不同的柱子并排显示，便于比较不同类别下的数值大小，如图 4-58 所示。

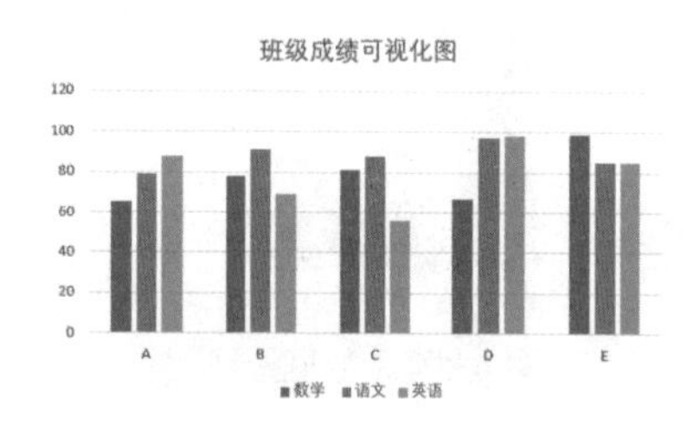

图 4-58 柱形图

柱形图的生成步骤如下。

①准备数据，确保数据包含类别和数值两项，分别用于作为柱形图的 X 轴和 Y 轴。

②拖动光标选中要制作柱形图的数据范围。

③单击【插入】选项卡，选择【柱形图】图标，在弹出窗口中选择【簇状柱形图】，如图 4-59 所示。

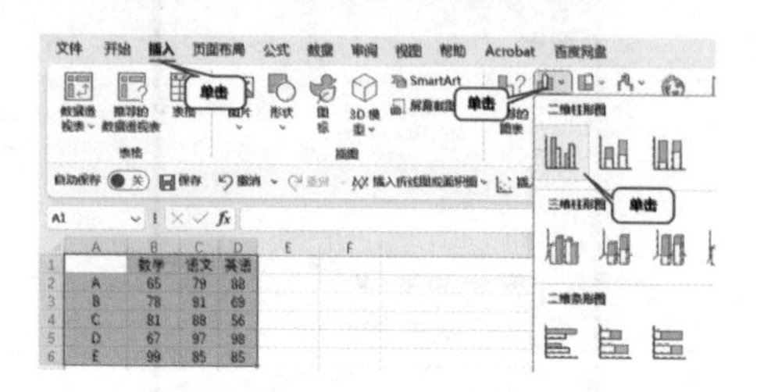

图 4-59 选择【簇状柱形图】

④生成柱形图，如图 4-60 所示。

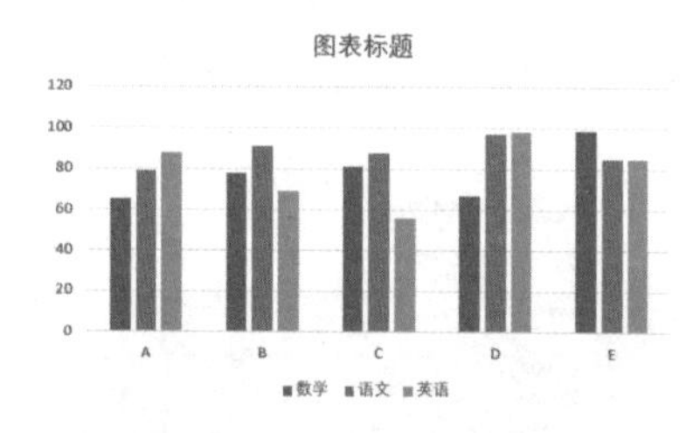

图 4-60 生成柱形图

⑤右击柱形图，在弹出的菜单中单击【选择数据】，在弹出的窗口中可以更改图表的数据范围；右击柱形图中的柱子，弹出如图 4-61 所示窗口，在此窗口中可以修改柱子的填充颜色和边框样式等。

图 4-61 调整图表

⑥左键选中图表，单击【图表设计】选项卡，在功能区中可以添加包括标题、标签、图例和网格线等在内

的图表元素，并可以快速修改元素布局及图表样式，如图 4-62 所示。

图 4-62　添加图表元素及修改图表样式

⑦单击【格式】选项卡，在弹出菜单中可以修改图表的字体、字号等外观样式，如图 4-63 所示。

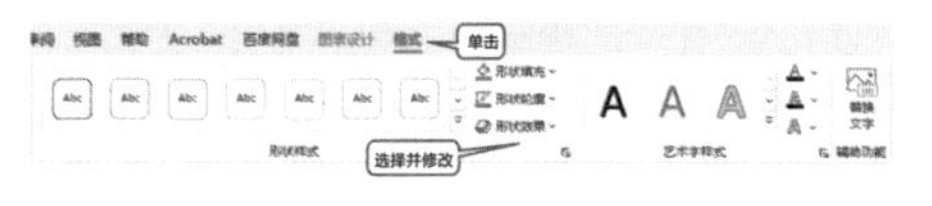

图 4-63　修改格式

2. 堆积柱形图

堆积柱形图是将不同的柱子叠加在一起，便于展示总体和各组成部分之间的比例，如图 4-64 所示。

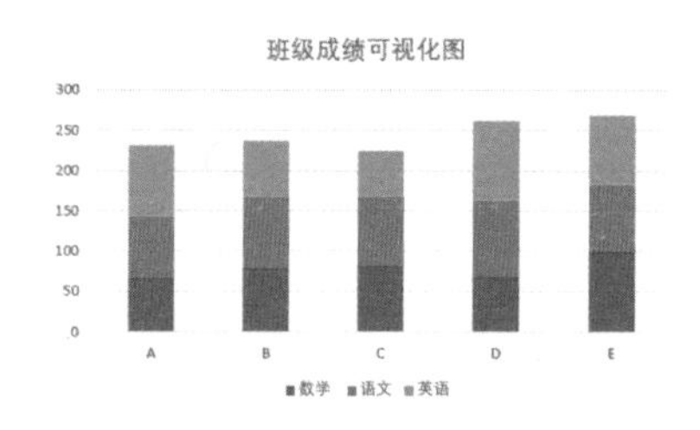

图 4-64　堆积柱形图

生成堆积柱形图的步骤与生成柱形图的步骤基本一致，只需在生成柱形图的步骤③中选择【堆积柱形图】即可，如图 4-65 所示。

图 4-65　生成堆积柱形图

4.4.2 折线图和面积图

折线图和面积图是用于表示数据趋势和变化的图表类型。

1. 折线图

折线图通过连接数据点的线条展示数据的趋势和变化，如图 4-66 所示。

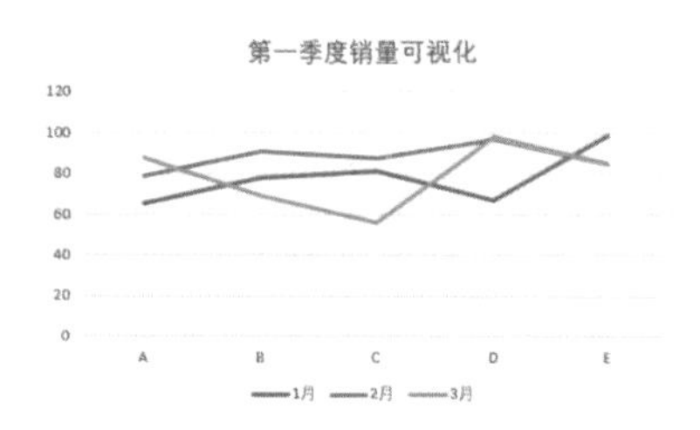

图 4-66　折线图

生成折线图的步骤与生成柱形图的步骤基本一致，只需在生成柱形图的步骤③中选择【折线图】即可，如图 4-67 所示。

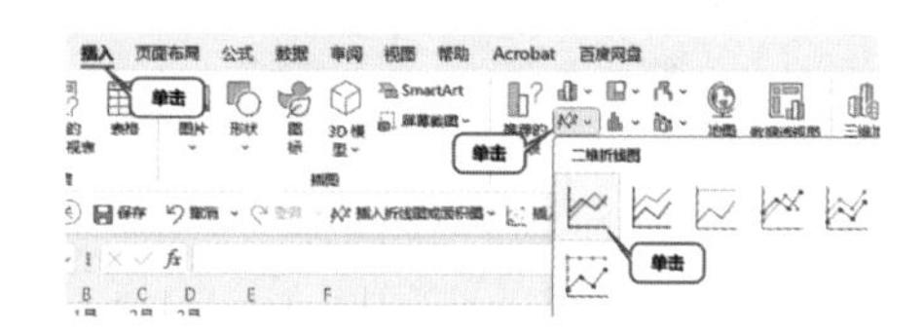

图 4-67　生成折线图

2. 面积图

面积图在折线图的基础上填充了折线下方的区域，如图 4-68 所示。

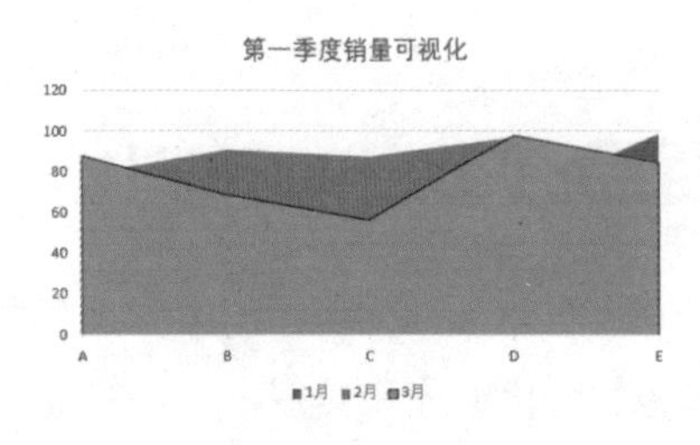

图 4-68　面积图

生成面积图的步骤与生成柱形图的步骤基本一致，只需在生成柱形图的步骤③中选择【面积图】即可，如图 4-69 所示。

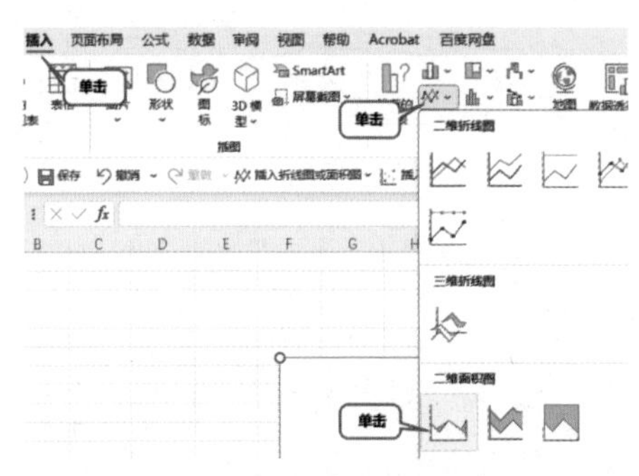

图 4-69　生成面积图

4.4.3 饼图和圆环图

饼图和圆环图是两种常见的圆形图表，用于表示数据的相对比例或占比关系。

1. 饼图

饼图的外观是一个圆形被分割成一个个小扇形，每个扇形用于显示各部分相对于总和的占比，适用于展示数据的相对比例，如图 4-70 所示。

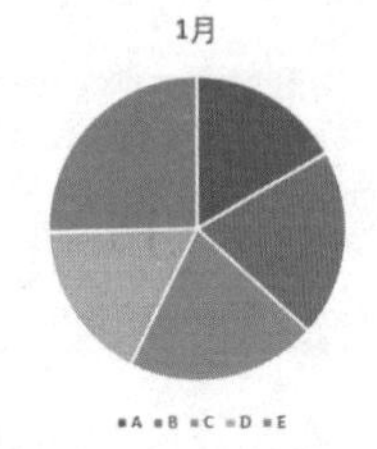

图 4-70　饼图

生成饼图的步骤与生成柱形图的步骤基本一致，只需在生成柱形图的步骤③中选择【饼图】即可，如图 4-71 所示。

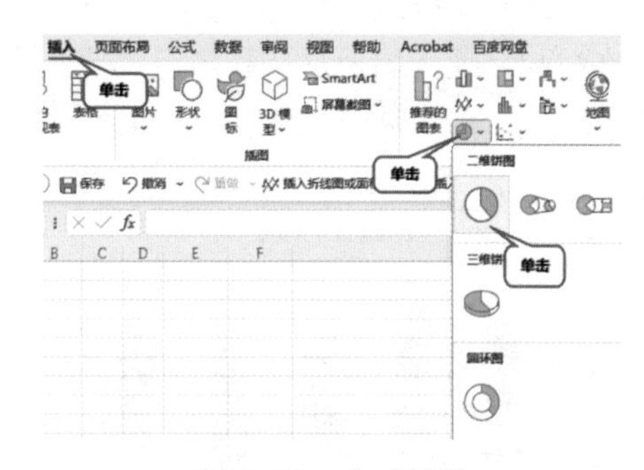

图 4-71　生成饼图

2. 圆环图

圆环图的外观与饼图相似，但是其环状结构本身就是一个层次结构的呈现方式。圆环图的每个环可以代表数据的一个层次，而不同的环之间形成了明显的分层关系，如图 4-72 所示。

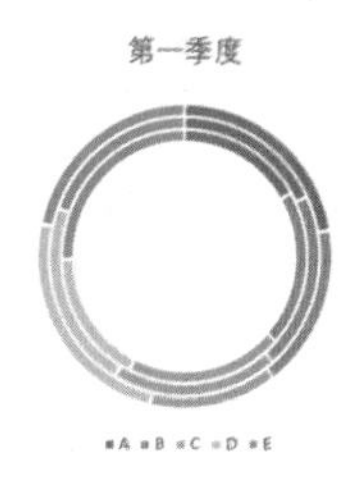

图 4-72 圆环图

生成圆环图的步骤与生成柱形图的步骤基本一致，只需在生成柱形图的步骤③中选择【圆环图】即可，如图 4-73 所示。

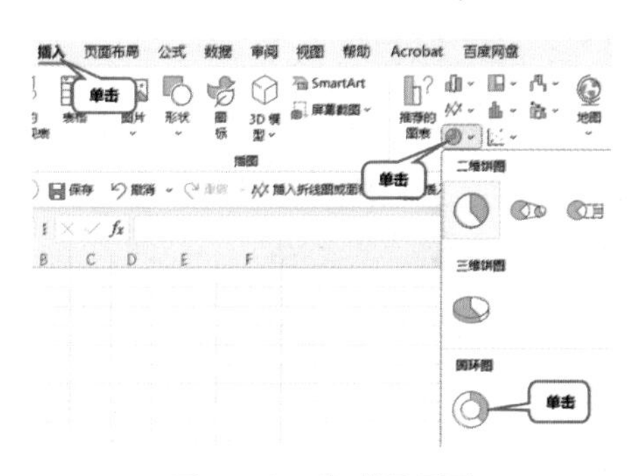

图 4-73 生成圆环图

4.4.4 散点图和气泡图

散点图和气泡图都是用于显示变量之间关系的图表类型。它们在表达数据散布和趋势方面有一些相似之处，但也有一些显著的区别。

1. 散点图

散点图常用于显示两个变量之间的关系，每个点代表一个数据点，X 轴和 Y 轴分别表示两个变量。散点图主要用于展示变量之间的相关性、分布模式、异常值等，如图 4-74 所示。

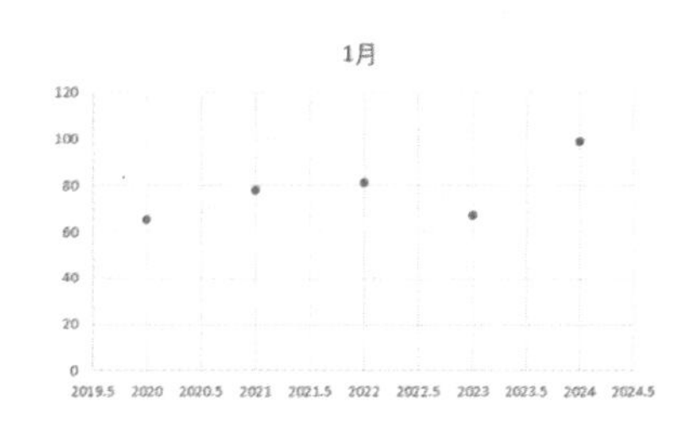

图 4-74 散点图

生成散点图的步骤与生成柱形图的步骤基本一致，只需在生成柱形图的步骤③中选择【散点图】即可，如图 4-75 所示。

图 4-75 生成散点图

2. 气泡图

气泡图是散点图的一种变体，除了 X 轴和 Y 轴外，还引入了第三个变量，通过气泡的大小和颜色可以表示第三个变量的数据，如图 4-76 所示。

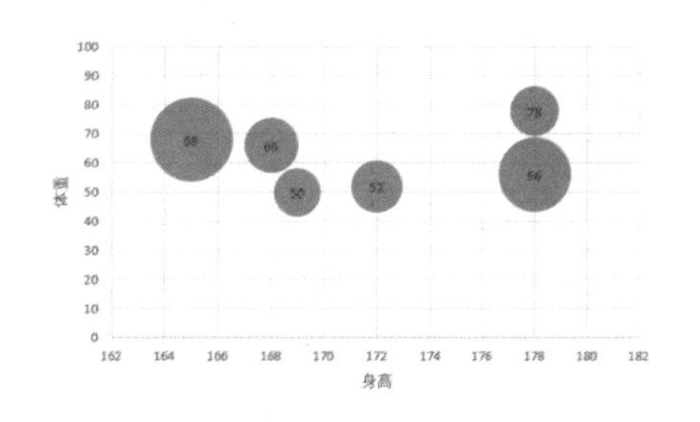

图 4-76 气泡图

生成气泡图的步骤如下。

①准备数据，需要确保数据包含三个变量，如图 4-77 所示。

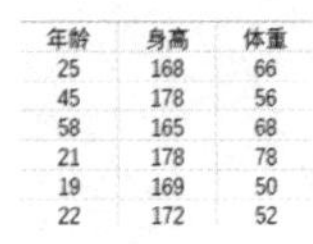

年龄	身高	体重
25	168	66
45	178	56
58	165	68
21	178	78
19	169	50
22	172	52

图 4-77　用于生成气泡图的数据

②拖动光标选中要制作气泡图的数据范围。

③单击【插入】选项卡，选择【气泡图】，如图 4-78 所示。

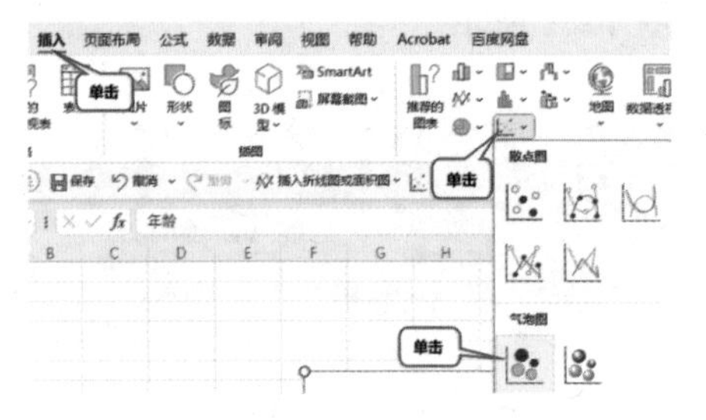

图 4-78　生成气泡图

④生成气泡图，如图 4-79 所示。

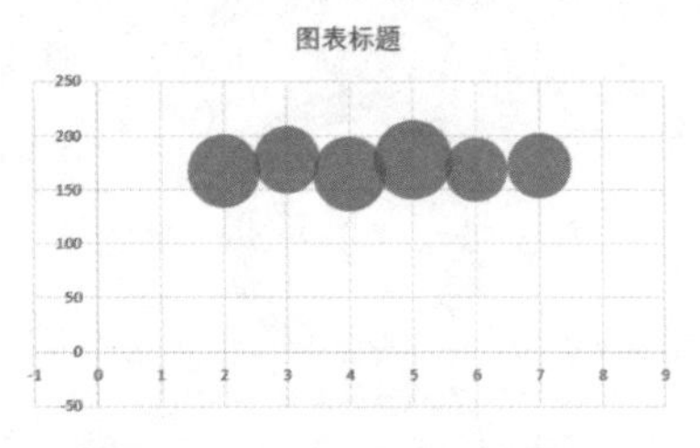

图 4-79　初步生成的气泡图

⑤右击气泡图，单击弹出菜单中的【选择数据】，在弹出的窗口中选择【编辑】，通过编辑数据系列分别设置 X 轴、Y 轴和气泡大小对应的变量，如图 4-80 所示。

图 4-80　编辑数据系列

⑥调整图表并设置外观，具体操作与生成柱形图的步骤相似，在此不再赘述。

4.5　工作表的打印

4.5.1 设置页面布局

在 Excel 中，设置页面布局涉及页面的大小、方向、页边距等方面，以确保打印或页面显示的效果符合需求。整体设置在【页面布局】选项卡中完成。

1. 设置页面大小

单击【纸张大小】，在弹出界面中可以选择预定义页面大小，如常见的“A4”“信纸”等，也可以选择【其他纸张大小】进行自定义，如图 4-81 所示。

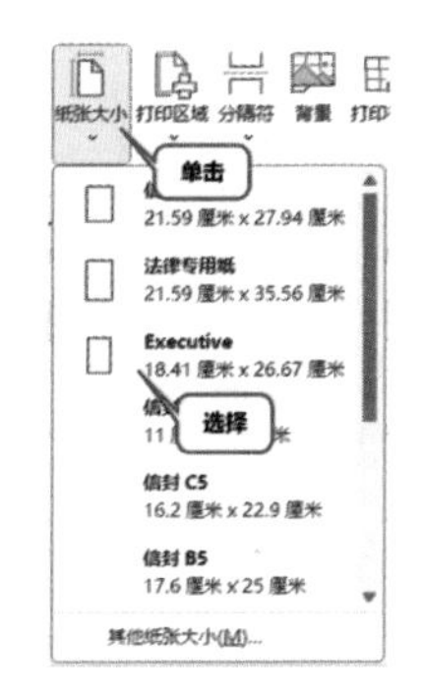

图 4-81 选择纸张大小

2. 设置缩放比例

缩放功能允许用户调整工作表的大小，使其适应所选的纸张大小。这确保了在打印时工作表的内容不会超出页面，避免信息被截断或无法完整显示，操作步骤如图 4-82 所示。

单击【页面布局】和【打印标题】，在弹出的“页面设置”窗口中选择【页面】，即可设置缩放比例的大小。

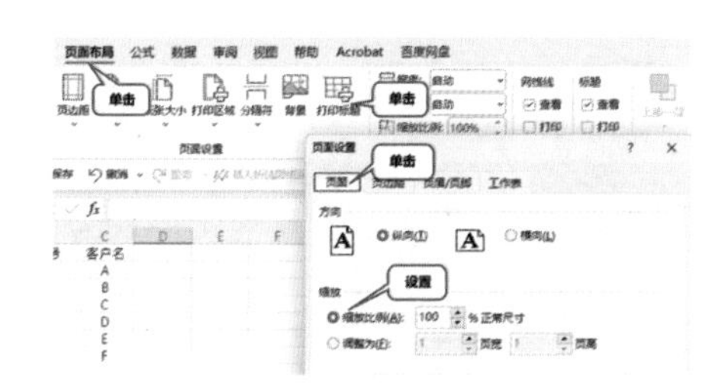

图 4-82 设置缩放比例

3. 调整页边距

在“页面设置”窗口中单击【页边距】，在弹出界面中可以选择预定义的页边距，如图 4-83 所示。如果预定义的页边距不能满足需求，用户也可以单击【自定义页边距】，在弹出窗口中自行设定上下左右的页边距和页眉页脚的尺寸，如图 4-84 所示。

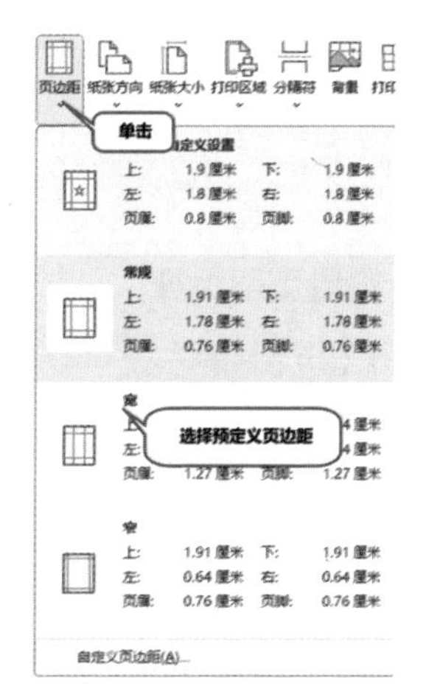

图 4-83 选择预定义页边距

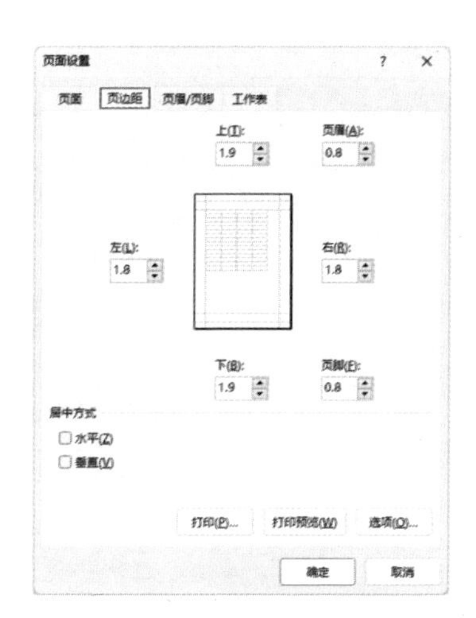

图 4-84 自定义页边距

4. 设置页面方向

页面的方向有纵向或横向两种选择，单击【纸张方向】，在弹出菜单中即可进行修改，如图 4–85 所示。如果表格的列数比较多，推荐使用横向，其他情况使用默认的纵向即可。

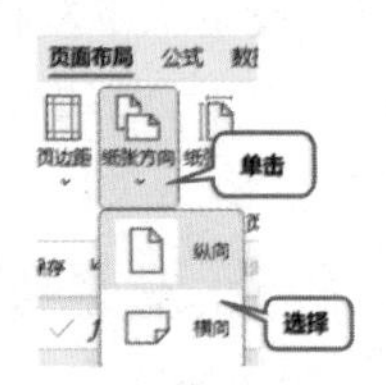

图 4-85　设置页面方向

5. 设置页眉页脚

单击【页面布局】，再单击【打印标题】，在弹出的窗口中选择【页眉 / 页脚】，然后根据需求进行选择并在窗口下方完成缩放、对齐等布局设置，接着单击【打印预览】查看效果，最后单击【确定】完成操作，如图 4–86 所示。

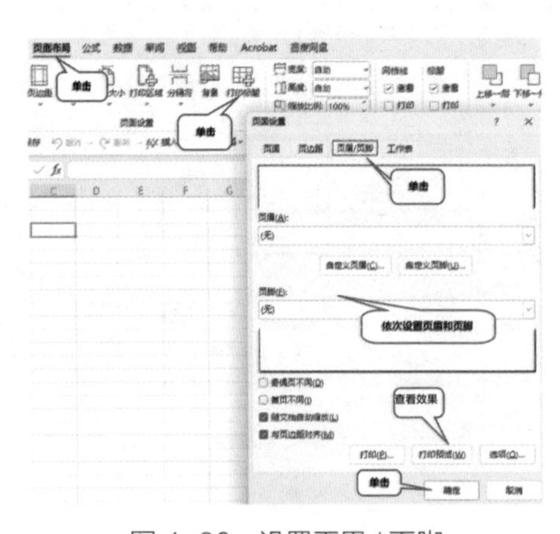

图 4-86　设置页眉 / 页脚

系统预定义了多种页眉和页脚的格式，单击“页眉”和“页脚”框右侧的下拉箭头即可展开，分别如图 4–87 和图 4–88 所示。

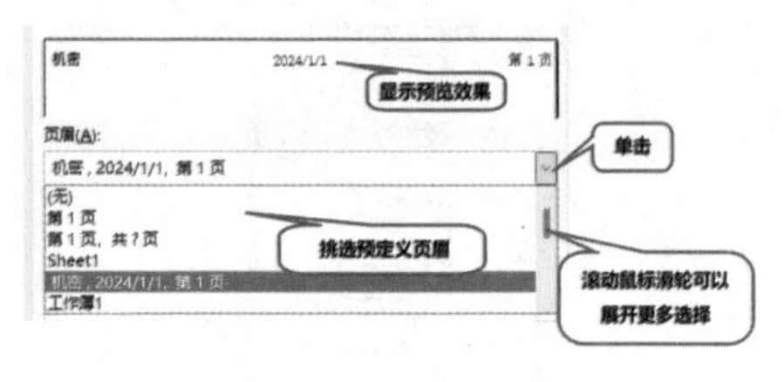

图 4-87　预定义页眉

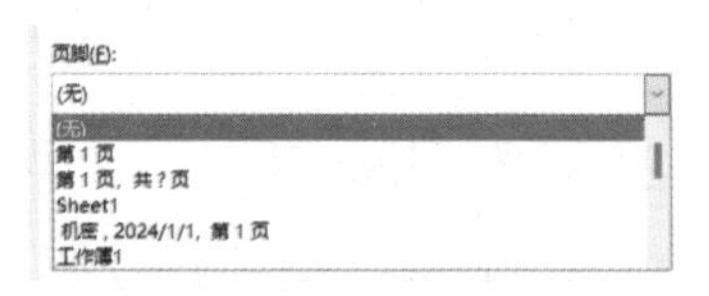

图 4-88　预定义页脚

当预定义样式不能满足需求时，用户可以单击【自定义页眉】或【自定义页脚】，在弹出菜单中完成个性化编辑。“自定义页眉”的操作步骤如图 4–89 所示，“自定义页脚”的方法与其相似，此处不再赘述。

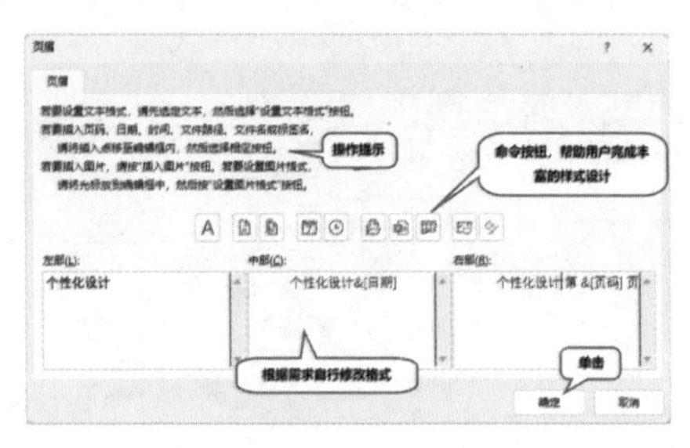

图 4-89　自定义页眉

4.5.2 设置打印选项

在 Excel 中，设置打印选项可以有效地调整打印输出的布局以及打印的方式等。

1. 设置打印区域

单击【文件】选项卡，选择【打印】，如图 4–90 所示。

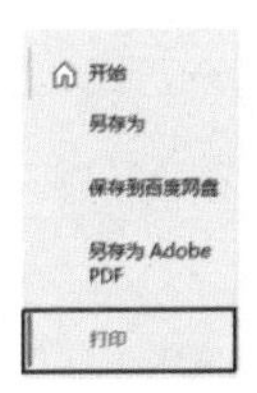

图 4–90　选择【打印】

在弹出界面中单击【打印活动工作表】，在下拉菜单中有三个选项，包括【打印活动工作表】、【打印整个工作簿】和【打印选定区域】，如图 4–91 所示。

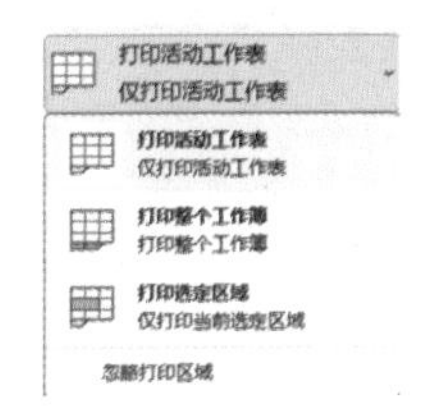

图 4–91　设置打印区域

其中，前两项直接选择即可完成设定，而【打印选定区域】需要事先设置，设置步骤：返回到工作区界面，选中目标范围；单击【页面布局】选项卡，选择【打印区域】，在下拉列表中选择【设置打印区域】完成操作，如图 4–92 所示。

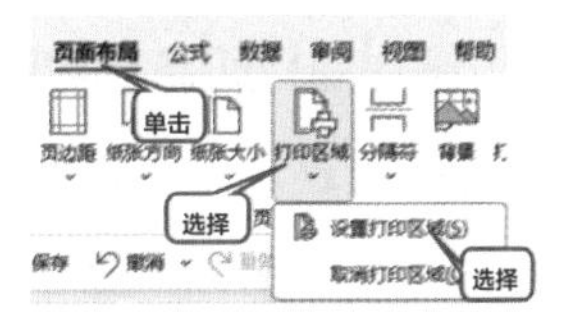

图 4–92　设置打印区域

2. 重复打印标题行或列

如果表格的内容过多，并且希望每页都有相同的标题行或列，可以进行如下操作。

①单击【页面布局】和【打印标题】，在弹出的窗口中选择【工作表】，如图 4–93 所示。

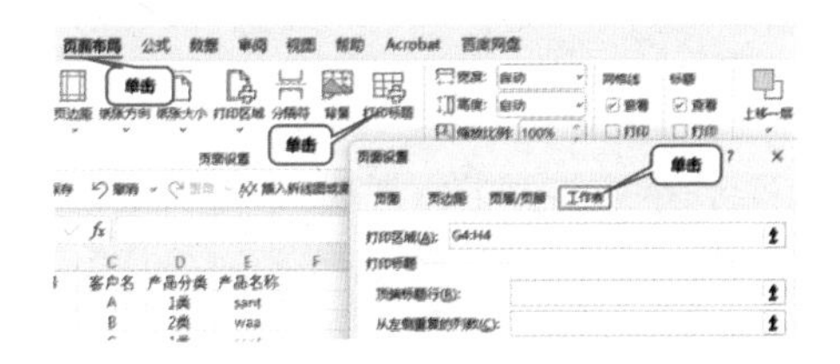

图 4–93　设置重复打印标题行或列

②在“顶端标题行”一栏中输入需要重复打印的行；在“从左侧重复的列数”一栏中输入需要重复的列。

3. 设置打印顺序

单击【页面布局】和【打印标题】，在弹出的窗口中选择【工作表】，在窗口最下方可以设置打印的顺序，如图 4–94 所示。

图 4-94　设置打印顺序

4. 设置对照打印与非对照打印

对照打印是逐份打印，而非对照打印是逐页打印。比如，打印两份三页的文档时，对照打印是先打印第一份文档的全部页面，再打印第二份文档的全部页面；而非对照打印则是先打印两份文档的第一页，再打印两份文档的第二页，最后打印两份文档的第三页。

4.5.3 打印预览

打印预览是一种查看打印输出效果的方法，可以在实际打印之前检查页面布局、页边距设置和内容排列等。具体操作步骤：单击【文件】选项卡，在弹出界面中选择【打印】；在“打印”页面的右侧，将会显示打印输出的预览效果。

第5章 学习 PowerPoint

5.1 初识 PowerPoint

5.1.1 新建空白幻灯片

用户双击【Microsoft 365】图标进入主页，然后单击页面左侧菜单栏中的【PowerPoint】图标跳转至PowerPoint模块。该模块的页面中设置了几种常用模板，用户单击【空白演示文稿】即可创建空白幻灯片；如果需要其他模板，可单击右下角的【查看更多主题】即可跳转至新页面进行选择，如图5-1所示。

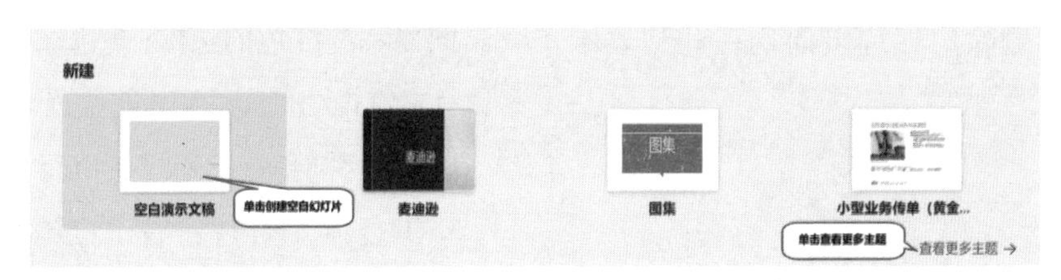

图5-1 PowerPoint 模块

5.1.2 认识 PowerPoint 的基础界面

PowerPoint的基础界面可以分为三部分，即主选项卡、功能区和工作区。

以创建的空白幻灯片为例，主选项卡位于界面最上方，将常用的各种功能与命令分成不同的类别；单击主选项卡中的选项可以在功能区中展开该类别包含的操作命令；用户可以在界面下方的工作区编辑演示文稿的内容，如图5-2所示。

图 5-2　PowerPoint 的基础界面

5.1.3 复制、移动和删除幻灯片页面

主界面的左侧会显示幻灯片的缩略图列表，如图 5-3 所示。移动、复制和删除幻灯片页面均在此列表中操作。

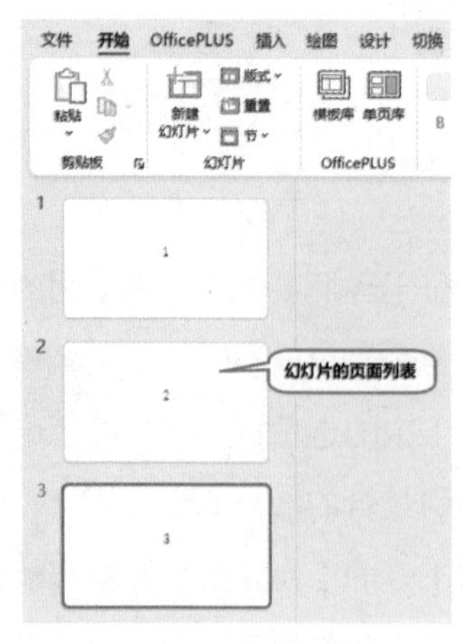

图 5-3　幻灯片的缩略图列表

1. 移动幻灯片页面

移动幻灯片页面可以快速交换幻灯片的页面顺序，具体操作方法：首先，选中列表中的页面（按住【Ctrl】键可以同时选中多个页面），被选中的页面显示深红色的边框；然后，按住鼠标左键拖动页面移至新的位置即可。

2. 复制和删除幻灯片页面

①复制幻灯片：右击已有幻灯片，然后在弹出窗口中选择【复制幻灯片】完成操作，如图 5-4 所示；除此之外，也可以选中已有页面，先敲击【Ctrl+C】组合键，再敲击【Ctrl+V】组合键完成操作。

②删除幻灯片：右击已有幻灯片，然后在弹出窗口中选择【删除幻灯片】，如图 5-4 所示；除此之外，也可以选中待删除页面，敲击【Delete】键完成操作。

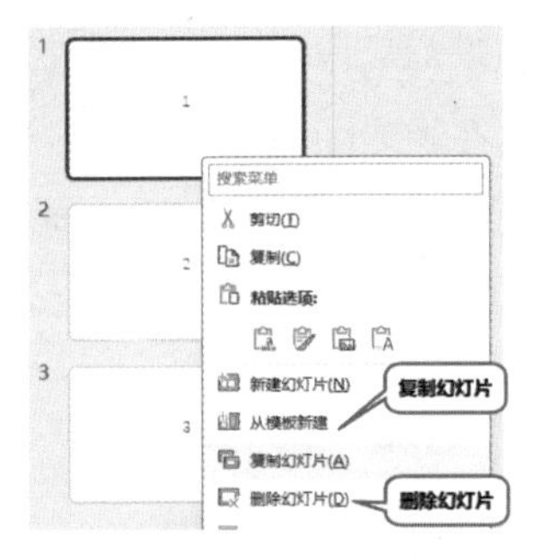

图5-4 复制和删除幻灯片页面

5.1.4 保存幻灯片并自定义存储位置

保存幻灯片并自定义存储位置的操作方法如下。

①单击主选项卡中的【文件】。

②单击弹出界面中左侧工具栏的【另存为】。

③在弹出的新界面中根据需求选择合适的存储位置，如图5-5所示。

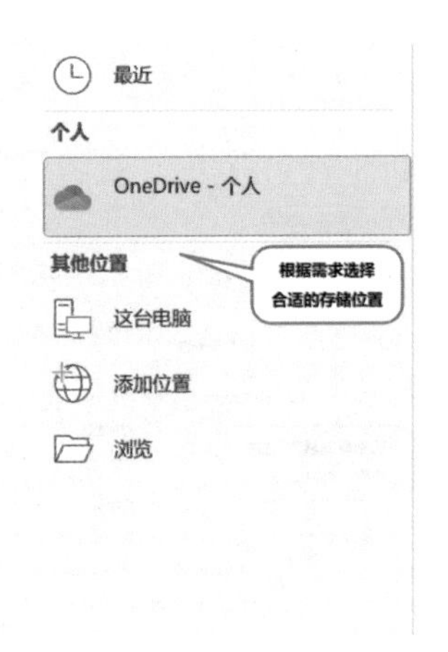

图5-5 选择存储位置

④在弹出的窗口中设置“文件名”与“保存类型”，单击【保存】完成操作，如图5-6所示。幻灯片的默认“保存类型”为“.pptx”格式，通常情况下使用默认类型即可。

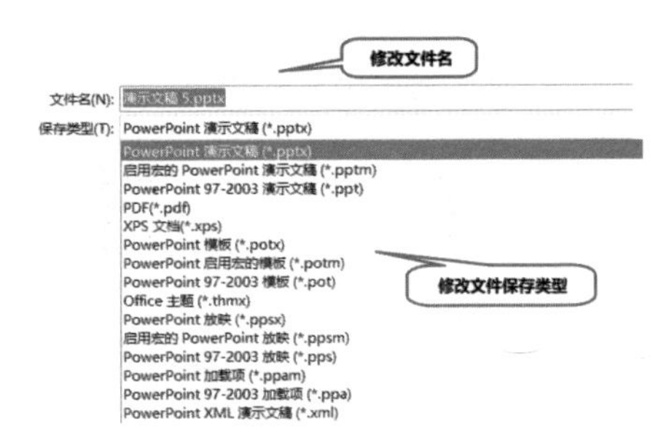

图5-6 完成存储设置

5.1.5 切换视图

在PowerPoint中，用户可以使用不同的视图来查看和编辑幻灯片。单击【视图】选项卡，在功能区中可以找到不同的视图选项，如图5-7所示。常用的视图，如普通视图、大纲视图、幻灯片浏览视图、备注页视图、阅读视图、幻灯片母版视图等，接下来，将为大家展开讲解。

图5-7 【视图】选项卡

1. 普通视图

普通视图属于默认视图，用于

编辑单个幻灯片的详细内容，包括文本、图形和多媒体元素等。在此视图中，用户可以在左侧查看缩略图列表，在中间区域编辑内容，在下方显示页面备注，如图 5-8 所示。

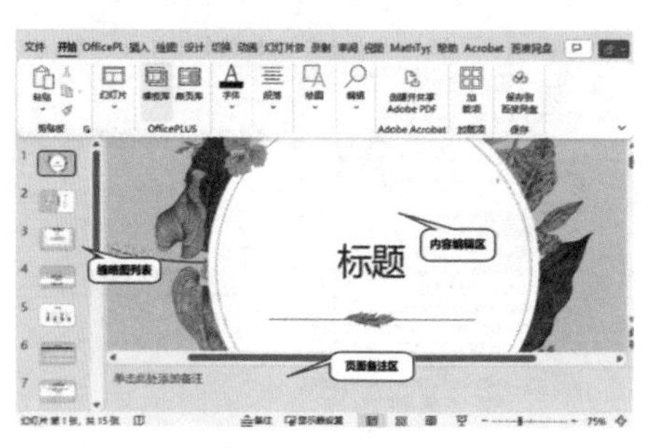

图 5-8　普通视图

2. 大纲视图

大纲视图会显示演示文稿的整体结构，以文本形式呈现各个幻灯片的标题和主要内容。在大纲视图中，用户可以直接点击标题，快速定位到对应的幻灯片。如图 5-9 所示，左侧的小方块分别对应每一页幻灯片，方块旁边的文字显示幻灯片的标题和主要内容。

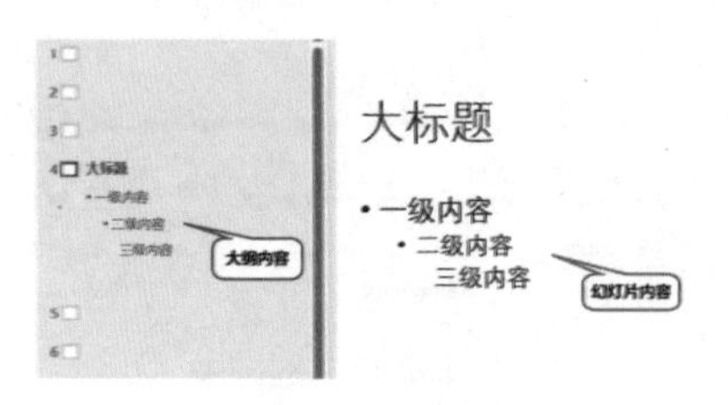

图 5-9　大纲视图效果

如果幻灯片的文字内容过多，用户可以在缩略图列表中右击鼠标，选择弹出菜单中的【折叠】选项；反之则选择【展开】，如图 5-10 所示。

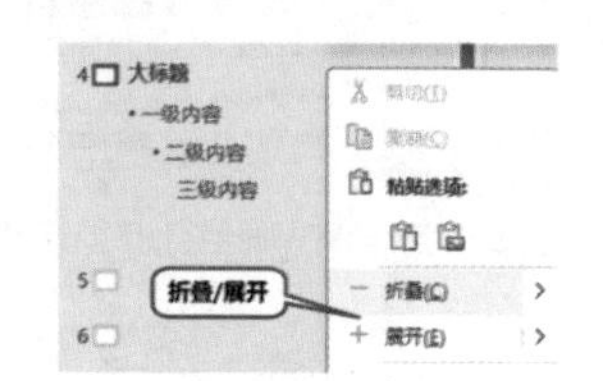

图 5-10　“折叠 / 展开”操作

用户可以在大纲视图中快速修改一张幻灯片内标题的层次级别和前后顺序，这对于整体设计和组织演示文稿非常有用。具体操作方法：将光标放置在文字所在行，右击并在弹出菜单中选择【升级】或【降级】可以改变内容的层次结构；选择【上移】或【下移】可以改变内容的前后次序。

比如，将图 5-10 中的“三级内容”移动到“二级内容”之前，操作步骤如图 5-11 所示，处理后的结果如图 5-12 所示。

图 5-11　进行“上移”操作

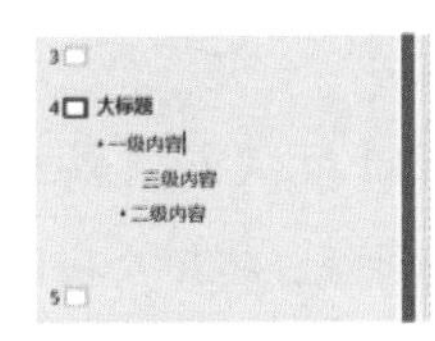

图 5-12　“上移”结果展示

3. 幻灯片浏览视图

幻灯片浏览视图可以显示所有幻灯片的缩略图，方便用户对幻灯片进行整体的管理和调整，并且能反映缩略图的大小和比例，这有助于用户更好地了解每张幻灯片的布局，如图 5-13 所示。

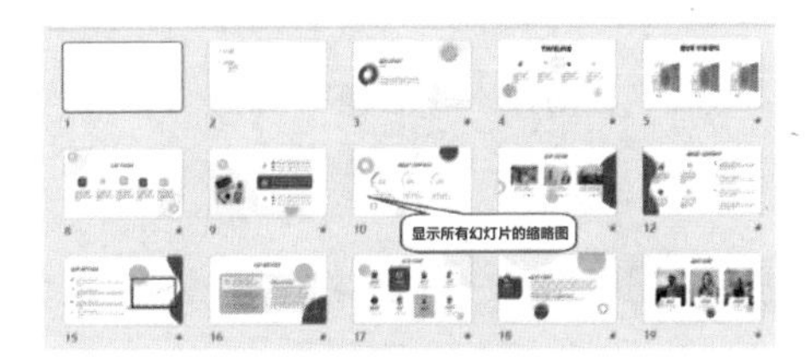

图 5-13　幻灯片浏览视图展示

在幻灯片浏览视图中常用的处理操作有调整幻灯片顺序，复制、删除或新建幻灯片，幻灯片分组，等等。

（1）移动幻灯片

单击选中幻灯片，按住鼠标左键拖动可以调整幻灯片的前后顺序。

（2）复制、删除或新建幻灯片

右击选中的幻灯片，在弹出菜单中根据需要选择【复制幻灯片】、【删除幻灯片】或【新建幻灯片】，如图 5-14 所示。

图 5-14　复制、删除或新建幻灯片

（3）幻灯片分组

首先，单击选中幻灯片；其次，右击并在弹出的菜单中选择【新增节】；然后，在弹出的“重命名节”窗口中输入“节名称”，单击【重命名】，具体操作如图 5-15 所示；最后，演示文稿将从选中的幻灯片开始生成一个新组，也称为“节”。

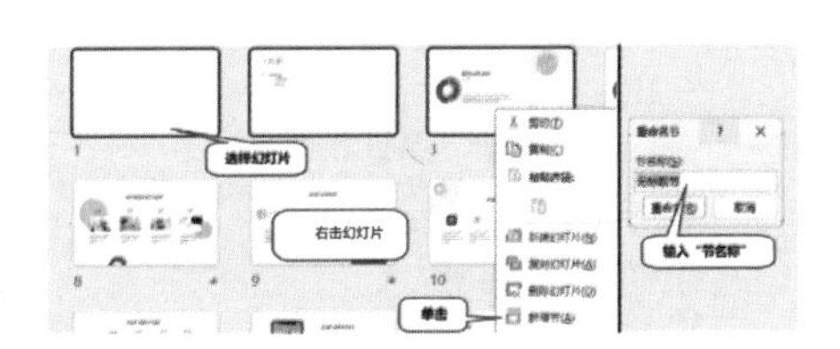

图 5-15　幻灯片分组

此外，右击“节名称”，在弹出的菜单中可以删除、重命名或移动节，如图 5-16 所示。

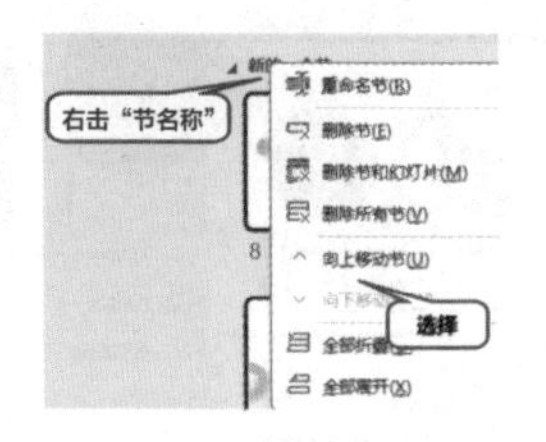

图 5-16　对"节"进行操作

4. 备注页视图

备注页视图界面的上方是幻灯片的内容编辑区，下方是幻灯片的页面备注编辑区，便于用户查看或编辑幻灯片的备注，如图 5-17 所示。

图 5-17　备注页视图

5. 阅读视图

阅读视图是以全屏幕的方式展示整个演示文稿，用户可以通过键盘或鼠标点击的方式切换幻灯片。

6. 幻灯片母版视图

幻灯片母版视图可以用于编辑演示文稿整体的样式和布局。通过在幻灯片母版视图上进行编辑，可以确保整个演示文稿中的所有幻灯片都遵循相同的设计规范。

单击功能区的【插入幻灯片母版】可以添加多个母版，将每个母版应用到演示文稿的不同部分，可以实现更灵活的设计，如图 5-18 所示。

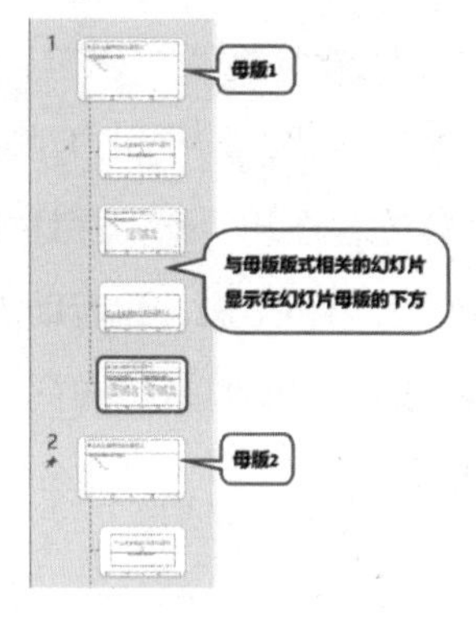

图 5-18　插入多个母版

5.1.6 批注幻灯片

1. 新建批注

①在幻灯片中选择想要添加批注的位置，单击【审阅】选项卡，在弹出的菜单中选择【新建批注】，如图 5-19 所示。

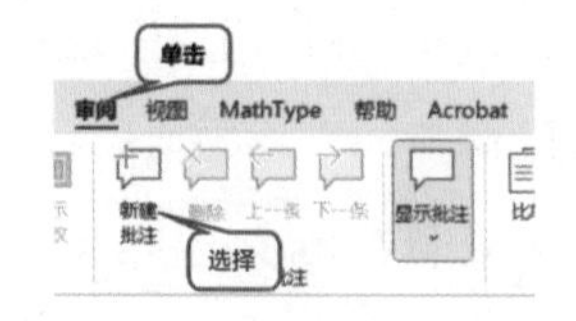

图 5-19　新建批注

②在右侧弹出的窗口中输入批注内容，点击批注框上的符号或者按下

【Ctrl+Enter】组合键保存批注，如图 5-20 所示。

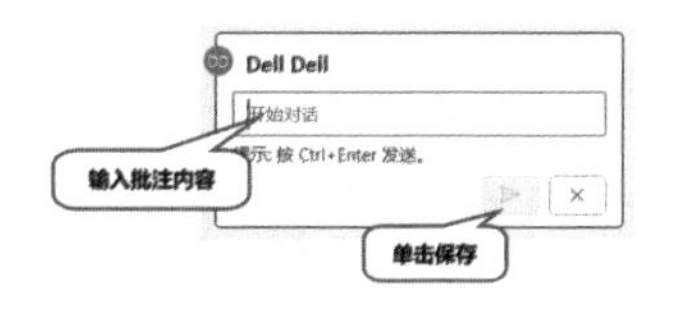

图 5-20　保存批注

2. 查看和管理批注

（1）查看批注

单击【审阅】选项卡，选择功能区的【显示批注】，在演示文稿的右侧会显示“批注”窗格，将鼠标悬停在其上，即可指示有批注的位置，如图 5-21 所示。

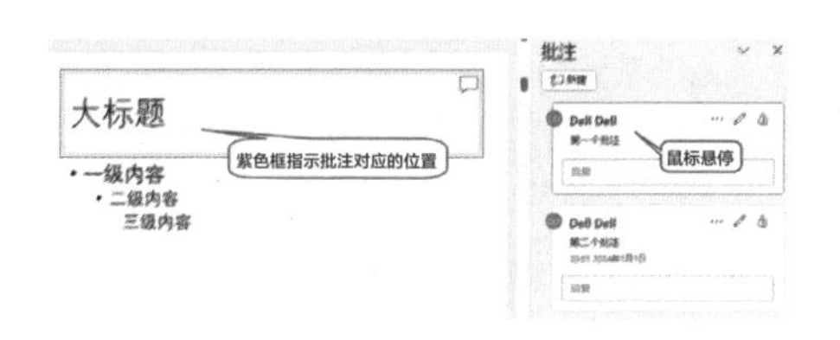

图 5-21　显示“批注”窗格

（2）回复批注

单击批注框下方的【回复】可以对批注添加回复，如图 5-22 所示。

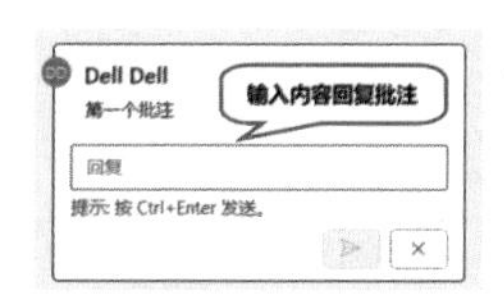

图 5-22　回复批注

（3）删除或解决批注

单击“批注框”右上角的【…】，在弹出窗口中选择【删除会话】可以删除批注，选择【关闭会话】可以解决批注，如图 5-23 所示。

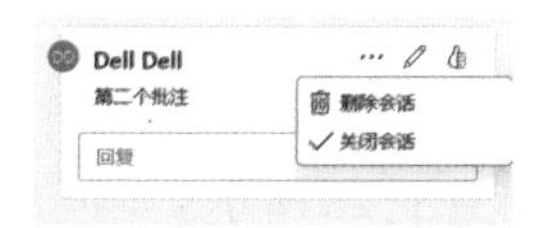

图 5-23　删除或解决批注

5.1.7 放映幻灯片

在 PowerPoint 中有多种方式可以进行幻灯片放映，以下是几种常见的方式。

1. 从头开始放映

单击【幻灯片放映】选项卡，在功能区中单击【从头开始】，如图 5-24 所示。

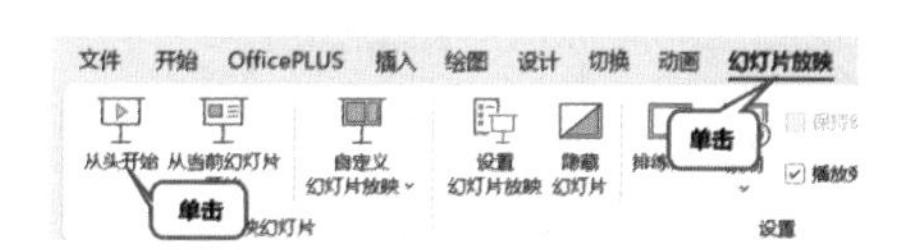

图 5-24　从头开始放映

2. 从当前幻灯片开始放映

单击【幻灯片放映】选项卡，在功能区中单击【从当前幻灯片开始】，如图 5-25 所示。

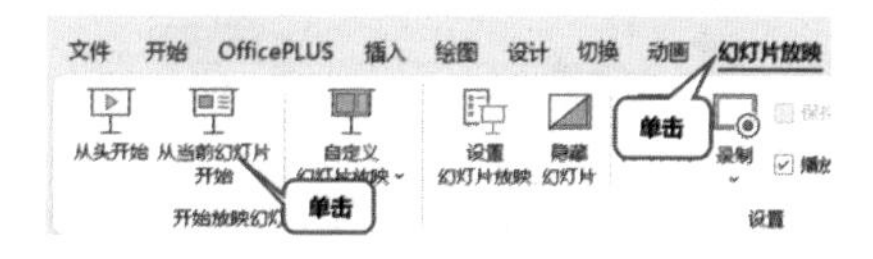

图 5-25　从当前幻灯片开始放映

3. 自定义放映

自定义放映模式可以自行选择放映的范围。

①单击【幻灯片放映】选项卡，在功能区中单击【自定义幻灯片放映】，如图 5-26 所示。

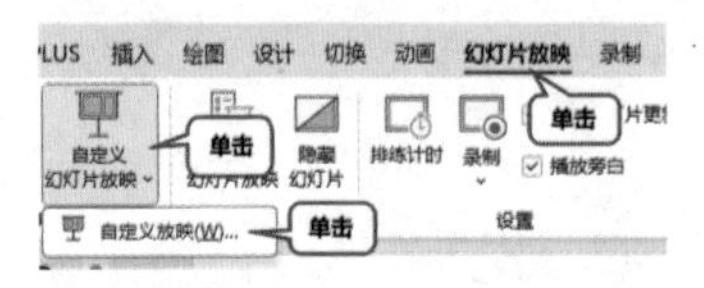

图 5-26　自定义放映

②在弹出的窗口中点击【新建】，弹出如图 5-27 所示窗口。在该窗口中选择想要包含的幻灯片范围，单击【添加】并调整顺序后，修改幻灯片的放映名称，单击【确定】创建自定义模式。

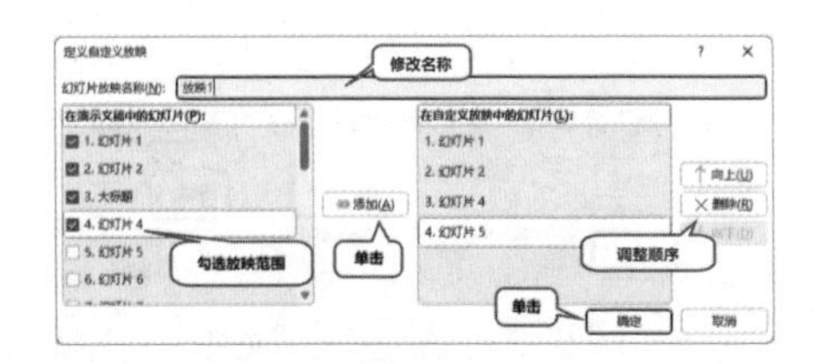

图 5-27　创建自定义放映模式

③在返回的窗口中选中新创建的自定义放映模式，单击【放映】即可，如图 5-28 所示。

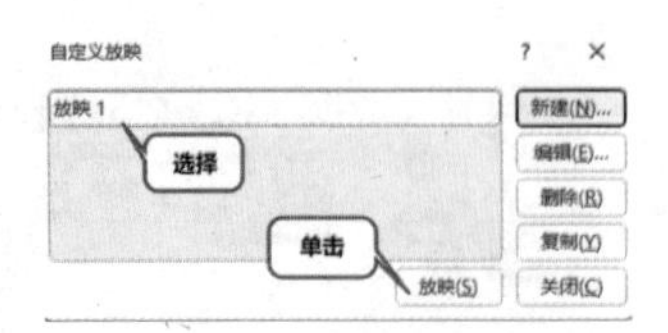

图 5-28　选中该模式并放映

4. 隐藏幻灯片

通常情况下，隐藏的幻灯片在编辑文稿时可见，但在实际的演示过程中不会出现。常见的隐藏幻灯片操作方式有以下两种。

①在缩略图列表中右击待隐藏的幻灯片，在弹出菜单中选择【隐藏幻灯片】。

②在缩略图列表中选中待隐藏的幻灯片，单击【幻灯片放映】选项卡，在功能区中选择【隐藏幻灯片】，如图 5-29 所示。

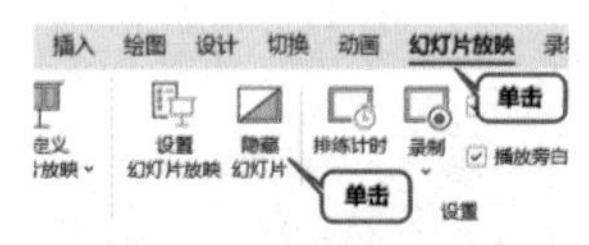

图 5-29　隐藏幻灯片

此外，单击【幻灯片放映】选项卡的【设置幻灯片放映】，在弹出的“设置放映方式”页面中，用户可以完成“放映类型”或“放映选项”等高级放映设置，如图 5-30 所示。

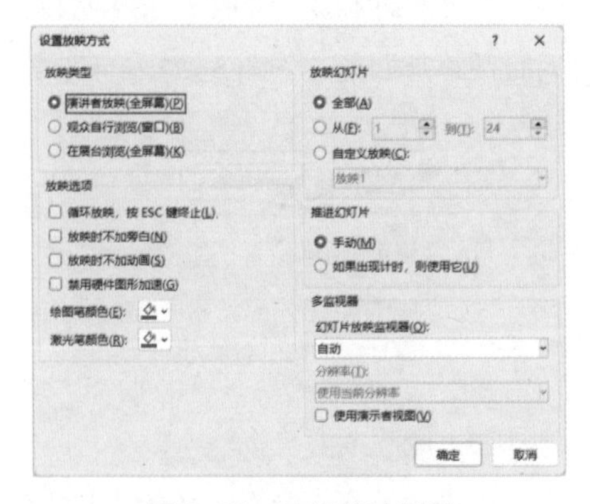

图 5-30　高级放映设置

其中，在“演讲者放映（全屏幕）”模式下，演讲者在演示过程中能够看到演示文稿、注释和计时器等信息；在“观众自行浏览（窗口）”模式下，观众可以自行切换演示文稿，选择查看感兴趣的幻灯片；在“在展台浏览（全屏幕）”模式下，演示文稿将以自动轮播的方式在屏幕上展示，观众可以观看但无法控制放映。

5.2　幻灯片的元素添加

5.2.1 插入与编辑文本

1. 插入文本

①单击【插入】选项卡，在功能区中单击【文本框】的下拉箭头，在下拉菜单中根据需要选择【绘制横排文本框】或【竖排文本框】，如图 5-31 所示。

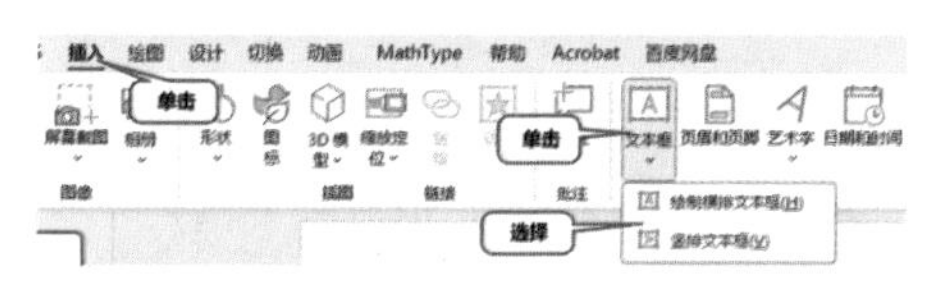

图 5-31　插入文本框

②鼠标指针变成“十字形”，在想要插入文本框的地方按住鼠标左键并拖动至合适大小。

③在文本框中键入文字内容完成操作。

2. 编辑文本

（1）编辑文本格式

文本格式通常包括“字体”“字号”“字体颜色”“加粗”“斜体”和“下划线”等。编辑步骤：单击【开始】选项卡，选中待编辑的文本框，根据需要给文本设定不同的格式，如图 5-32 所示。

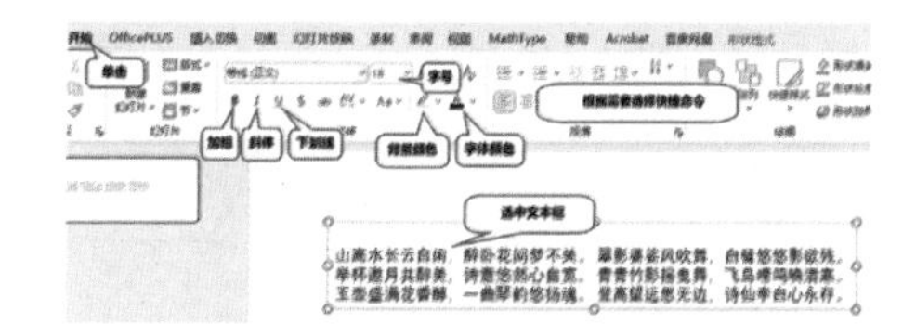

图 5-32　编辑文本格式

这种操作方式是将文本框中的所有文字设置成一样的格式，充分保证文本格式的一致性。若要给部分文本设定独特的格式，只需按住鼠标左键并拖动选中特定文本再进行编辑即可，被选中的文本会呈现灰色背景色，如图 5-33 所示。

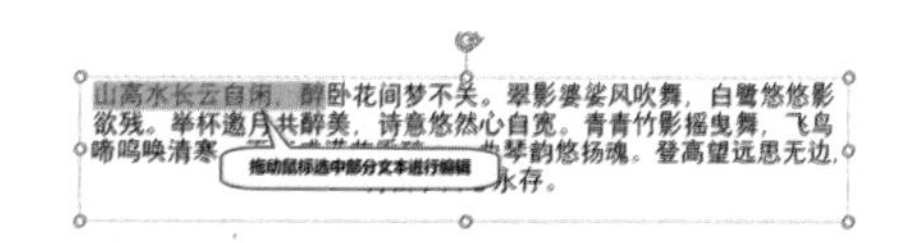

图 5-33　选中部分文本进行编辑

（2）编辑段落格式

编辑段落格式有助于提高演示文稿的可读性和清晰性。具体操作如下：选中待编辑的部分文字或整个文本框，单击【开始】选项卡，再单击“段落”区域右下角的斜向箭头，如图 5-34 所示；在弹出的窗口中编辑段落的对齐方式和缩进距离等，最后单击【确定】完成操作，如图 5-35 所示。

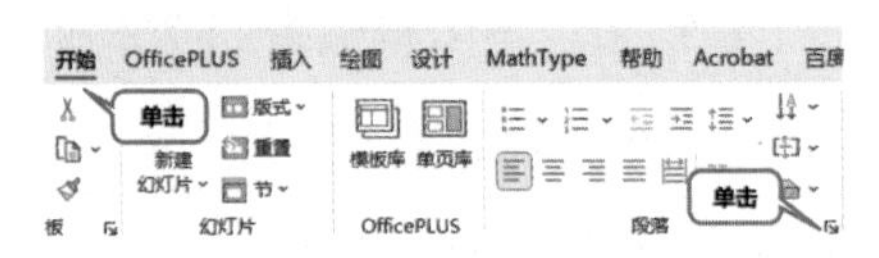

图 5-34　打开编辑窗口

图 5-35　编辑段落格式

（3）编辑文本框样式

单击选中文本框，再单击【形状格式】选项卡，功能区中的【形状填充】、【形状轮廓】、【形状效果】等不同选项可以用来编辑文本框样式，如图 5-36 所示。此外，系统中预定义了多种可以一键设定的样式，单击【形状效果】左侧的下拉箭头即可展开，如图 5-37 所示。

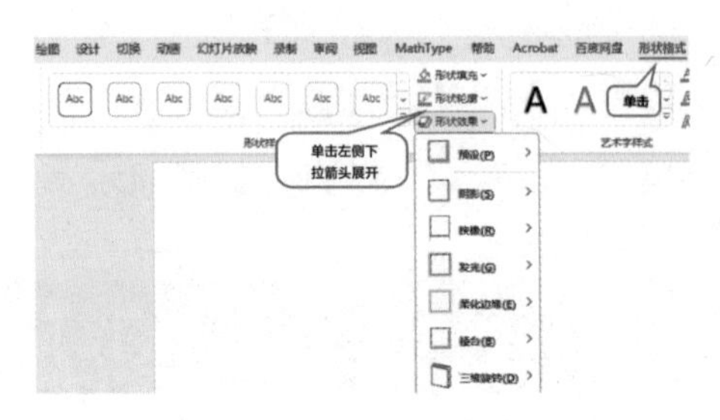

图 5-36　编辑文本框样式

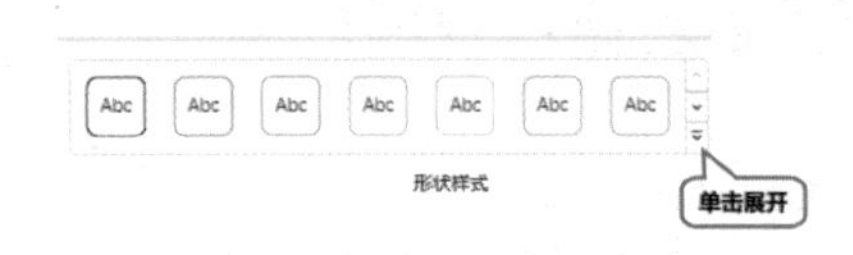

图 5-37　预定义样式

5.2.2 插入与编辑形状

1. 插入形状

①单击【插入】选项卡，在功能区中单击【形状】，在下拉菜单中根据需要选择不同的形状，如图 5-38 所示。

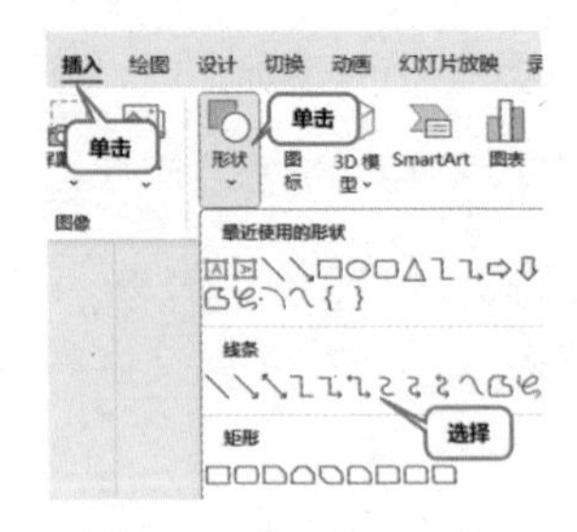

图 5-38　选择“形状”

②鼠标指针变成“十字形”，在

想要插入形状的地方按住鼠标左键并拖动至合适大小即可绘制形状。

2. 编辑形状

①调整形状的大小和位置：右击待编辑形状，在弹出的窗口中选择【大小和位置】，如图 5-39 所示；用户可以在界面右侧弹出的窗口中编辑形状的“高度”“宽度”“位置”“旋转角度”等参数，如图 5-40 所示。

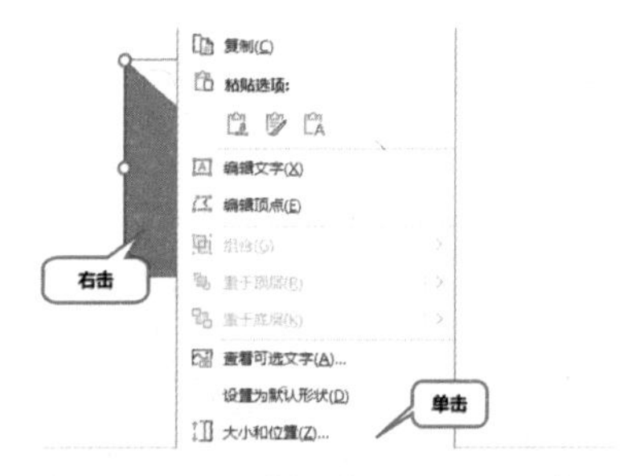

图 5-39 选择【大小和位置】

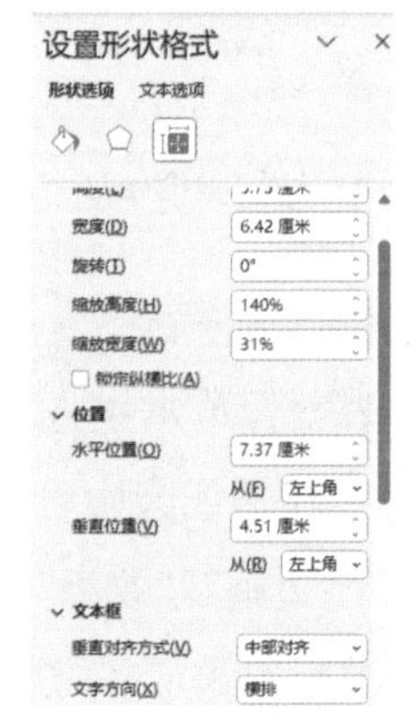

图 5-40 “设置形状格式”窗口

②编辑其他参数：单击选中形状，在顶部的【形状格式】选项卡中可以修改“形状填充”“形状轮廓”“形状效果”等参数，如图 5-41 所示。

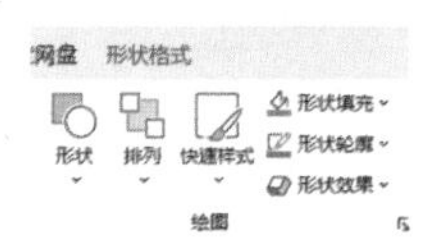

图 5-41 编辑其他参数

5.2.3 插入与编辑表格

1. 插入表格

①单击【插入】选项卡，在功能区中单击【表格】，在下拉菜单中单击【插入表格】，如图 5-42 所示。

图 5-42 插入表格

②在弹出的窗口中输入表格的“列数”与“行数”，单击【确定】，如图 5-43 所示。

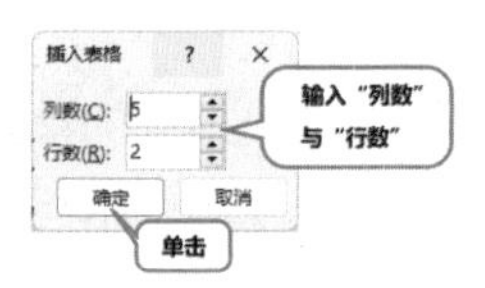

图 5-43 设定表格的“列数”与“行数”

③在生成的表格中键入内容完成操作。

2. 编辑表格

①调整表格和单元格的大小：单击选中表格，选择【布局】选项卡，通过在功能区设定“高度”和“宽度”参数可以调整表格的整体大小和表格中单元格的大小，如图 5-44 所示。

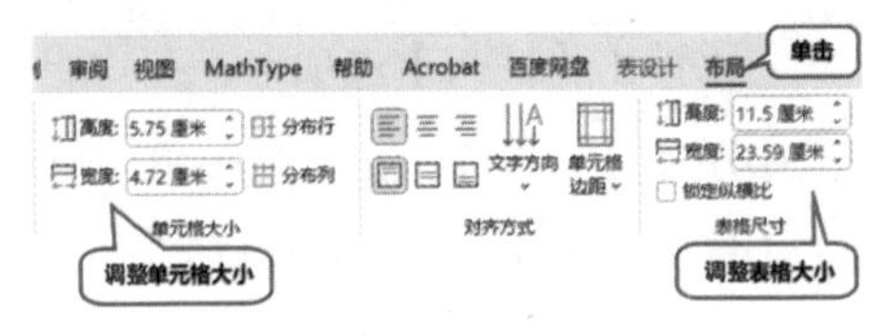

图 5-44　调整表格大小

②添加或删除行、列：将鼠标指针移动到表格中的目标位置，选择【布局】选项卡，通过“行和列”区域中的命令可以快速添加或删除行、列，如图 5-45 所示。

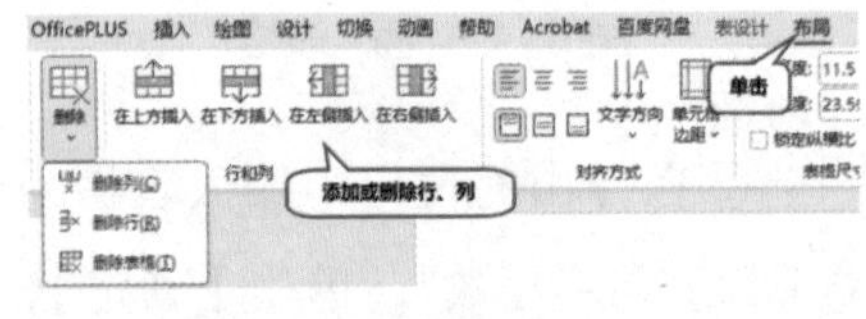

图 5-45　添加或删除行、列

3. 合并和拆分单元格

选中要合并或拆分的单元格，然后使用【布局】选项卡中的【合并单元格】和【拆分单元格】选项即可完成操作，如图 5-46 所示。

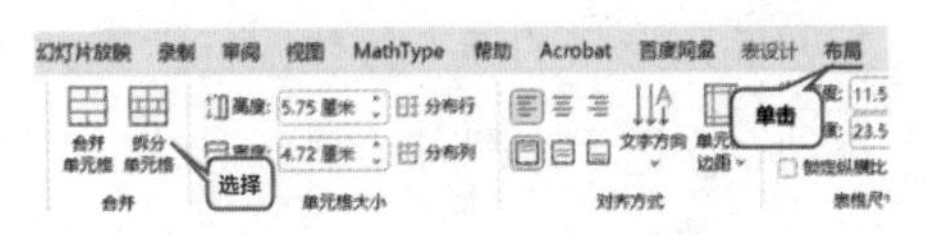

图 5-46　合并或拆分单元格

4. 编辑表格中的文本格式

选中表格并右击，单击弹出菜单中的【设置形状格式】，工作区右侧弹出“设置形状格式”窗口，单击【文本选项】，根据需要选择【文本填充与轮廓】、【文字效果】和【文本框】，即可编辑文本格式，如图 5-47 所示。

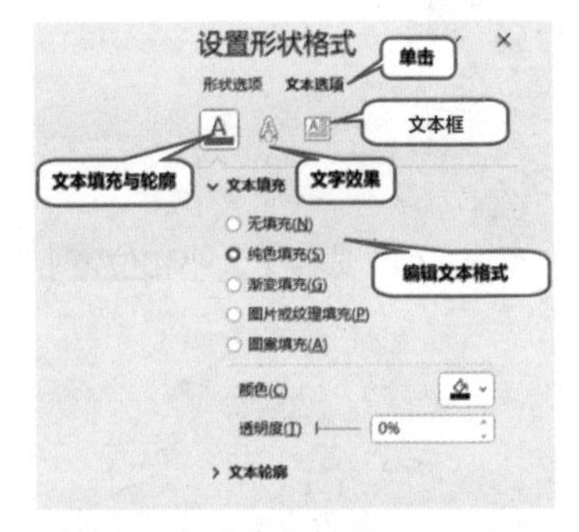

图 5-47　编辑表格中的文本格式

5. 编辑表格样式

选中表格，单击主选项卡中的【表设计】，在功能区中可以手动编辑“底纹”“边框”“效果”等参数，还可以一键应用预定义的表格样式，如图 5-48 所示。

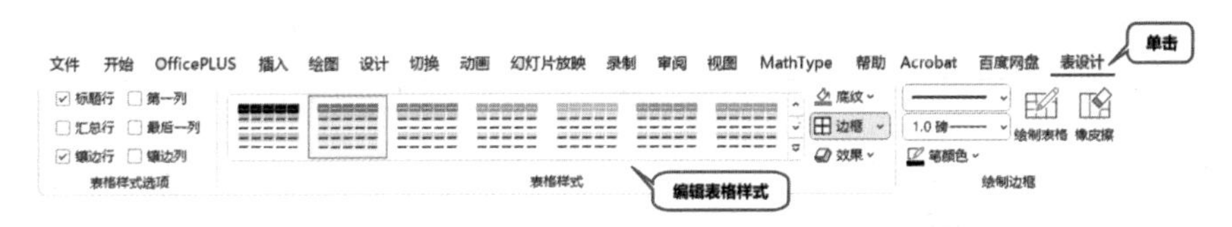

图 5-48　编辑表格样式

5.2.4 插入与编辑图表

1. 插入图表

①单击【插入】选项卡，在功能区中单击【图表】，在弹出的窗口中根据需要选择图表类型，如图 5-49 所示。

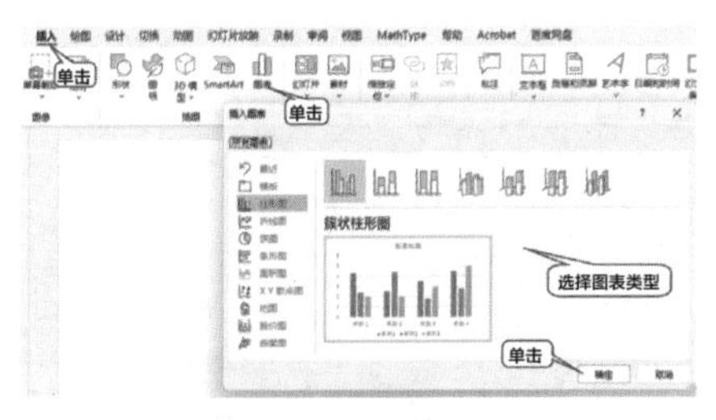

图 5-49　插入图表

②工作区中自动生成一个图表模板和一个 Excel 窗口，如图 5-50 所示。在 Excel 窗口中输入数据后关闭 Excel 窗口即可。

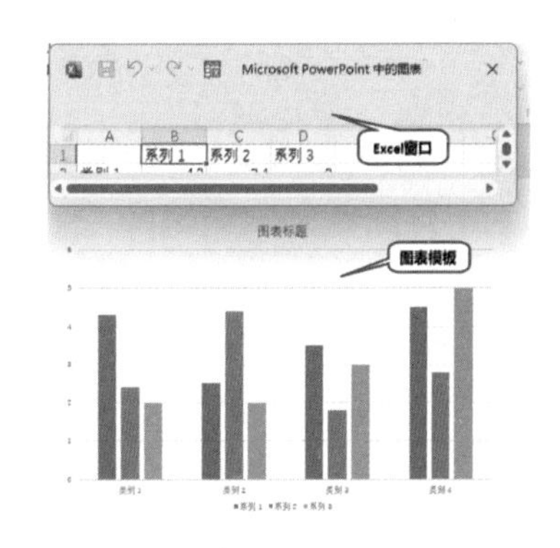

图 5-50　生成的图表模板与 Excel 窗口

2. 编辑图表

①左键选中图表，在主选项卡中单击【图表设计】，在功能区中可以添加包括标题、标签、图例和网格线等在内的图表元素，快速修改元素布局及图表样式，如图 5-51 所示。

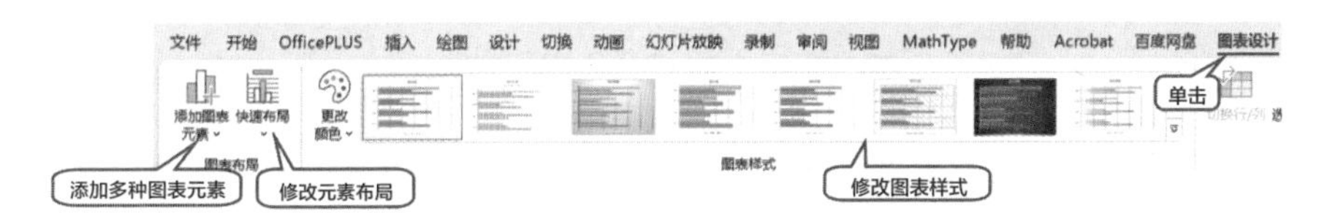

图 5-51　添加图表元素、修改元素布局及修改图表样式

②单击【格式】选项卡，在功能区中可以选择格式应用范围，编辑图表的形状格式和文字格式，如图 5-52 所示。

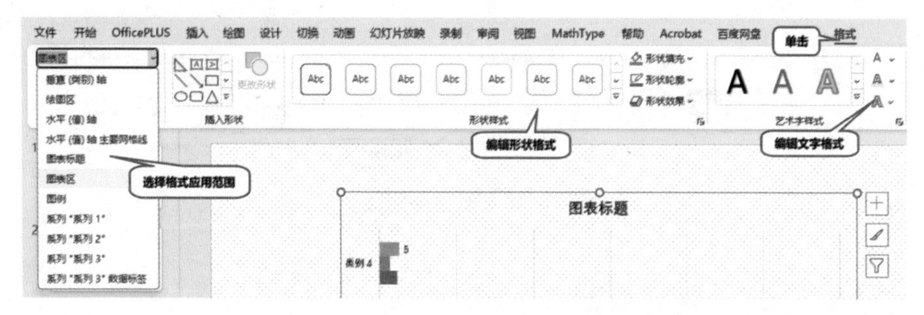

图 5-52　编辑图表格式

5.2.5 插入与编辑 SmartArt 图形

1. 插入 SmartArt 图形

①单击【插入】选项卡，在功能区中单击【SmartArt】，在弹出的窗口中根据需要选择 SmartArt 图形类型，单击【确定】生成模板图形，如图 5-53 所示。

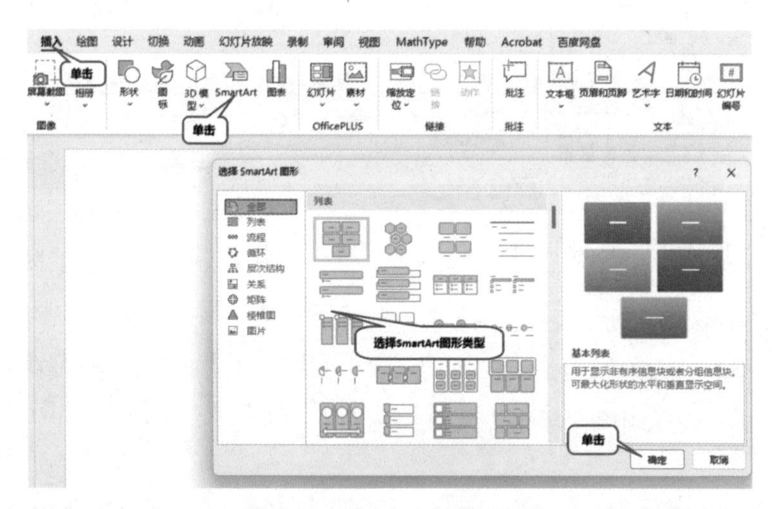

图 5-53　插入 SmartArt 图形

②将模板图形的内容替换为用户自己的内容，完成操作。

2. 编辑 SmartArt 图形

①添加、删除或更改 SmartArt 图形的形状：右击待调整的 SmartArt 图形，然后在弹出菜单中选择【更改形状】，可以将图形的形状修改为其他类型；选择【添加形状】可以在当前图形的不同方位添加形状，如图 5-54 所示；添加形状后，敲击键盘的【Delete】键可以删除当前形状。

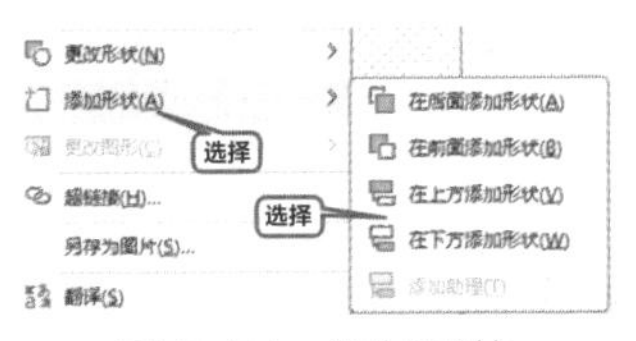

图 5-54　添加形状

②调整 SmartArt 图形的布局：选中待调整的 SmartArt 图形，单击【SmartArt 设计】选项卡，在左侧“创建图形”区域可以修改图形的布局，如图 5-55 所示。

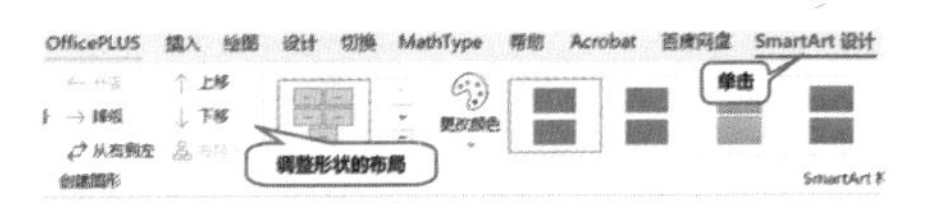

图 5-55　调整 SmartArt 图形的布局

③修改 SmartArt 图形的样式：右击待调整的部分形状或整体图形，在弹出的窗口中选择【设置形状格式】。用户可以在界面右侧弹出的窗口中编辑【填充与线条】、【效果】和【大小与属性】等选项，如图 5-56 所示。

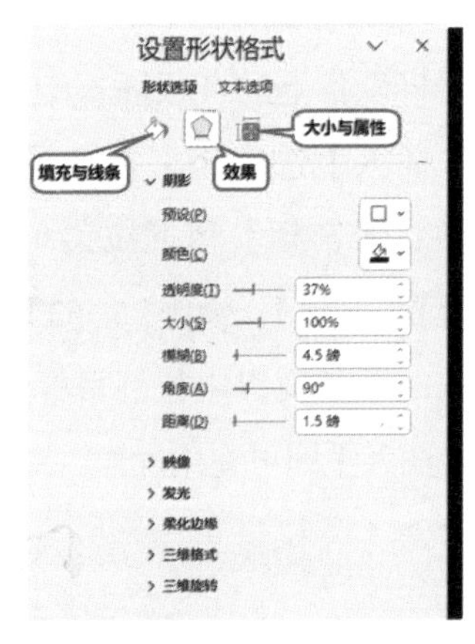

图 5-56　修改 SmartArt 图形的样式

5.2.6 插入与编辑图片

1. 插入图片

单击【插入】选项卡，在功能区中单击【图片】，根据需要在下拉菜单中选择不同选项，如图 5-57 所示。

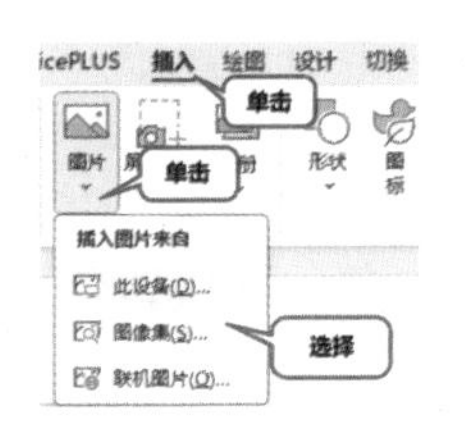

图 5-57　选择图片来源

②在弹出的系统窗口中找到目标图片，单击【插入】完成操作，如图 5-58 所示。

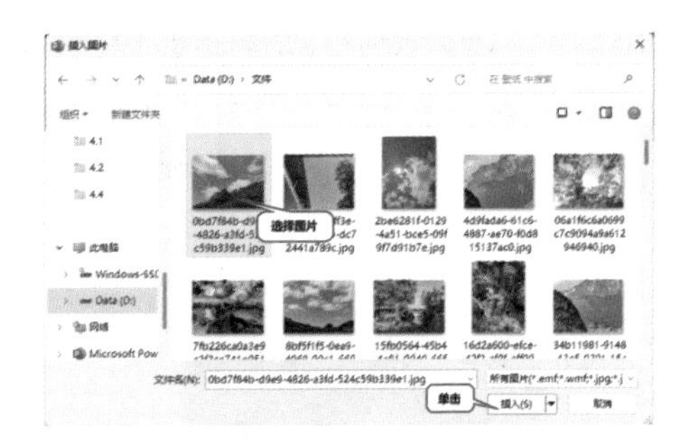

图 5-58　插入图片

2. 编辑图片

①调整图片大小：单击选中图片，图片的边框上会显示“调整圆圈”，如图 5-59 所示；将指针移动到“调整圆圈”上并长按鼠标左键，指针变为“十字形”，拖动鼠标即可调整图片的大小。

图 5-59　用于改变图片大小的“调整圆圈”

一般情况下，点击并拖动图片顶点上的“调整圆圈”，可以保持图形原始的宽高比例，有效防止图形变形；点击并拖动图片边上居中的“调整圆圈”，可以自由调整图形的大小，随意拉伸或压缩图形。

②旋转图片：单击选中图片，图片顶部中心将出现“旋转手柄”，如图 5-60 所示，长按“旋转手柄”的环形箭头并拖动鼠标可以旋转图片。

图 5-60　旋转手柄

③裁剪图片：选中图片，单击【图片格式】选项卡，在功能区中单击【裁剪】，选择不同的裁剪形式完成操作，如图 5-61 所示。

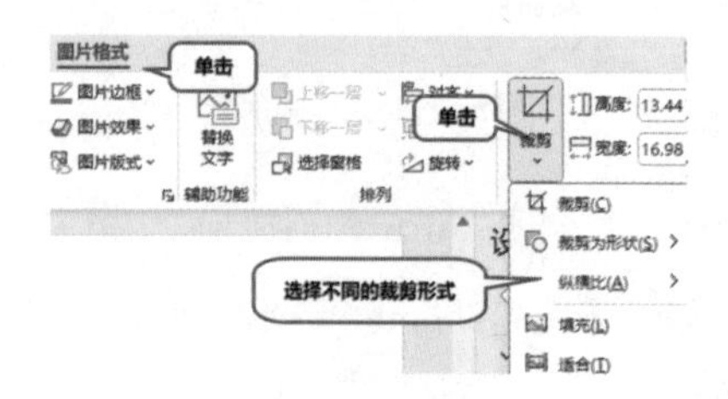

图 5-61　裁剪图片

④调整图片的外观和样式：选中图片，单击【图片格式】选项卡，在功能区可以调整图片的颜色、艺术效果、透明度和边框形式等，用户可以根据需要自行设定，如图 5-62 所示。

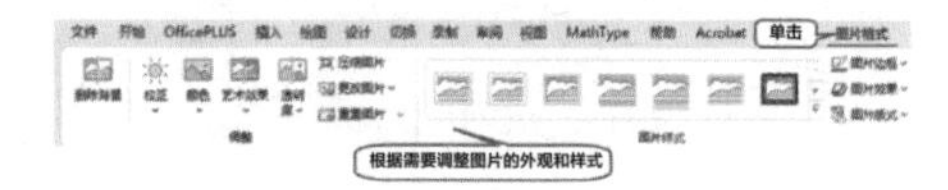

图 5-62　调整图片的外观和样式

5.2.7 插入音视频文件

1. 插入音频

①将设备上的音频插入幻灯片：单击【插入】选项卡，在功能区中依次单击【音频】和下拉菜单中的【PC 上的音频】，如图 5-63 所示；在弹出的系统窗口中找到目标音频，单击【插入】即可完成操作。

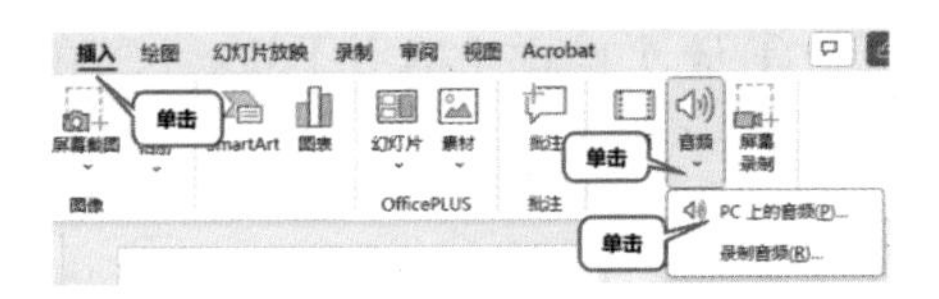

图 5-63 插入设备上的音频

②录制音频并插入幻灯片：单击【插入】选项卡，在功能区中依次单击【音频】和下拉菜单中的【录制音频】；在弹出的窗口中输入音频的名称，单击【录制】，开始录制；如果要查看录制的内容，则单击【停止】，选择【播放】即可；如果对录制的内容满意，则单击【确定】完成操作，反之则单击【录制】重新录制音频，如图 5-64 所示。

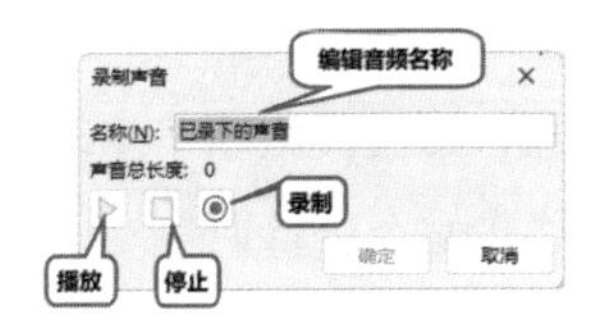

图 5-64 录制音频

需要注意的是，用户在录制音频前，应检查麦克风以确保其正常工作，并关闭任何可能导致干扰的设备。

2. 插入视频

插入视频的具体操作方法：单击【插入】选项卡，在功能区中单击【视频】，根据需要在下拉菜单中选择不同选项，如图 5-65 所示。另外，右击插入的视频，选择弹出菜单中的【设置视频格式】，可以在界面右侧弹出的窗口中修改视频的着色、亮度和对比度等参数，如图 5-66 所示。

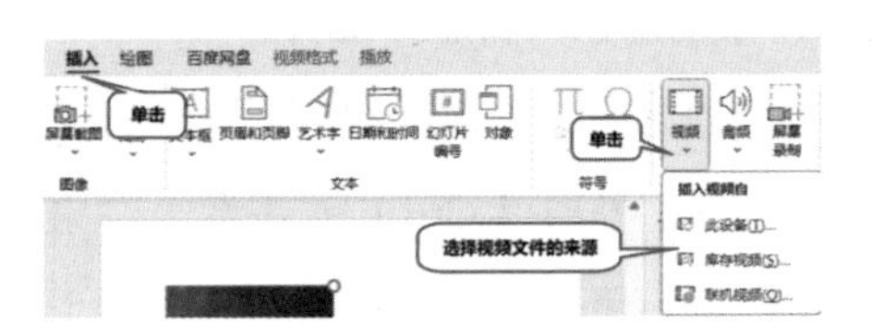

图 5-65 插入视频

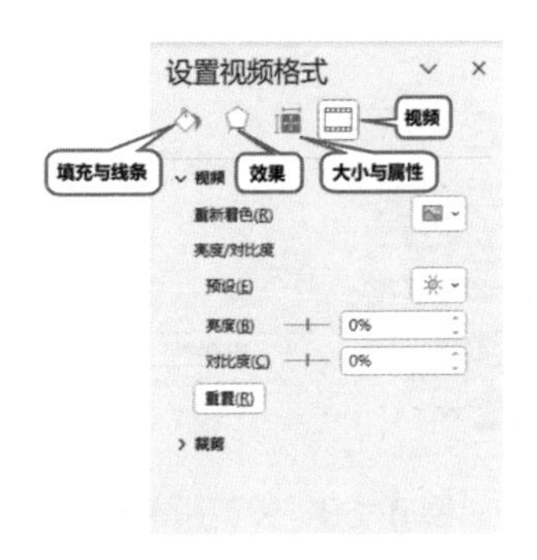

图 5-66 设置视频格式

5.2.8 插入超链接

插入超链接的操作方法如下。

①选中希望插入链接的对象，如文字、形状和图片等。

②单击【插入】选项卡，在功能区中单击【链接】，如图 5-67 所示。

图 5-67 找到【链接】命令

③在弹出的“插入超链接”窗口中，选择超链接的类型，并输入相应的网址、文件路径或电子邮件地址等，设置“屏幕提示”，单击【确定】应用超链接，如图 5-68 所示。

通常情况下，若幻灯片处于编辑模式下，按住【Ctrl】键并点击对象可以跳转至链接地址；若幻灯片处于放映模式下，那么直接点击对象就可以跳转至链接地址。

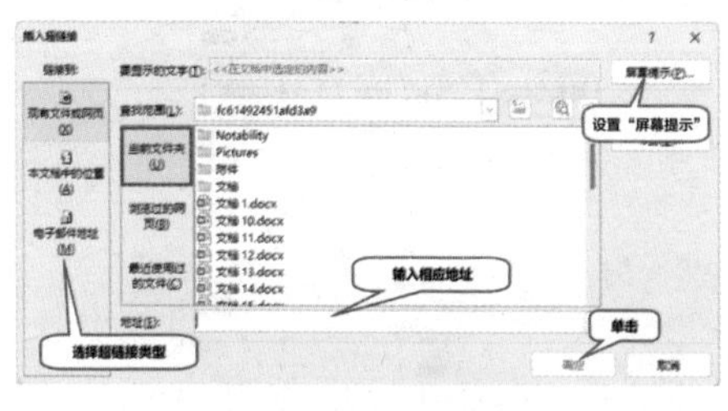

图 5-68 设置超链接

5.2.9 插入公式

插入公式的具体操作方法如下。

①依次单击【插入】选项卡和【公式】。

②在工作区中出现一个“公式编辑框”，用户可以在其中输入公式。在【公式】选项卡下预定义了多种符号和结构，以便于用户快速编辑公式，如图 5-69 所示。

图 5-69 预定义的符号和结构

③编辑完成后，点击界面中除“公式编辑框”之外的任何地方，或者按【Esc】键，关闭公式编辑器。

除上述插入公式的基本操作外，若有调整公式外观的需求，用户可以右击公式，通过弹出菜单中的【设置形状格式】命令进行调整。

5.3 幻灯片的元素编排

5.3.1 调整元素布局

调整元素的布局可以使演示文稿看起来更加整洁有序。具体操作步骤：选择想要调整布局的元素，如文本框、形状、图片等，依次单击【开始】选项卡、【排列】和【对齐】，在弹出的下拉菜单中选择需要的对齐或分布方式，如图 5-70 所示。

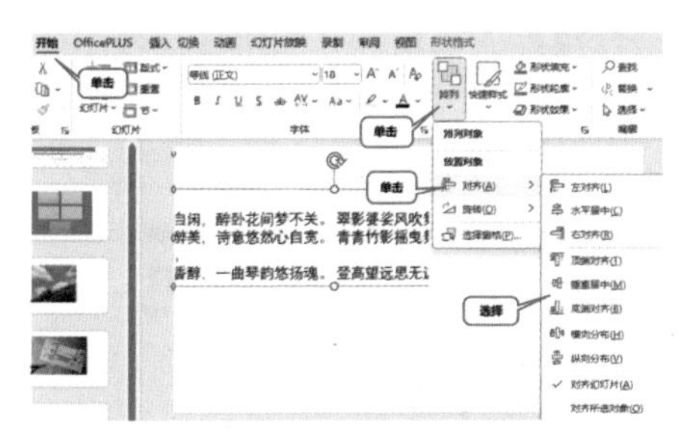

图 5-70　设置元素的对齐或分布方式

5.3.2 调整元素图层

元素图层的顺序决定了各元素在幻灯片上的位置关系，调整元素的图层顺序可以防止信息被遮挡或混淆。具体操作步骤：用户依次单击【开始】选项卡和【排列】，根据需要在下拉菜单中选择【置于顶层】、【置于底层】、【上移一层】或【下移一层】，如图 5-71 所示。

需要注意的是，当同时选中多个元素时，图层顺序的调整也将应用于所有选中的元素中。

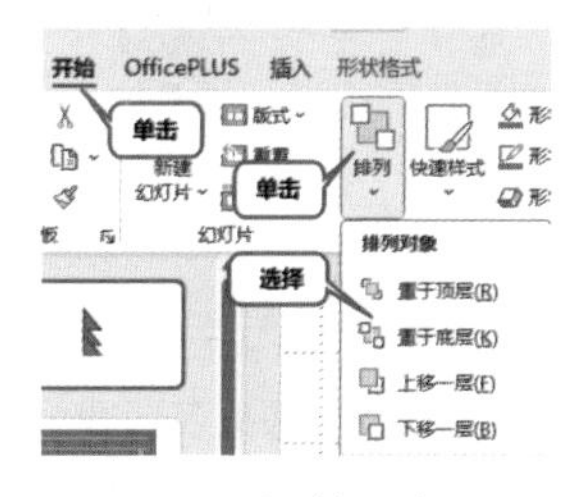

图 5-71　调整元素图层

5.3.3 元素组合与拆分

①元素组合：用户可选中多个元素，右击并选择【组合】，如图 5-72 所示。这一操作有利于保持元素的相对位置，便于简化管理和整体编辑。

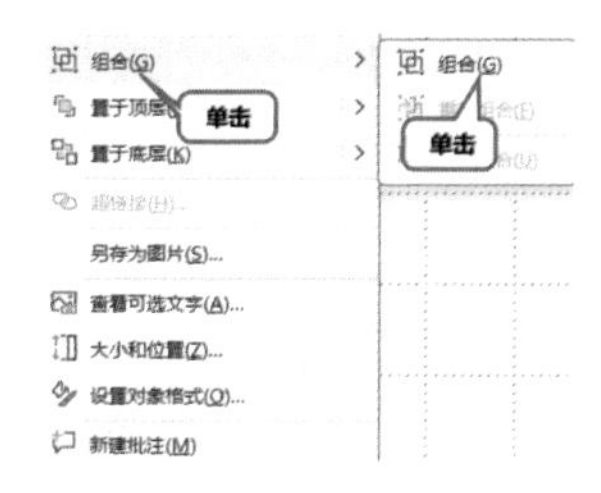

图 5-72　元素组合

②元素拆分：选中已经组合的元素，右击并选择【取消组合】，如图 5-73 所示。

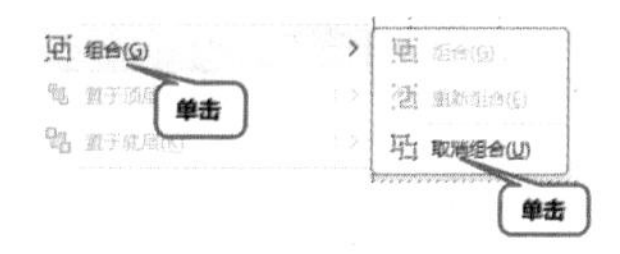

图 5-73　拆分元素

5.3.4 设计及应用幻灯片母版

如果想要使所有的幻灯片都包含相同的字体和形状，只需在母版幻灯片中进行更改，而后这些更改将自动应用到所有幻灯片中。

设计及应用幻灯片母版的具体操作如下。

①单击【视图】选项卡，再单击【幻灯片母版】，如图 5-74 所示。

图 5-74 进入幻灯片母版视图

②在页面左侧的版式缩略图列表中，挑选与意向幻灯片外观最接近的版式进行编辑。幻灯片母版在版式缩略图列表中位于顶部，与母版版式相关的其他幻灯片版式显示在其下方，如图 5-75 所示。

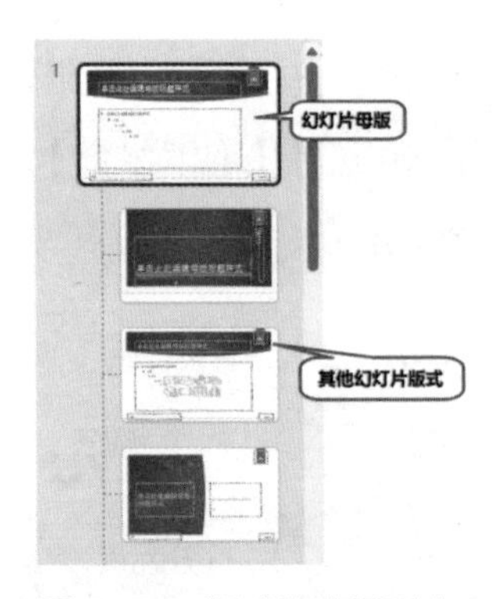

图 5-75 版式缩略图列表

③通过编辑“占位符”更改现有幻灯片版式，这种方式便于精细地控制元素位置和版式。

插入“占位符”的具体操作：单击【幻灯片母版】选项卡，单击功能区中的【插入占位符】，根据需要在下拉菜单中选择“占位符”的类型，如图 5-76 所示；在版式中任意位置按住鼠标左键拖动，即可旋转选中的“占位符”。

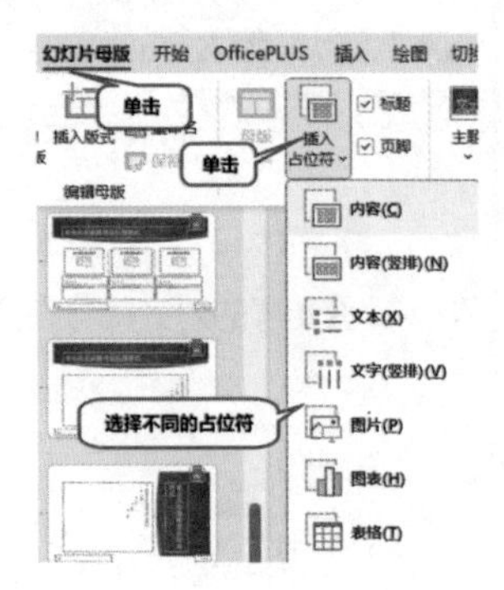

图 5-76 插入“占位符”

删除“占位符”的具体操作：选中母版中需要删除的“占位符”，敲击【Delete】键。

④右击版式缩略图列表中更改完的版式，单击【重命名版式】，在弹出的窗口中输入新名并单击【重命名】，如图 5-77 所示。

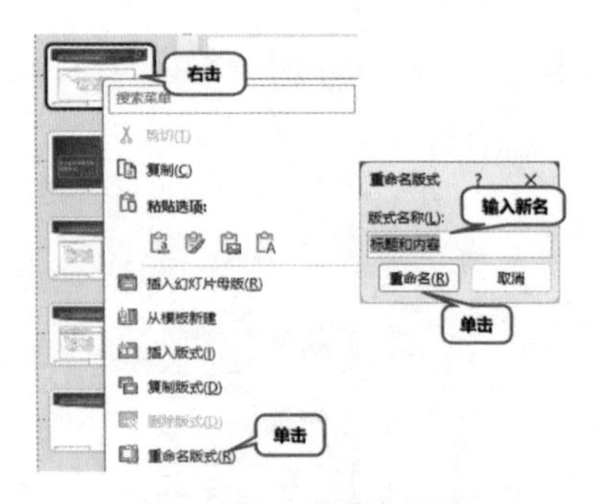

图 5-77 重命名版式

⑤单击【幻灯片母版】选项卡，单击【关闭母版视图】，如图 5-78 所示。

图 5-78　关闭母版视图

⑥在左侧缩略图列表中，选择需要应用新版式的幻灯片，再依次单击【开始】选项卡和【版式】，然后选择在幻灯片母版视图中更新的版式，完成操作，如图 5-79 所示。

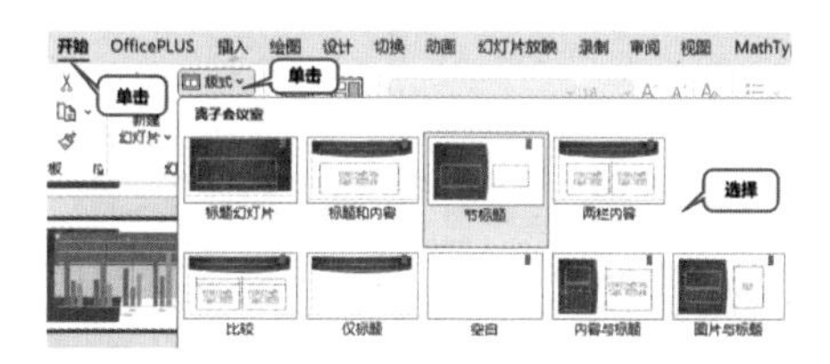

图 5-79　应用幻灯片母版

5.4　幻灯片动画效果的应用

用户在幻灯片中加入动画效果，能够使整个演示文稿更加流畅地过渡，增强视觉效果。

5.4.1 添加进入效果

①选中幻灯片中的目标对象。

②单击【动画】选项卡，再单击【添加动画】，然后在下拉列表中选择合适的进入效果；如果列表中没有符合需求的进入效果，可单击底部的“更多进入效果”，如图 5-80 所示。

③选择合适的进入效果后，单击【动画】选项卡中最左侧的【预览】，播放进入效果。

④如果幻灯片中包含多个对象，可以通过【动画】选项卡中最右侧的【向前移动】或【向后移动】调整出现的顺序，如图 5-81 所示。

⑤保存演示文稿。

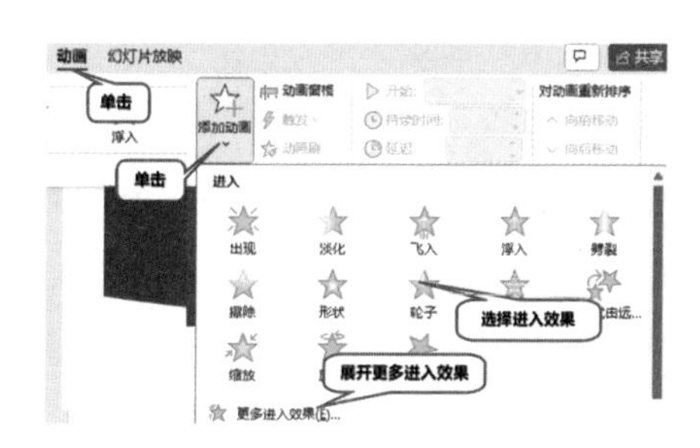

图 5-80　添加进入效果

图 5-81　调整动画顺序

5.4.2 添加退出效果

①选中幻灯片中的目标对象。

②单击【动画】选项卡，再单击【添加动画】，然后在下拉列表中选择合适的退出效果；如果列表中没有

符合需求的退出效果，可单击底部的“更多退出效果”，如图 5-82 所示。

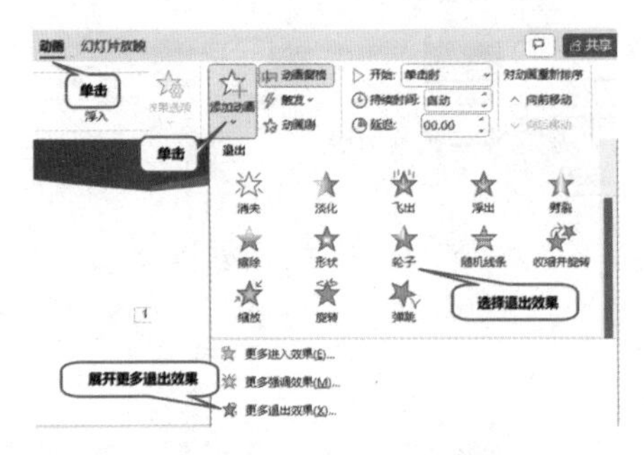

图 5-82　添加退出效果

③选择合适的退出效果后，单击【动画】选项卡中最左侧的【预览】，播放退出效果。

④设置后，可以随意调整动画顺序，具体操作与调整进入效果的动画顺序一致，此处不再赘述。

⑤保存演示文稿。

5.4.3 添加强调效果

①选中幻灯片中的目标对象。

②单击【动画】选项卡，再单击【添加动画】，然后在下拉列表中选择合适的强调效果；如果列表中显示的强调效果不能满足制作需求，可单击底部的“更多强调效果”，如图 5-83 所示。

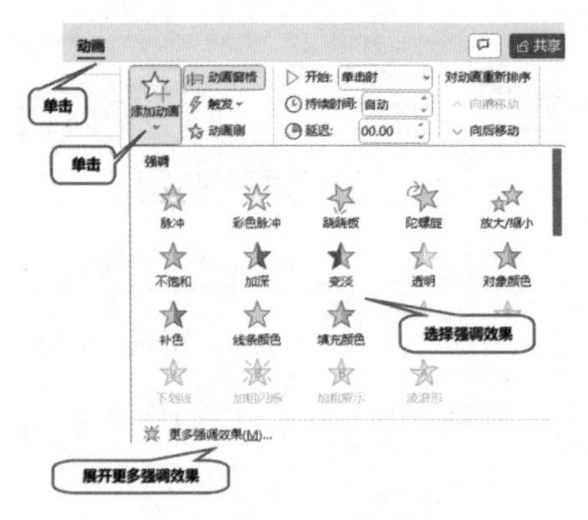

图 5-83　添加强调效果

③选择合适的强调效果后，单击【动画】选项卡中最左侧的【预览】，播放强调效果。

④调整动画顺序，具体操作与调整进入效果的动画顺序一致，此处不再赘述。

⑤保存演示文稿。

5.4.4 设置动作路径

动作路径允许用户自定义对象在屏幕上的移动轨迹，这一轨迹不仅仅局限于水平和垂直两个方向，还可以引入更多的移动维度。用户在制作幻灯片时，设置动作路径可以为动画增添更多创意与变幻，具体操作如下。

①选择需要添加动作路径的对象。

②单击【动画】选项卡，再单击【添加动画】，然后在下拉列表中

选择合适的动作路径，如果列表中显示的动作路径不能满足需求，可点击“其他动作路径”，如图 5-84 所示。

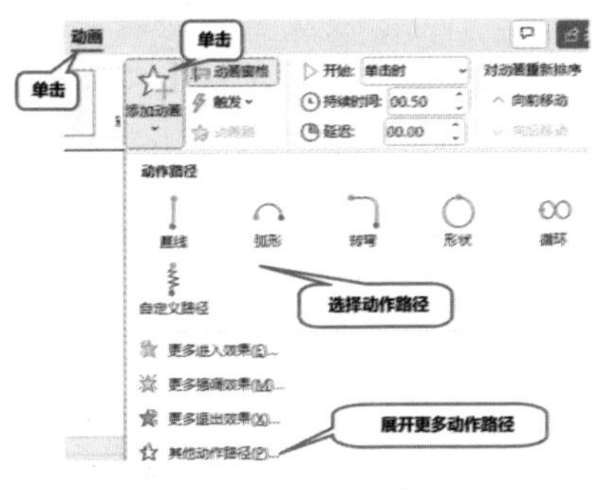

图 5-84　添加动作路径

③待选中合适的动作路径后，点击动作路径上的控制点并拖动即可调整动作路径，如图 5-85 所示。

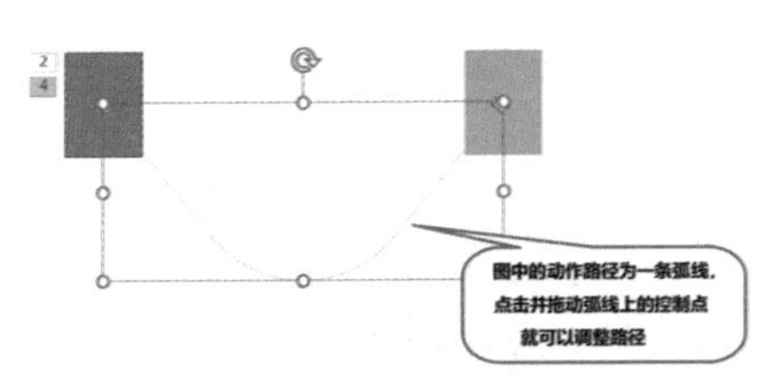

图 5-85　调整动作路径

④单击【动画】选项卡中最左侧的【预览】，播放动作路径效果。

⑤调整动画顺序，具体操作与调整进入效果的动画顺序一致，此处不再赘述。

⑥保存演示文稿。

除上述的演示外，用户可以通过自定义编辑更复杂的动作路径，具体操作：在【添加动画】下拉列表中的“动作路径”区域选择【自定义路径】，再在幻灯片上按住鼠标左键并拖动绘制曲线，即可创建想要的“动作路径”。

5.4.5 设置动画触发方式

在 PowerPoint 中，用户可以修改动画的触发方式，使其在特定事件发生时触发，而不是在默认的幻灯片切换时触发。具体的操作步骤如下。

①选择已经添加动画效果的对象。

②设置动画触发方式。PowerPoint 中的动画触发方式分为两类：跟随幻灯片的播放进行触发和通过单击标志触发。

用户可以在【动画】选项卡右侧的“计时”区域中，设置动画跟随幻灯片的播放进行触发，如图 5-86 所示。

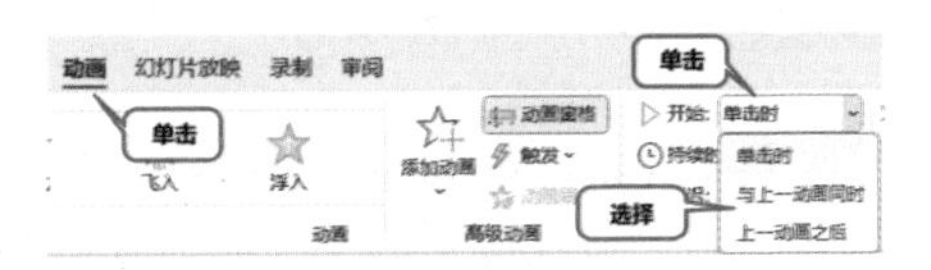

图 5-86　设置动画跟随幻灯片进行触发

用户可以选择在【动画】选项卡右侧的“高级动画”区域中，设置动画通过单击标志触发，如图 5-87 所示。

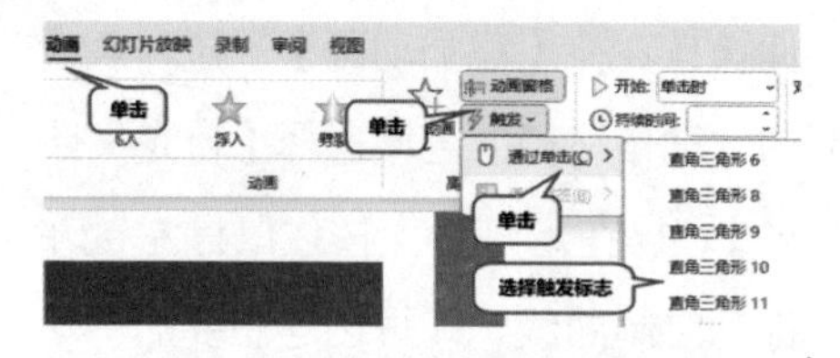

图 5-87　设置动画通过单击标志触发

③设置完成，可通过单击【动画】选项卡中最左侧的【预览】，查看触发效果。

④保存演示文稿。

5.4.6 设置持续与延迟时间

持续时间与延迟时间是用于调整动画播放时长和启动时间的两个重要参数。其中，持续时间是指动画效果从开始到结束所花费的时间；而延迟时间是指动画效果从启动命令（如进入幻灯片或触发事件等）到实际开始播放之间的时间间隔。具体的设置方法如下。

①选择已经添加动画效果的对象。

②通常情况下，在【动画】选项卡右侧的“计时”区域中设置动画的持续时间和延迟时间，如图 5-88 所示。

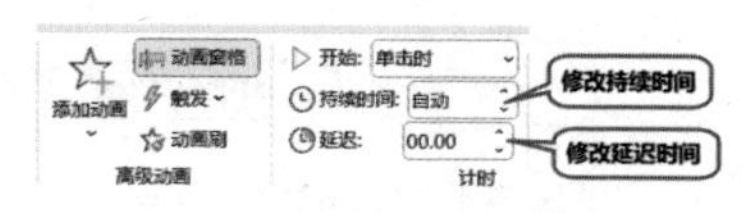

图 5-88　设置持续时间和延迟时间

③用户根据需求设置好持续时间或延迟时间后，可单击【动画】选项卡中最左侧的【预览】，浏览具体效果。

④保存演示文稿。

5.5　幻灯片切换效果的应用

5.5.1 添加切换效果

在 PowerPoint 中，切换效果是指从一张幻灯片切换到下一张时的过渡效果。用户在制作过程中，可以批量为多张幻灯片添加相同的切换效果，具体操作如下。

①用户可以在工作区左侧的缩略图列表中选择需要添加切换效果的幻灯片，按住【Ctrl】键即可同时选中多张幻灯片。

②单击【切换】选项卡，单击“切换到此幻灯片”区域右侧的下拉箭头，在弹出的窗口中选择需要的切换效果，如图 5-89 所示。

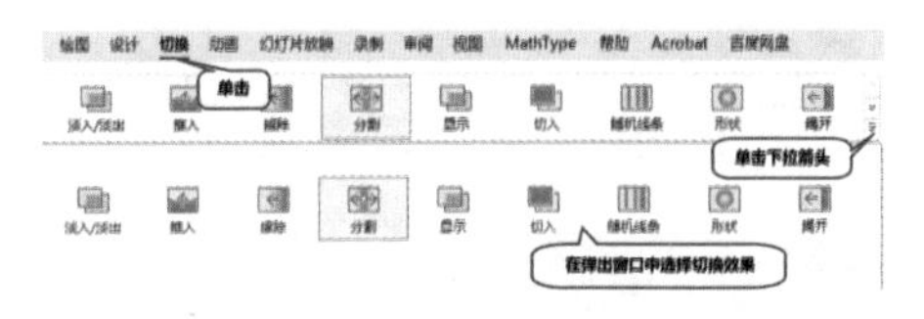

图 5-89　添加切换效果

③单击【效果选项】，在下拉菜单中选择切换效果的展开方式，如图 5-90 所示。

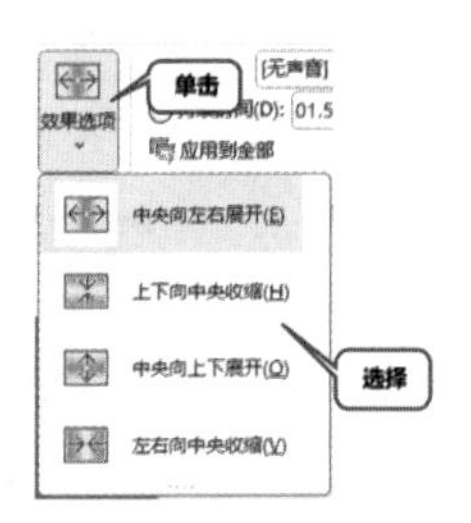

图 5-90　设置切换效果的展开方式

④单击【切换】选项卡中最左侧的【预览】，播放切换效果。

⑤保存演示文稿。

此外，如果用户想对演示文稿中的所有幻灯片应用相同的切换效果，可以单击【切换】选项卡中的【应用到全部】完成操作。

5.5.2 设置切换效果持续时间

在 PowerPoint 中，可以为幻灯片的切换效果设置持续时间，以控制切换效果的播放速度，具体步骤如下。

①用户可以在工作区左侧的缩略图列表中选择幻灯片。

②单击【切换】选项卡，在“计时”区域可以根据需要调整持续时间（以秒为单位），如图 5-91 所示。

图 5-91　设置切换效果持续时间

③预览效果并保存演示文稿。

5.5.3 设置切换方式

PowerPoint 中有两种切换幻灯片的方式，第一种是在放映过程中单击鼠标切换至下一张；第二种是设定自动换片时间，具体操作在【切换】选项卡的“计时”区域完成，如图 5-92 所示。

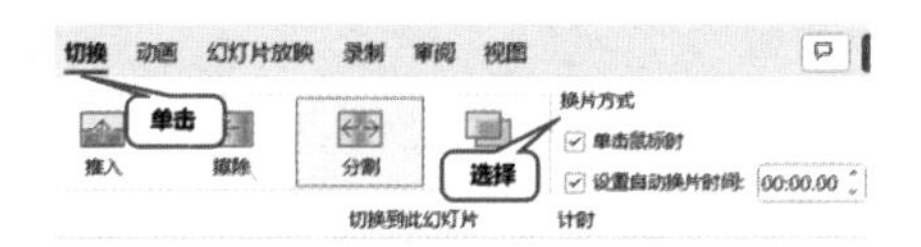

图 5-92　设置换片方式

5.5.4 设置切换音效

在 PowerPoint 中，为幻灯片设置切换音效可以增强演示的吸引力，提升观众的感官体验，具体的操作如下。

①在左侧的缩略图列表中，选择想要为其添加切换音效的幻灯片。

②设置切换效果，具体操作如5.5.1 节所示。

③在【切换】选项卡下的“声音”区域可以完成切换音效的设定：单击此处的下拉箭头，在下拉窗口中可以设置系统预定义音效，如图5–93 所示；单击此处的下拉箭头，滚动鼠标至下拉窗口的末尾找到并单击【其他声音】，在弹出的系统窗口中选择需要的音频文件，单击【确定】即可设置自定义音效，如图5–94 所示。

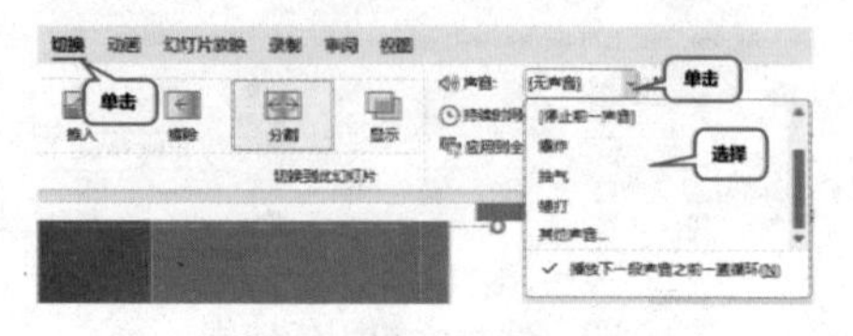

图 5–93　设置系统预定义音效

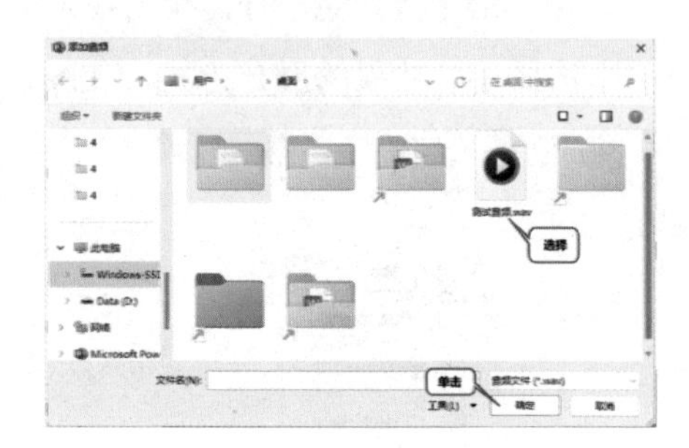

图 5–94　选择音频文件

④预览效果并保存演示文稿。

第6章 学习 Photoshop

6.1 初识 Photoshop

Photoshop 作为当今使用最为广泛的图像处理软件之一，不仅可以辅助进行图片编辑工作，还可以应用于设计和制作网页页面、海报、图书封面等。

6.1.1 Photoshop 的安装与卸载

1. 安装 Photoshop

Photoshop 采用了基于订阅的服务模式。用户可以使用浏览器打开 Adobe 的官方网站（https://www.adobe.com/cn/），单击右上角的【登录】按钮，在弹出的页面中选择“登录”或“注册”Adobe 账户。若使用者已有账号，则进入“登录”页面，输入账号信息完成登录；若使用者没有账号，则进入“注册”页面，待填写相关信息完成注册后即可实现登录。

完成登录后，在弹出的页面中选择需要进行操作的软件，如图 6-1 所示。用户可点击“Creative Cloud 应用程序”下方的【开始使用】按钮，在电脑中安装该程序。启动 Adobe Creative Cloud 后，在出现的“所有应用程序”列表中找到 Photoshop，然后单击【安装】按钮即完成软件的安装，如图 6-2 所示。

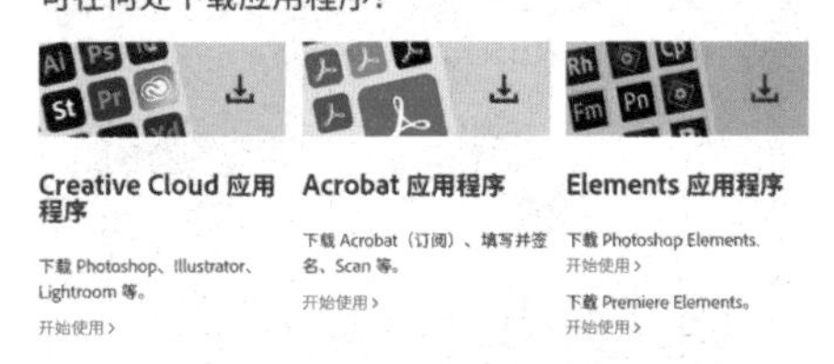

图 6-1　登录后弹出页面

图 6-2　安装 Photoshop

2. 卸载 Photoshop

用户可以在桌面的搜索框中输入

"Adobe Photoshop"，找到 Photoshop 软件右击选择【卸载】即可卸载应用。

6.1.2 认识工作界面组件

用户在启动 Photoshop 后，单击【新文件】，弹出"新建文档"页面，根据个人需求，选择大小和背景颜色，然后单击【创建】或【打开】，选择文件后即可打开工作界面。

Photoshop 的工作界面组件和工具箱是软件的核心元素，其界面主要由菜单栏、工具属性栏、标题栏、状态栏、面板、图像文档窗口和工具箱组成，如图 6-3 所示。

图 6-3　认识工作界面

1. 菜单栏

Photoshop 的菜单栏位于页面顶部，包含各种菜单和选项，用于执行不同的操作和命令，如文件管理、内容编辑、图像调整等。用户在使用过程中，单击菜单名称即可打开该菜单，选择菜单中的任意命令即可执行该命令。图 6-4 所示为打开【文件】菜单并执行【新建】命令。

图 6-4　执行【新建】命令

2. 工具属性栏

Photoshop 的工具属性栏位于菜单栏的下方，用于设置当前选择工具的参数。需要注意的是，不同的工具会对应不同的属性栏。

3. 标题栏

标题栏显示了文档的基本设置信息，如名称、格式、窗口缩放比例及颜色模式等。如果文档中包含多个图层，标题栏还将显示当前活动图层的名称；如果用户未存储该文件，标题栏则会以"未命名"加上连续数字作为文档的名称。

4. 状态栏

Photoshop 的状态栏位于底部，用于显示有关当前图像的信息，如分辨率、缩放比例、颜色模式等。单击状态栏的〉图标，在弹出的菜单命令中，可选择要显示的内容，如图 6-5 所示。

图 6-5　使用状态栏

5. 面板

面板位于屏幕的右侧，用于管理图层、通道、历史记录等。用户单击右上角图标»，即可完成对面板的折叠和展开操作。此外，Photoshop 有很多面板，单击【窗口】，可在弹出的菜单命令中，选择添加或取消相关的面板命令；若在命令前带有✔图标，说明面板已打开，重复单击此命令，即可关闭该面板。

6. 图像文档窗口

图像文档窗口位于中间的区域，用于显示当前打开的图像。在 Photoshop 中，每打开一个图像，便会创建一个文档窗口；当同时打开多个图像时，文档窗口会以选项卡的形式显示，单击选项卡的某一文档，即可将该文档窗口设置为当前操作窗口，用户可以在这个窗口中进行图像编辑和预览等操作。

7. 工具箱

工具箱位于工作界面的左侧，包括各种图像编辑工具，如画笔、橡皮擦、裁剪工具、选择工具等。用户通过点击工具栏上的不同图标来选择不同的工具。带有◢的图标表示这是一个包含多种工具的工具组，右击工具组图标，即可选择所需工具。图 6-6 所示为“矩形选框”工具组所展开的相关工具。

图 6-6　“矩形选框”工具组

6.1.3 使用辅助工具——标尺

Photoshop 中的标尺是用于测量和对齐图像元素的工具。用户使用【Ctrl+R】组合键或依次单击【视图】、【标尺】，即可显示或隐藏标尺。

如图 6-7 所示，图像左侧和上侧均已显示标尺。将光标移动到窗口的左上角，然后按住鼠标左键不动，向下拖动，可清晰地看到图像的高度及宽度。

图 6-7　显示标尺

6.1.4 使用辅助工具——参考线

Photoshop 中的参考线是浮动在图像上可打印的直线，主要用于对图像精准定位与对齐。

1. 添加参考线

单击【视图】，再单击【参考线】，选择【新建参考线】，在弹出的“新参考线”窗口中选中【水平】或【垂直】，同时设置位置和颜色需求，点击【确定】后，即可在当前图像的指定位置添加参考线。图 6-8 所示为垂直方向显示左侧青色参考线。

图 6-8　添加参考线

2. 智能参考线

在【视图】菜单中选中【显示】，单击【智能参考线】，完成智能参考线的创建后，再次移动图形时，将会触发智能效果，自动进行智能对齐显示。此外，使用【Ctrl+K】组合键打开“首选项”窗口，在左侧的列表中选择【参考线、网格和切片】，可以对网格和参考线颜色、样式等进行设置，如图 6-9 所示。

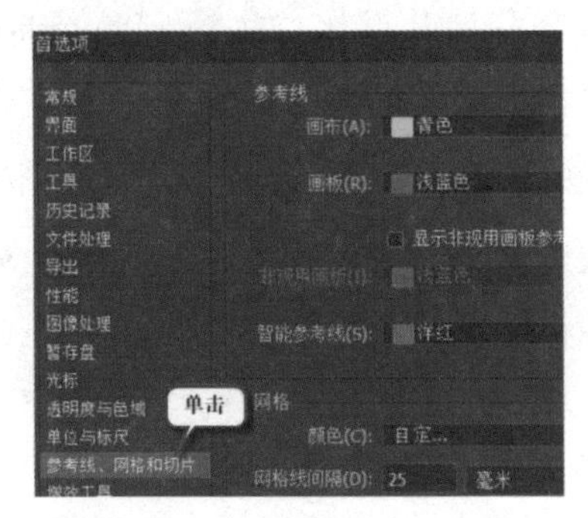

图 6-9　“首选项”窗口

6.2　图像的基本编辑方法

6.2.1 了解位图与矢量图

1. 位图

位图，即位图图像，又称栅格图像，由像素组成，每个像素都包含特定的位置和颜色信息。位图的质量是根据分辨率的大小来判定的，而分辨率通常是固定的，所以位图放大后会失真，放得越大越模糊。图 6-10 所示为放大后的位图。

位图适用于复杂的照片和图像，如照片编辑、数字绘画等，常见的位图文件格式包括 JPEG、PNG、BMP 和 GIF。

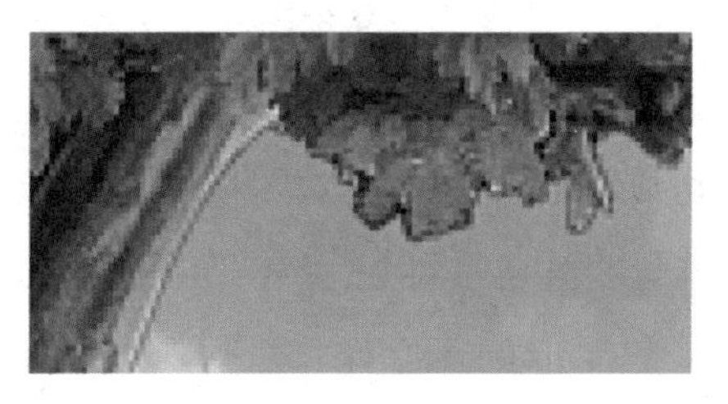

图 6-10　位图

2. 矢量图

矢量图是由数学公式描述的图形（如线条、曲线和形状）来定义图像。正因为它们是基于数学对象构建的，所以矢量图可以被无限放大而不会失真。

6.2.2 查看图像信息

用户应用 Photoshop 编辑图像时，常常需要查看编辑的效果以判断是否还需继续编辑。因此，掌握一些查看图像的操作，如放大图像、缩小图像、移动图像等就很有必要。下面将分别介绍使用“缩放”“抓手”及“导航器”查看图像的方法。

1. 使用“缩放”查看图像

单击工具箱中提供的“缩放”图标，将鼠标移动到需要放大的图像位置，鼠标单击即可放大图像，再次单击即可缩小图像；或者在单击“缩放”图标后，在需要放大的图像位置上按住鼠标左键不放，向上拖动即放大图像，向下拖动即缩小图像。

2. 使用“抓手”查看图像

如果用户需要编辑的图像较大，无法在画布中完全显示，可以使用“抓手”在图像窗口中移动图像。选择“抓手”图标后，按住【Alt】键的同时单击窗口图像即可缩小窗口；按住【Ctrl】键的同时单击窗口图像即可放大窗口。

3. 使用“导航器”查看图像

在“导航器”面板中既可以缩放图像，也可以移动图像。若需要特定缩放图像的比例，且画布无法容纳整个图像，可使用“导航器”面板进行图像查看。执行【窗口】→【导航器】命令，打开的“导航栏”面板将呈现当前图像的预览效果，如图 6-11 所示。将光标落在该面板底部的滑块上，按住鼠标左键左右滑动，即可缩放图像。另外，也可以在滑动条左侧的数值框内填写数值，此时将直接以该数值比例对图像进行缩放。

图 6-11　使用“导航器”查看图像

当图像缩放比例超过 100% 时，“导航器”面板的预览区将显示一个红色的矩形框，表示当前视图只能观察到矩形框内的图像。移动光标至预览区，按住鼠标左键不放进行拖动，即可调整图像的显示区域。

6.2.3 保存与关闭文件

①保存文件：图像编辑完成后，需要对文件进行保存操作，首先，执行【文件】→【存储为】命令，打开“存储为”窗口；然后，选择文件保存的位置，并在“文件名”的文本框内输入存储文件的名称；最后，选择存储格式，并单击【保存】按钮完成操作。

②关闭文件：用户使用鼠标单击图像窗口标题栏最右侧的☒，即可关闭当前文件；或者执行【文件】→【关闭】命令，也可关闭文件。

6.2.4 还原和恢复历史操作

用户在使用 Photoshop 的过程中，如果出现某些错误或不当操作，可以使用其还原或恢复功能。

1. 使用菜单命令还原

用户依次单击【编辑】、【还原】，可以撤销最近一次对图像所做的操作，将其还原到上一步操作状态；如果想要取消还原操作，则执行【编辑】→【重做】命令。需要注意的是，使用菜单命令还原仅限于一个操作步骤的还原与重做，因此日常使用的机会不是很多。

2. 使用“历史记录”面板恢复

“历史记录”面板记录着文件的所有编辑操作。用户依次单击【窗口】、【历史记录】，即可打开“历史记录”面板，如图 6-12 所示。单击“历史记录”面板中的某一项记录，就可以使文档返回之前的编辑状态。

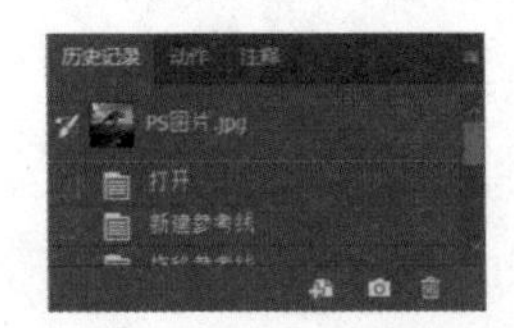

图 6-12 “历史记录”面板

6.3 选区

6.3.1 认识选区及针对选区的操作

Photoshop 中的基本选择工具为“选框”工具和“套索”工具，其中，“选框”工具用于创建规则的选区；“套索”工具用于创建不规则的选区。

选区是指当用户编辑图像时，对图层中某部分的像素进行处理，并将这部分区域单独选择出来。Photoshop中的选区表现为一个封闭的游动虚线区域，因为看上去像是一圈爬动的蚂蚁，也被称为蚂蚁线。虚线空间以内是选择的区域，以外是无法编辑的受保护区域，如图6-13所示。

图6-13　图像选区

1.“选框”工具的使用

①创建选区：右击“矩形选框”工具组图标，单击【矩形选框工具】，光标显示为十字图标，按住鼠标左键框选待选区域。此外，用户在点击鼠标左键的同时，按住【Shift】键，可以实现正方形选区的效果。

②取消选区：用户可使用鼠标点击选区以外区域或使用【Ctrl+D】组合键取消选区。选区取消后，按下【Ctrl+Shift+D】组合键还可重新返回之前的选区；当然，执行【选择】→【取消选择/重新选择】命令也可完成上述操作。

③“新选区”：单击该图标后，创建一个选区，在选区外再次点击鼠标进行拖动，原来的选区会消失，即每次只保留新选区而放弃旧选区。

④“添加选区”：单击该图标后或在新选区模式下使用【Shift】键切换到“添加选区”模式，完成一个选区的创建后，在选区外继续画一个选区，这两个选区可以并存；在这两个选区中间继续画一个选区，还能实现选区的合并。

⑤“减掉选区”：单击该图标后，会将原来的选区减掉一部分。

⑥“选区交叉”：新选区模式下，划定的选区一定会与原来的选区有所交叉，单击该图标后再划定选区，松开鼠标即可呈现交叉的区域。

⑦【样式】下拉列表框：其中包含“正常”“固定比例”和“固定大小”等选项，如果选择“正常”，则可以自由划定选区；如果选择“固定比例”或“固定大小”，则需要输入宽度值和高度值来锁定宽高比。

2.“套索”工具的使用

单击“套索”工具组图标后，点击鼠标左键拖动鼠标建立选区，绘制过程中会发现一条黑线，这代表着选区的边缘。在拖动鼠标过程中，不需要刻意闭合交接曲线，松开鼠标后，首尾会自动进行直线连接来完成封闭的选区。用户也可以根据需求使用【Shift+L】组合键切换到“多边形套索”工具，通过点击画面上关键的点完成闭合，并实现直线的连接。

此外，可以通过【Backspace】键或【Delete】键删除选中的点。若对整体的选区不太满意，使用【Esc】键即可取消选区。

6.3.2 魔棒与快速选择

1. “魔棒”工具

“魔棒”工具可以快速将颜色相近的区域变为选区。“魔棒”工具在工具箱中被启用后，其属性栏如图 6-14 所示。

图 6-14 “魔棒”工具的属性栏

①取样大小：控制取样前期参数的大小，如想要选取纯色的区域，可使用“取样点”，也就是采用某个像素的色彩信息作为参考取样。

②容差：调节识别的范围，默认情况为 32，容差越大，识别范围就越大；反之就越小。

③连续：默认为勾选状态，它的含义为只能选取相邻的像素。

④对所有图层取样：当勾选该复选框并在任意一个图层上应用魔棒工具时，所有图层上与单击处颜色相似的地方都会被选中。

2. “快速选择”工具

“快速选择”工具是“魔棒”工具的升级，也是非常重要的抠图工具，其属性栏如图 6-15 所示。

图 6-15 “快速选择”工具的属性栏

该属性栏包含了三种通用模式，点击【画笔】选项的下拉菜单，可以对大小、硬度和间距等参数进行调节。其中画笔的大小代表了识别的范围，勾选自动增强后，识别边缘的能力会更强。

6.3.3 平滑与羽化选区

①平滑：平滑命令可以平滑尖角，在完成选区后，执行【选择】→【修改】→【平滑】命令，在弹出的“平滑选区”窗口中，可以设置取样半径，然后点击【确定】即可。

②羽化：将选区边缘部分实现过渡式虚化，从而起到渐变的作用，达

到选区内外自然衔接的效果。羽化是对选区属性的一种设定，在选区之前，可以提前设置羽化值；当然，也可以先做普通选区，即羽化值为 0，右击选区执行【羽化】命令，在弹出的“羽化选区”窗口中设置羽化值，如图 6-16 所示，从而完成羽化操作。

图 6-16　设置羽化值

6.4　图层

6.4.1　什么是图层

图层，简单来说就是图像的层次，好比一张“透明纸”，将图像的各个部分绘制在不同的“透明纸”上，透过每一层“透明纸”，可以看到其他图层绘制的内容，而且每一层纸都是独立的，无论在这层纸上如何涂画，都不会影响到其他图层中的图像。

用户可以通过单击菜单栏的【图层】打开“图层”面板，如图 6-17 所示。最左上方是“图层”标签，使用标签可移动“图层”面板。用户可以根据需求在“图层”面板中对图层进行搜索和过滤，另外，通过按钮可实现打开和关闭过滤的功能。

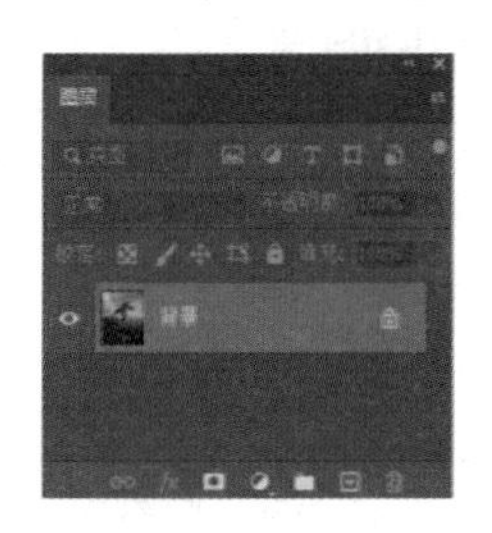

图 6-17　打开“图层”面板

“图层”面板所包含的功能如下。

图层混合模式：打开搜索框下方的下拉菜单可设置图层混合的选项。

不透明度：用于设置图层整体的不透明度。

锁定：提供四种不同的锁定方式用于保护图像的内容。

填充：调节图像像素的填充度。

图层列表：列出所有的图层，且图层是按照上下叠加的次序排列的。

“图层链接”图标：将多个图层链接在一起，以便它们在移动或变换时保持相对位置。

“图层样式”图标：在下拉列表中，添加不同的图层样式。

“图层蒙版”图标：为当前图层添加图层蒙版。

"添加调整图层"图标：在下拉列表中，创建新的填充图层或调整图层。

"创建新组"图标：在当前图层上方创建一个新的图层组。

"创建新图层"图标：在当前图层上方创建一个新的图层。

"删除"图标：删除当前图层。

"面板菜单"图标：提供了与特定面板相关的操作和自定义选项。

6.4.2 新建与选择图层

1. 新建图层

①方法一：点击图层面板的"创建新图层"按钮，即可创建一个普通图层。

②方法二：执行【图层】→【新建】→【图层】命令，打开"新建图层"窗口，如图 6-18 所示，并根据需求修改图层名称、识别颜色、模式等，然后点击【确定】，也可创建普通图层。

图 6-18　新建图层

2. 选择图层

用户可以在"图层"面板中，点击所需的图层，此时选中的图层会变色以突出显示，如图 6-19 所示；也可以使用【Ctrl+Shift】组合键，一次性选择多个图层。点击图层前面的图标，可以打开或关闭图层像素的显示。

图 6-19　选择图层

6.4.3 编辑图层

1. 移动图层

选中图层后，通过拖动该图层或者使用【Ctrl+[】/【Ctrl+]】组合键，可以把选中的图层向下 / 向上移动一层，从而改变图层的上下次序。需要注意的是，当图层上下次序改变后，画面的叠加次序也会随之改变。

2. 复制图层

执行【图层】→【复制图层】命令，打开"复制图层"窗口，修改复制图层的名称，同时在【文档】下拉列表中选择将复制的图层放到原文件或新建文件中，然后单击【确定】，如图 6-20 所示。此外，还可以按住【Alt】键和鼠标左键拖动某个图层，此时光标将变成双箭头，松开鼠标后，即可完成图层的复制操作。

图 6-20 复制图层

3. 删除图层

对于不再需要的图层，单击“删除图层”图标，点击【是】，如图 6-21 所示；或者右击图层，选择【删除】，即可实现删除图层。此外，单击需要删除的图层，按下【Delete】键也可快速删除图层。

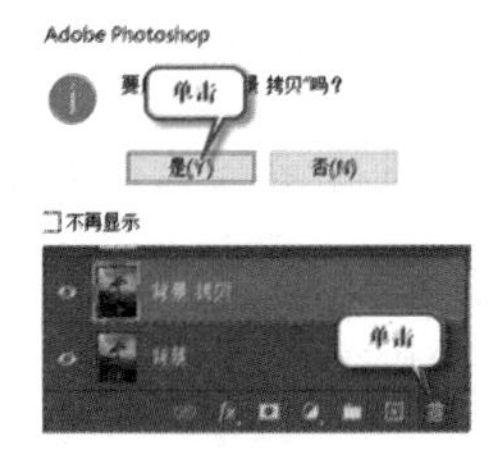

图 6-21 删除图层

6.4.4 添加图层样式及使用“样式”面板

图层样式也叫图层效果，它可以为图层中的图像添加诸如投影、发光、浮雕和描边等效果，帮助创建更具真实质感的水晶、玻璃、金属等特效。若要为图层添加样式，用户需要先打开“图层样式”页面，有多种打开方式，具体如下。

①通过命令打开：点击【图层】→【图层样式】，从中选择一个效果命令，打开“图层样式”页面，并进入到相应效果的设置面板，如图 6-22 所示。

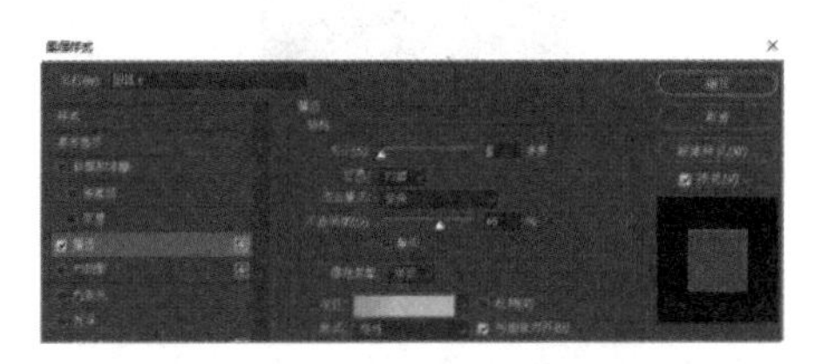

图 6-22 “图层样式”页面

②通过图标打开：用户在“图层”面板中单击“添加图层样式”图标，在弹出菜单中选择一个效果命令，即可打开“图层样式”页面，并进入到相应效果的设置面板，如图 6-23 所示。

图 6-23 通过图标打开“图层样式”页面

③通过面板添加效果图层：执行【窗口】→【样式】命令打开“样式”面板，其中包含了 Photoshop 提供的各种预设的图层样式，如图 6-24 所示。选择一个图层，然后单击“样式”面板中的某个样式，即可为它添加该样式。

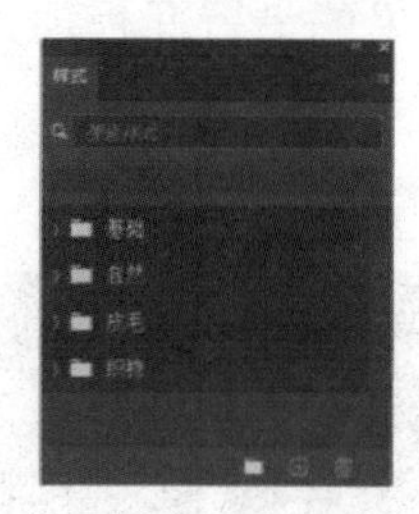

图 6-24　打开“样式”面板

若用户有删除样式的需要，可以将“样式”面板中的待删除样式拖动至“删除样式”图标上，即可将其删除。

6.4.5 填充和调整图层

1. 填充图层

填充图层属于一种特殊类型的图层，在 Photoshop 中常用于填充纯色、渐变色或图案。将其设置为不同的混合模式或不透明度，可以修改其他图像的颜色或生成各种图像效果。

用户可以执行【图层】→【新建填充图层】→【纯色】命令或单击“图层”面板底部的“调整图层”图标，选择【纯色】，如图 6-25 所示。然后，打开“拾色器”窗口设置颜色，并单击【确定】，即可创建纯色填充图层。

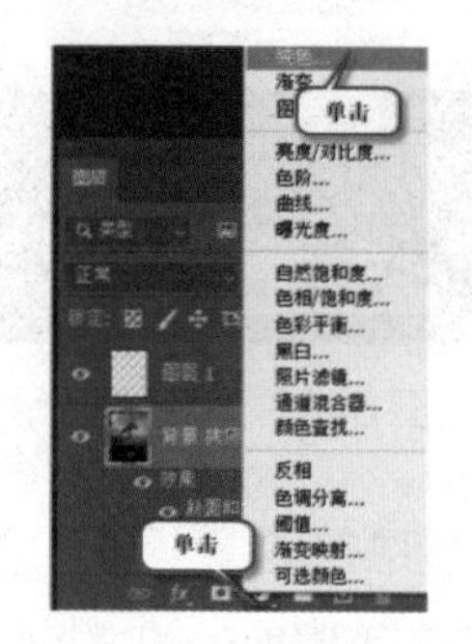

图 6-25　纯色填充图层

2. 调整图层

调整图层，即允许用户以图层形式在图像上执行各种调色命令。这种调整方式既能保持素材图像的完整性，又可以随时修改调整参数。

用户可以执行【图层】→【新建调整图层】命令或执行【窗口】→【调整】命令，打开“调整”面板创建调整图层。单击【调整预设】或【单一调整】，可以看到各种可用的调整图标或选项，如亮度、对比度、曲线等，如图 6-26 所示。一旦选择了调整选项，一个相应的调整图层将会在“图层”面板中显示，如图 6-27 所示，同时在画布上也会出现一个调整图层的“属性”窗口。

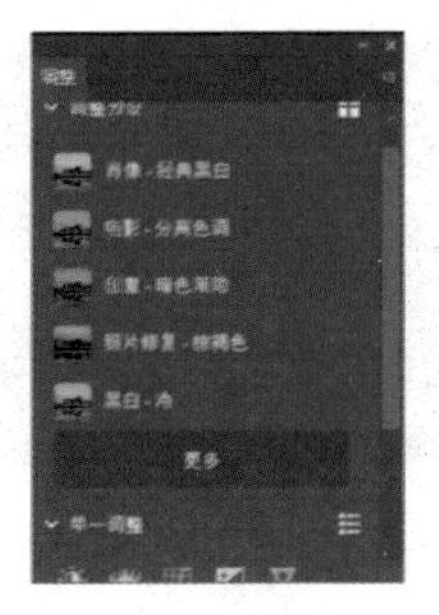

图 6-26 调整图层选项

图 6-27 显示调整图层

用户可以在该“属性”窗口中调整各项的参数，这将直接影响图像上的调整效果。不同的调整选项有不同的参数，可以根据需要进行修改。若需要撤销或修改调整选项，可以随时返回“属性”窗口进行相应操作。

6.5 文字

6.5.1 认识路径和文字

1. 路径

“钢笔”工具是绘制矢量图形最基本的工具，点击工具箱中的图标或使用快捷键【P】，均可以打开“钢笔”工具。其基本原理就像是使用两个点控制有弹性的钢丝，通过方向和力量控制钢丝的弯度，并通过钢丝上的很多个点构成一条条多样的曲线。“钢笔”工具的属性栏如图 6-28 所示。

图 6-28 “钢笔”工具的属性栏

点击“钢笔”工具的属性栏中“建立”左边的下拉箭头，在其下拉菜单中可以选择工具模式，如“路径”“形状”和“像素”等。其中的“路径”是一个辅助类工具，并非是实体的图像，用户可以在“路径”模式下进行描边、填充或建立选区。

用户可以执行【窗口】→【路径】命令，打开“路径”面板，根据需求编辑命令。此外，只要是使用“钢笔”工具绘制的路径，都能通过“路径”面板找到。

（1）创建路径

首先，选择“钢笔”工具，左键单击画布后，会发现已经创建了一个点，这个点被称为锚点。然后，在其他位置继续单击，两个点即可连接成一条线段；若操作失误，右击并在弹出窗口中选择【删除锚点】即可。最后，按下【Esc】键，锚点消失，路径创建完成，如图 6-29 所示。

图 6-29　创建路径

（2）调整路径

单击工具箱中的图标，将光标移动到路径中并单击，即可选中整个路径，拖动鼠标便可移动路径；如果在移动的同时按住【Alt】键不放，即可复制路径；如果想要同时选择多条路径，可以在选择时按住【Shift】键，或者在图像文件窗口中单击并拖动光标，通过框选选择需要的路径，如图 6-30 所示。

图 6-30　拖动路径

（3）填充路径

填充路径是指用指定的颜色、图案或历史记录的快照填充路径内的区域。在填充路径前，首先要设置好前景色：执行【路径】→【填充路径】命令，或按住【Alt】键单击“路径”面板底部的“用前景色填充路径”图标，打开“填充路径”页面，如图 6-31 所示。选项设置完成，单击【确定】即可使用指定的颜色、图像状态及图案填充路径。

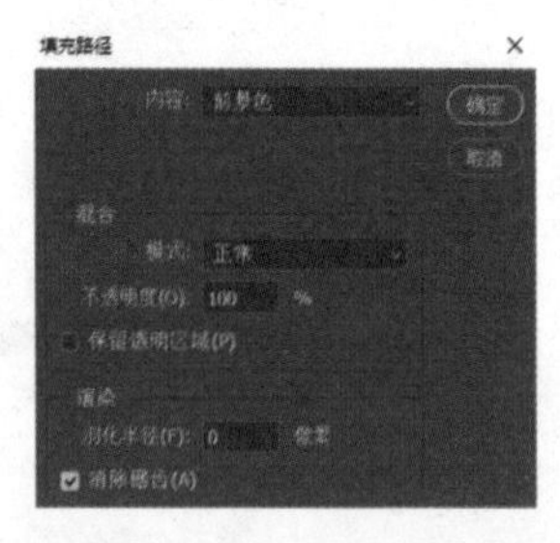

图 6-31　“填充路径”页面

（4）路径与选区的转换

Photoshop 既能够将绘制的路径转换为选区，也可以将创建的选区转换为路径。

若需要将绘制的路径转换为选区，用户可以单击“路径”面板底部的“将路径作为选区载入”图标，如图 6-32 所示。转换效果如图 6-33 所示。

图 6-32　将路径转换为选区

图 6-33　转换后的选区效果

若需要将创建的选区转换为路径，用户可以单击“路径”面板底部的“从选区生成工作路径”图标，如图 6-34 所示。转换效果如图 6-35 所示。

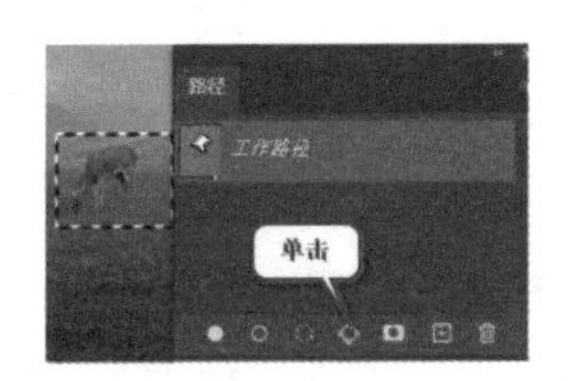

图 6-34　将选区转换为路径

图 6-35　转换后的路径效果

2. 文字

在利用 Photoshop 设计的过程中，文字既能表现出准确的主题信息，也能作为一种图形对人的视觉产生冲击。用户点击工具箱中的图标或快捷键【T】，即可打开“文字”工具的属性栏；使用“文字”工具的属性栏，或者单击菜单栏的【窗口】打开“字符”和“段落”面板，就可以调节文字的参数了。

6.5.2 点式文字和段落文字的转换

Photoshop 创建的文字包含两种类型，分别是点式文字和段落文字。

用户选择“文字”工具组中的【横排文字工具】或【直排文字工具】，输入一段文字后，点击工具属性栏中的图标，即可完成文字的编辑提交；右击文字所在的图层，选中【转换为段落文本】选项，如图 6-36 所示，即可将点式文字转换为段落文字。

图 6-36　将点式文字转换为段落文字

另外，用户可以选择“文字”工具组中的【横排文字蒙版工具】或【直排文字蒙版工具】，快速建立文字选区：鼠标单击这两种工具后画布颜色发生改变，然后输入文字并提交，会发现输入的文字变成选区并以蚂蚁线的形状呈现，如图 6-37、图 6-38 所示。

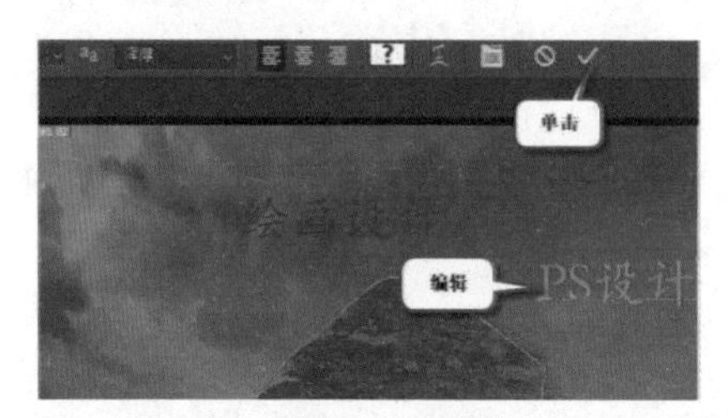

图 6-37　使用文字蒙版工具

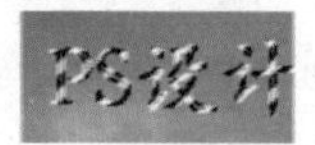

图 6-38　文字选区显示效果

6.5.3 创建路径文字和变形文字

1. 创建路径文字

用户点击“钢笔”工具图标，选择路径模式，绘制路径曲线后点击“文字”工具图标，当光标靠近路径时发生改变，则说明可以在路径上输入文字；点击路径输入文字后，可见文字全部按照路径排列，如图 6-39、图 6-40 所示。

图 6-39　创建路径

图 6-40　输入路径文字

2. 创建变形文字

变形文字是指对创建的文字进行变形处理，例如，将文字变为扇形或波浪形。创建变形文字的具体步骤：选择文字图层，执行【文字】→【文字变形】命令，打开“变形文字”页面，在【样式】下拉列表中选择【扇形】，并调整变形参数即可，如图 6-41 所示。

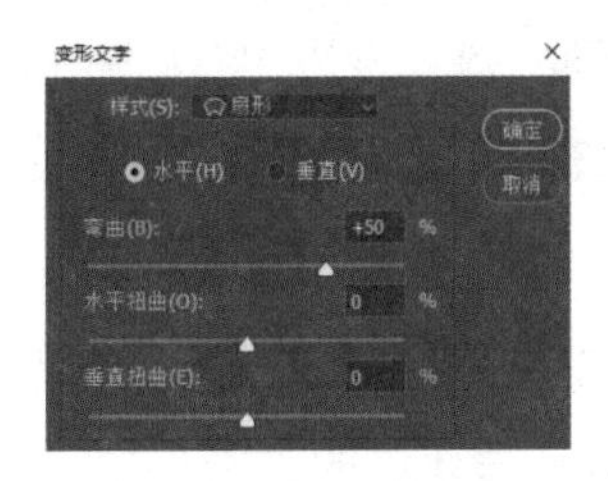

图 6-41　“变形文字”页面

“变形文字”页面常用于设置变形选项，包括文字的变形样式和变形程度。其中，变形样式包含水平和垂直两种：水平，即文本为水平方向扭曲，如图 6-42 所示；垂直，即文本为垂直方向扭曲。

图 6-42　水平变形效果

6.5.4 设置字符和段落属性

“字符”和“段落”面板可以保存文字样式，且能够快速应用于其他文字、线条或文本段落，从而极大地节省操作时间。

1. “字符”面板

字符面板是诸多字符属性的集合，如字体、大小、颜色等。用户可以依次单击【窗口】、【字符】，打开“字符”面板，如图 6-43 所示。

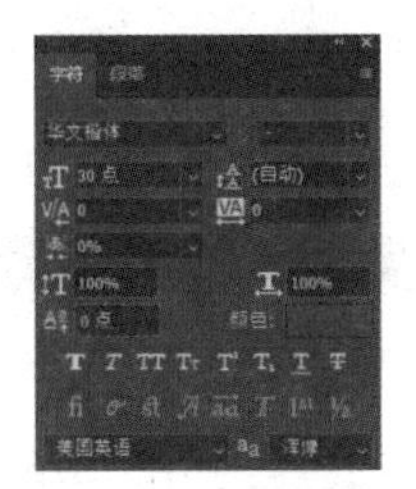

图 6-43　“字符”面板

“字符”面板中的主要选项及作用如下。

：设置文本的字体大小。

：设置行间距。

：微调字符的间距。

：设置字符之间的水平间距。

：设置所选字符的比例间距。

：垂直缩放文本，使文本字符变高或变短。

：水平缩放文本，使文本字符变宽或变窄。

：设置基本偏移，当设置参数为正数时，向上移动；当设置参数为负数时，向下移动。

2. “段落”面板

用户可以依次单击【窗口】、【段落】，打开“段落”面板，如图 6-44 所示。

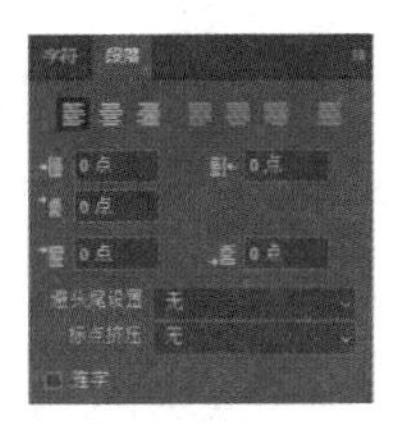

图 6-44　“段落”面板

“段落”面板中的主要选项及作用如下。

：分别对应段落的左对齐、居中对齐、右对齐、最后一行左对齐、最后一行居中对齐、最后一行右对齐、全部对齐。

：添加段落的左侧缩进距离。

：添加段落的右侧缩进距离。

：在文本段落的首行添加缩进距离，通常用于段落的第一行。

：用于设置插入光标所在段落与前一段落间的距离。

：用于设置插入光标所在段落与后一段落间的距离。

6.6 绘画

6.6.1 基本绘画工具

Photoshop 提供了多种基本绘画工具，主要包括“画笔”“铅笔”等，这些工具除了在数字绘画中能够使用到，在平面设计作品的编排中也有重要用途。

Photoshop 提供的绘画工具虽然有多种形式，但是每种绘画工具的操作步骤基本相似，具体如下：首先，选择绘画工具的颜色；其次，在工具属性栏的“画笔预设”选取器中选择合适的画笔；然后，在工具属性栏中设置工具的相关参数，如不透明度和模式等；最后，在窗口中拖动光标绘制图形。

1. “画笔”工具

打开要绘制的图像，在工具箱中右击“画笔”工具组图标，选择【画笔工具】，打开“画笔”工具的属性栏，如图 6-45 所示。

图 6-45 “画笔”工具的属性栏

①“画笔设置”图标：用于画笔样式的相关设置。

②“模式”：设置画笔的绘画模式。

③“不透明度”：设置画笔绘制出来的颜色的不透明度，数值越大，不透明度越高。

④“流量”：用于设置将鼠标指针移动到某个区域上方时应用颜色的速率。

⑤“启动喷枪模式”图标：启用喷枪功能，Photoshop 会根据鼠标左键的单击程度来确定画笔笔迹的填充数量。

⑥“平滑”：设置绘制线条的流畅程度，数值越高则线条越平滑。

⑦：当使用带有压感的手绘板时，单击该图标可以选择压力的大小；在关闭此功能时，可利用“画笔设置”中相关功能控制压力。

2.“铅笔”工具

“铅笔”工具常用于创建硬边线条或细节。右击工具箱的“画笔”工具组图标，选择【铅笔工具】选项，打开“铅笔”工具的属性栏，如图 6-46 所示。

图 6-46 “铅笔”工具的属性栏

“自动抹除”复选框：“铅笔”工具与“画笔”工具不同之处在于增加了“自动抹除”复选框，选中该复选框后拖动光标，如果光标的中心在包含前景色的区域上，则可将该区域涂抹成背景色。

3.“颜色替换”工具

利用“颜色替换”工具，用户可选择一种颜色，然后将其替换为另一种颜色，这对于修改图像中的颜色具有非常大的作用。右击工具箱的“画笔”工具组图标，选择【颜色替换工具】选项，打开“颜色替换”工具的属性栏，如图 6-47 所示。

图 6-47 “颜色替换”工具的属性栏

①“模式”：设置替换的颜色属性，包含“色相”“饱和度”“颜色”“明度”等，默认情况下为“颜色”。

②“取样”：设置颜色的取样方式。单击“连续”图标，在拖动光标时可连续对颜色取样；单击“一次”图标，只替换第一次单击的颜色区域中的目标颜色；单击“背景色板”图标，只替换包含当前背景色的区域。

③“限制”：选择“不连续”，只替换光标下的样本颜色；选择“连续”，可替换与光标指针（即圆形画笔中心的十字线）挨着的、与光标指针下方颜色相近的其他颜色；选择“查找边缘”，可替换包含样本颜色的连接区域，同时保留形状边缘的锐化程度。

④“容差”：用来设置工具的容差。“颜色替换”工具只替换鼠标单击点容差范围内的颜色，该值越高，对颜色相似性的要求程度就越低，也就是说可替换的颜色范围越广。

⑤“消除锯齿”：勾选该项，可以为校正的区域定义平滑的边缘，消除锯齿。

6.6.2 在画面中填充图案或渐变

“填充”是指使画面整体或部分区域覆盖某种颜色或图案，Photoshop 提供多种“填充”方式，如“填充”命令、“油漆桶”工具、“渐变”工具等。

1.“填充”命令

用户可以依次单击【编辑】、【填充】，打开“填充”窗口，如图 6-48 所示。其中，【内容】下拉菜单中的前景色是指使用绘图工具时的颜色，背景色是指当前图层的底色。若【内容】选项为“前景色”，图片会直接被前景色覆盖。填充前景色的快捷键：【Alt+Delete】。填充背景色的快捷键：【Ctrl+Delete】。

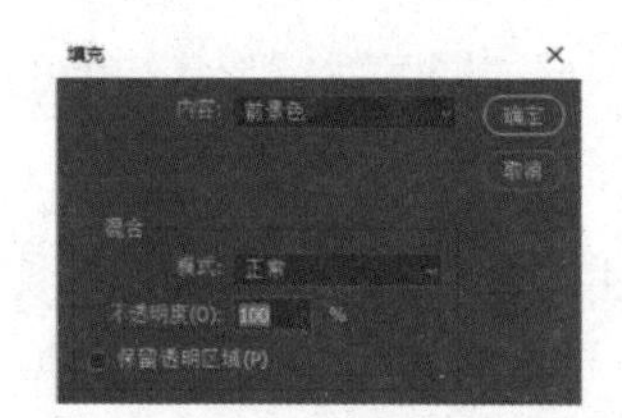

图 6-48 “填充”窗口

2.“油漆桶”工具

用户可以右击工具箱中的“渐变”工具组图标，选择【油漆桶工具】填充相近颜色的区域。打开“油漆桶”工具的属性栏，如图 6-49 所示，选择“前景色”后，点击画布，画布就会被填充前景色；除此之外，“油漆桶”工具还可以填充图案。“油漆桶”填充的范围可以通过“容差”来设置，“容差”值越大，选择范围越大；“容差”值越小，选择范围越小。

图 6-49 “油漆桶”工具的属性栏

3.“渐变”工具

“渐变”是指多种颜色过渡而产生的一种效果，是一种特殊的填充效果。“渐变”工具可以在整个文档或选区内填充渐变色，并且会呈现多种颜色间的混合效果。选择“渐变”工具组中的【渐变工具】，打开“渐变”工具的属性栏，如图 6-50 所示。若选择的渐变颜色为黑白色，并进行点线拖动，此时就得到了一个黑白颜色的渐变，如图 6-51 所示。

图 6-50 “渐变”工具的属性栏

图6-51 黑白渐变

图6-52 “减淡”工具的属性栏

6.6.3 润色与擦除工具

1. 润色工具

用户在润饰图像时，可以通过“减淡”“加深”和“海绵”等工具来改善图像的色调和饱和度，以呈现出更加平衡、生动的色彩效果。

（1）“减淡”工具

“减淡”工具可以提高图像特定区域的曝光度，使图像变亮。右击工具箱的“减淡”工具组图标，选择【减淡工具】，打开工具属性栏，如图6–52所示。其中，“范围”设置分为“阴影”“中间调”“高光”三种不同的模式，选择“阴影”可处理图像的暗色调，选择“中间调”可处理图像的中间调（默认），选择“高光”可处理图像的亮色调。另外，勾选“保护色调”，可以保护图像的色调不受影响。

（2）“加深”工具

“加深”工具常用于对局部的颜色进行加重处理，使图像变暗。右击“减淡”工具组图标，选择【加深工具】，即可打开其属性栏。其属性栏的使用方法与“减淡”工具一致。

（3）“海绵”工具

“海绵”工具常用于降低饱和度（去色）或提高饱和度（加色），且流量越大效果越明显。右击“减淡”工具组图标，选择【海绵工具】，在其属性栏中开启“喷枪”方式可在一处持续产生效果。另外，选择“自然饱和度”复选框后，可在增加饱和度的同时，防止颜色过度饱和而出现溢色。

2. 擦除工具

Photoshop中的擦除工具用于擦除图像，主要包含“橡皮擦”“背景橡皮擦”等。其中，“橡皮擦”会因设置选项不同具有不同的用途，“背景橡皮擦”主要用于抠图即去除图像的背景。

（1）“橡皮擦”工具

“橡皮擦”工具是绘制过程中最基础也是最常用的擦除工具。在工具箱中右击“橡皮擦”工具组图标，选择【橡皮擦工具】，打开该工具的属项栏，如图 6-53 所示。

①“模式”：用于选择橡皮擦的种类。选择“画笔”，创建柔边擦除效果；选择“铅笔”，创建硬边擦除效果；选择“块”，擦除的效果为块状。

②“流量”：用于控制工具的涂抹速度。

③“抹到历史记录”：勾选该选项后，在“历史记录”面板中选择一个状态或快照进行擦除时，能够将图像恢复为指定状态。

图 6-53 “橡皮擦”工具的属性栏

（2）“背景橡皮擦”工具

“背景橡皮擦”工具是一种智能橡皮擦，它可以自动采集画笔中心的色样，同时删除在画笔内出现的这种颜色，使擦除区域呈透明状态。右击“橡皮擦”工具组图标，选择【背景橡皮擦工具】，可打开其属性栏，如图 6-54 所示。

图 6-54 “背景橡皮擦”工具的属性栏

①“取样”：用于设置取样方式。单击“连续”图标，在拖动光标时可连续对颜色取样，凡是出现在光标中心十字线内的图像都会被擦除；单击“一次”图标，只擦除包含第一次单击点颜色的图像；单击“背景色板”图标，只擦除包含背景色的图像。

②“限制”：定义擦除时的限制模式。选择“不连续”，可擦除出现在光标下任何位置的样本颜色；选择“连续”，只擦除包含样本颜色并且互相连续的区域；选择“查找边缘”，可擦除包含样本颜色的连续区域，能更好地保留形状边缘的锐化程度。

③“容差”：用来设置颜色的容差范围。低容差仅限于擦除与样本颜色非常相似的区域，高容差可用于擦除范围更广的颜色。

④“保护前景色”：勾选该选项，可防止擦除与前景色匹配的区域。

6.7 颜色与色调调整

6.7.1 认识颜色模式

颜色模式，是将某种颜色表现为数字形式的模型，或者说是一种记录图像颜色的方式，常见的有 RGB 模式、CMYK 模式、HSB 模式、Lab 模式等。

1. RGB 模式

RGB 模式是一种发光的色彩模式，RGB 分别代表红 (red)、绿 (green)、蓝 (blue) 三原色。三原色亮度值相等且不为极值时，会产生灰色；三原色亮度值均为 255 时，则产生纯白色；三原色亮度值均为 0 时，产生纯黑色。

2. CMYK 模式

CMYK 模式是一种印刷模式，其基础为油墨三原色。其中，C 为青（cyan）、M 为品红（magenta）、Y 为黄（yellow）、K 为黑（black），它们在印刷中代表四种颜色的油墨。该模式利用了减法混合，吸收外界色彩，通过光源反射的白光，形成人眼中看到的 CMYK 色彩。

3. HSB 模式

HSB 模式是基于人眼视觉空间的色彩描述，HSB 分别指的是色相（hue）、饱和度（saturation）和亮度（brightness）。色相，即各类色彩的相貌，是色彩的首要特征，也是区别不同色彩的最准确的标准，通常用度来表示。饱和度，代表图像颜色的浓度、鲜艳程度，通俗来讲就是颜色的深浅，如红色可以分为深红、品红、浅红等。HSB 通常会出现在设计软件的色彩调节部分，色相及饱和度数值越高，色彩越鲜艳。

4. Lab 模式

Lab 模式既不依赖光线，也不依赖颜料，是比较接近人眼视觉显示的一种颜色模式。不仅包含了 RGB 模式和 CMYK 模式的所有色域，还能表现出它们所不能表现出的色彩。人眼能够感知的色彩，都可以通过 Lab 模式表现出来。

6.7.2 色相 / 饱和度

通过调整图像的色相及饱和度，可以改变图像中的颜色外观。用户可以依次单击【图像】、【调整】、【色相 / 饱和度】，打开“色相 / 饱和度”对话框，如图 6–55 所示。

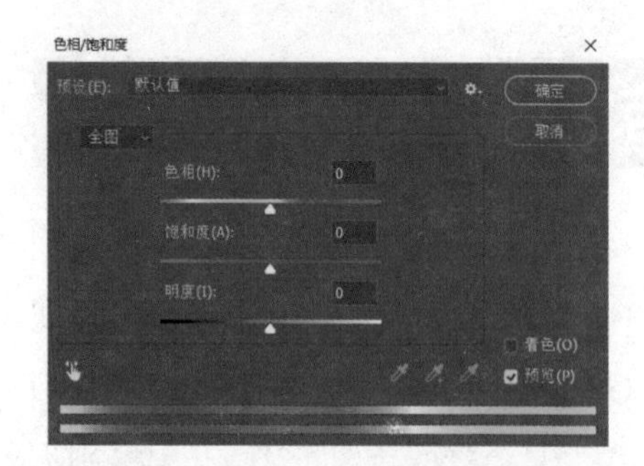

图 6-55 “色相 / 饱和度”对话框

“色相 / 饱和度”对话框中相关选项的含义如下。

①“预设”：单击下拉箭头，打开下拉列表，其中的选项会给图像带来不同的效果，在制作过程中，可以根据需要进行选择。

②“全图”下拉列表框：根据其下拉列表，选择调整范围，默认为“全图”选项，表示对图像中的所有颜色都有效；也可以选择单个颜色进行调整，如黄色、红色、绿色等选项。

③“颜色条”：对话框底部的两个颜色条，上面的颜色条代表调整前的颜色，下面的颜色条代表调整后的颜色。

④“着色”：选中该选项，可以将图像转换为只有一种颜色的单色图像。

6.7.3 阴影 / 高光

“阴影 / 高光”功能常用于修复图像中过亮或过暗的区域，从而帮助图像呈现更多的细节。其操作方法：选中一幅图像，执行【图像】→【调整】→【阴影 / 高光】命令，打开“阴影 / 高光”对话框，如图 6-56 所示。应用“阴影 / 高光”功能调整前后的对比效果如图 6-57、图 6-58 所示。

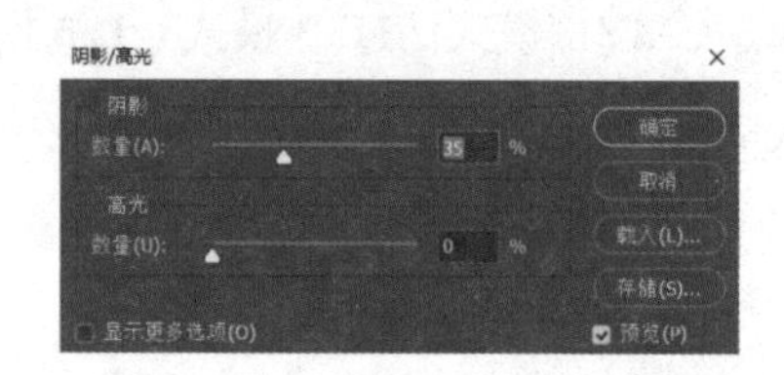

图 6-56 “阴影 / 高光”对话框

图 6-57 原图像

图 6-58 调整后图像

6.7.4 黑白、去色和阈值

1. 黑白

“黑白”功能，顾名思义就是将彩色图像转化为黑白图像，并且对画面中每种颜色的明暗程度进行调整，使黑白照片更有层次感。用户可以依次单击【图像】、【调整】、【黑白】，打开“黑白”对话框调整图像的颜色。该数值低时，图像对应的颜色将变暗；该数值高时，图像对应的颜色将变亮。

除此之外，用户还可以依次单击【图层】、【新建调整图层】、【黑白】创建一个调整图层。创建后画面效果如图 6-59 所示。

图 6-59 用“黑白”功能调整后的图像

2. 去色

“去色”功能常用于去除图像中的颜色信息，使其成为灰度图像。用户可以依次单击【图像】、【调整】、【去色】，将原图调整为灰度效果。

3. 阈值

“阈值”功能可以将图像转换为只有黑白两色的图像。用户可以依次单击【图像】、【调整】、【阈值】，打开“阈值”对话框，如图 6-60 所示。

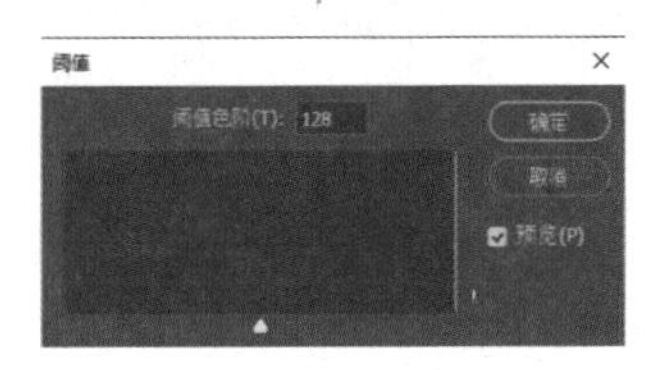

图 6-60 “阈值”对话框

“阈值”对话框中的“阈值色阶”处可指定一个色阶作为阈值，高于此色阶就会变为白色，低于此色阶就会变成黑色。调整“阈值色阶”后的图像如图 6-61 所示。

图 6-61 调整“阈值色阶”后的图像

6.7.5 自然饱和度和匹配颜色

1. 自然饱和度

“自然饱和度”功能用于增加或

减少画面颜色的鲜艳程度，常应用于外景照片，使其更加明艳动人或打造复古怀旧效果。“色相 / 饱和度”虽然也能够增加或降低画面的饱和度，但是“自然饱和度”在数值调整上会更加柔和，在增加饱和度的同时，不会因颜色过度饱和而出现溢色现象。

用户打开图像文件，执行【图像】→【调整】→【自然饱和度】命令，打开“自然饱和度”对话框，调整“自然饱和度”与“饱和度”的值，单击【确定】按钮即可。

2. 匹配颜色

“匹配颜色”功能可以将图像 1 中的色彩映射至图像 2 中，使图像 2 产生与之相同的色彩，适用于调整多个图片使其颜色一致的情况，除此之外，该命令还可以匹配多个图层和选区之间的颜色。

用户可以选择图像 1 所在图层，执行【图像】→【调整】→【匹配颜色】命令，打开“匹配颜色”对话框，如图 6-62 所示。

图 6-62 “匹配颜色”对话框

“匹配颜色”对话框中相关选项的含义如下。

①“目标”：显示当前图像文件的名称。

②“图像选项”栏：用于设置匹配颜色时的明亮度、颜色强度和渐隐效果。单击“中和”复选框可对两幅图像的中间色进行色调上的中和。

③“图像统计”栏：用于选择匹配颜色时图像的来源或所在图层。

6.7.6 可选颜色和替换颜色

1. 可选颜色

“可选颜色”功能，即可以有选择地调整印刷色的数量，而不会对其他主要颜色产生影响。用户可以打开图像文件，执行【图像】→【调整】→【可选颜色】命令，打开“可选颜色”

对话框，如图 6–63 所示。

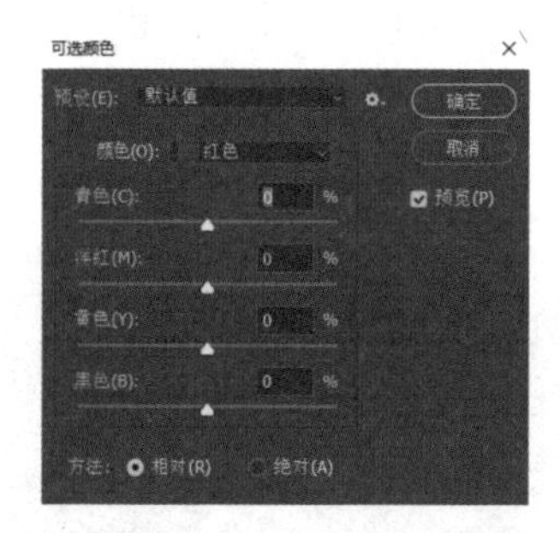

图 6–63　“可选颜色”对话框

“可选颜色”对话框中相关选项的含义如下。

① “颜色”：单击下拉箭头打开下拉列表，有针对性地选择红色、黄色、绿色等进行设置，并调整“青色”“洋红”“黄色”和“黑色”这四项颜色选项的比例。

② “方法”：“方法”选项用于选择调整颜色的方式，选择“相对”，即按 CMYK 模式总量的百分比来调整颜色；选择“绝对”，即按 CMYK 模式总量的绝对值来调整颜色。

2. 替换颜色

“替换颜色”功能可以修改图像中选定颜色的色相、饱和度和亮度，从而将选定的颜色替换为其他颜色。用户可以选择要调整的图像，执行【图像】→【调整】→【替换颜色】命令，打开“替换颜色”对话框，如图 6–64 所示。

图 6–64　“替换颜色”对话框

“替换颜色”对话框中相关选项的含义如下。

① “本地化颜色簇”：勾选该复选框，可以同时在图像上选择多种颜色。

② “吸管工具”：选择该图标后在图像上单击，可以选中单击点处的颜色，同时在选区缩略图中也会显示出选中的颜色区域，其中白色表示选中的颜色，黑色表示未选中的颜色。

③ “添加到取样”：选择该图标后在图像上单击，可以将单击点处的颜色添加到选中的颜色中。

④ “从取样中减去”：选择该图标后在图像上单击，可以将单击点处的颜色从选中的颜色中减去。

⑤ “颜色容差”：用于控制选中颜色的范围，数值越大，表示选中的

颜色范围越广。

⑥“选区 / 图像”：选择“选区”方式，可以将缩略图以蒙版方式显示，其中白色表示选中的颜色，黑色表示未选中的颜色，灰色表示只选中了部分颜色；选择“图像”方式，则缩略图显示图像。

图 6-65 所示为将图像中的绿色替换为红色后的效果。

图 6-65　替换颜色后的效果

6.7.7 色彩平衡和反相

1. 色彩平衡

“色彩平衡”功能是根据颜色的补色原理来控制图像颜色的分布，即若要减少某个颜色，就增加这种颜色的补色。用户可以选择要调整的图像，执行【图像】→【调整】→【色彩平衡】命令，打开“色彩平衡”对话框，如图 6-66 所示。选择需要处理的部分是阴影区域或中间调区域或高光区域，然后在上方调整各种颜色的滑块即可完成“色彩平衡”的调节。

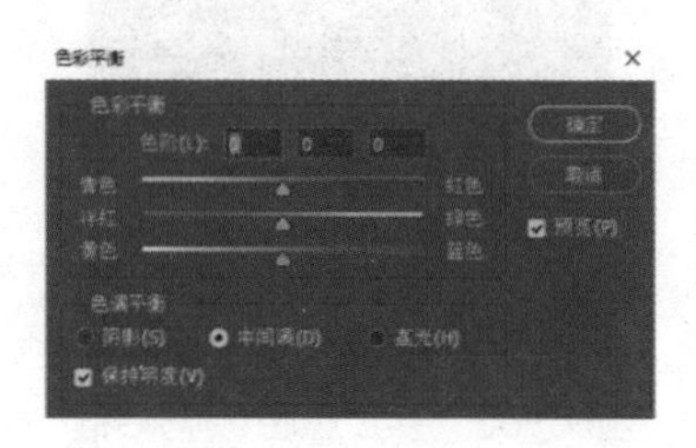

图 6-66　“色彩平衡”对话框

2. 反相

“反相”功能用于将像素颜色改变为它们的互补色，如黑变白、白变黑等。这个功能是唯一一个在变换过程中不会损失图像的色彩信息的功能。用户在使用“反相”功能前，可先选定需要反相的内容，如图层、选区或整个图像，然后执行【图像】→【调整】→【反相】命令即可。图 6-67 所示为使用“反相”功能后的效果。

图 6-67　使用“反相”功能后的效果

6.7.8 色阶与曲线

1. 色阶

“色阶”功能常用于调整画面的明暗程度以及增强或降低对比度。使用该命令的优势在于可以单独对画面的阴影、中间调、高光区域和亮部、暗部区域进行调整。用户可以选择要调整的图像，执行【图像】→【调整】→【色阶】命令，打开“色阶”对话框，如图 6–68 所示。

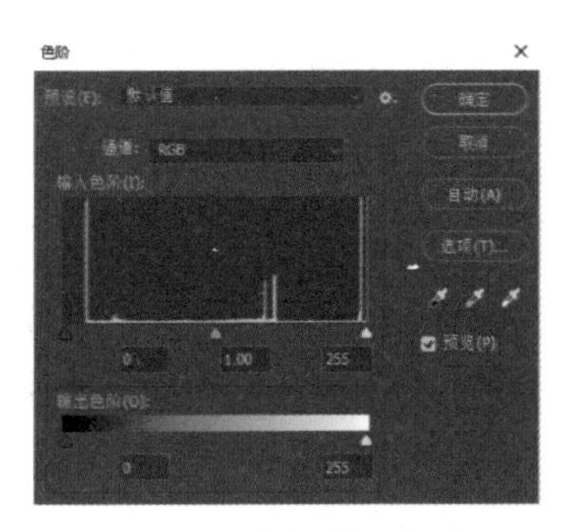

图 6–68　“色阶”对话框

“输入色阶”窗口可以通过拖动滑块来调整图像的阴影、中间调和高光区域。图 6–69 所示为调整色阶后的效果。

图 6–69　调整色阶后的效果

2. 曲线

“曲线”功能也可以调整图像的亮度、对比度和颜色平衡，但与“色阶”功能相比，“曲线”功能更为精准。用户可以选择要调整的图像，执行【图像】→【调整】→【曲线】命令，打开“曲线”对话框，如图 6–70 所示。

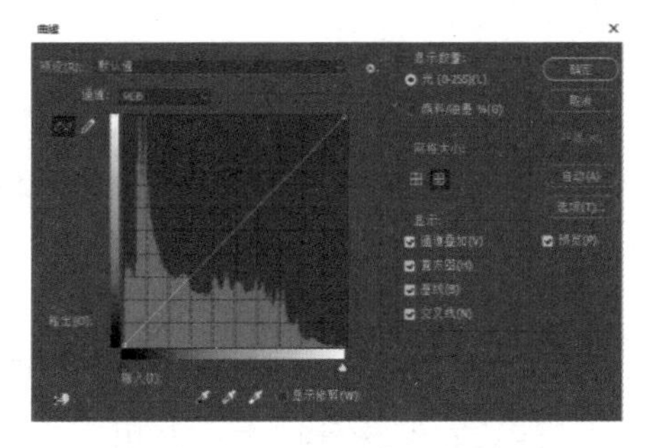

图 6–70　“曲线”对话框

“曲线”对话框中相关选项的含义如下。

①“编辑点以修改曲线”：选中该图标后，可在曲线中单击添加新的控制点，通过拖动控制点来改变曲线形状。

②“通过绘制来修改曲线”：选中该图标后，可在对话框内手动绘制曲线。

③“输入 / 输出”：“输入”显示调整前的像素值，“输出”显示调整后的像素值。

④“图像调整工具”：选中

该图标后，在画面中可通过单击并拖动光标的方式来调整曲线。

⑤“通道叠加”：勾选后，可在复合曲线上方叠加颜色通道曲线。

⑥“直方图”：勾选后，可在曲线上叠加直方图。

⑦“基线”：勾选后，可在网格上显示以 45° 角绘制的基线，如图 6-71 所示。

⑧“交叉线”：勾选后，可在调整曲线过程中显示水平线和垂直线。

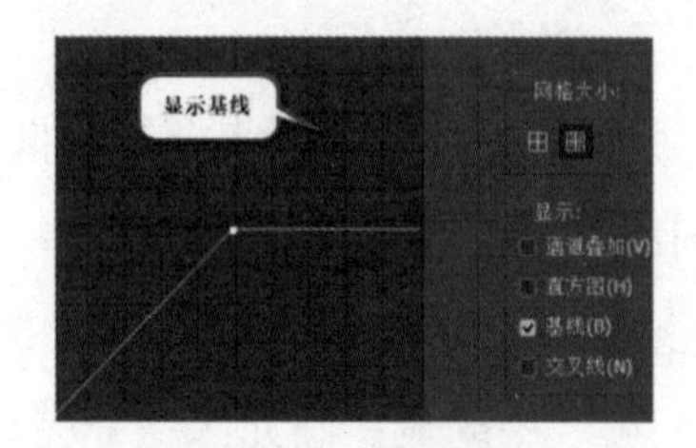

图 6-71 显示基线

6.8 滤镜的基本应用

6.8.1 认识滤镜库

滤镜在图像处理中主要用于改变、增强或应用特定的视觉效果，从而改善或改变图像的外观。这些效果包括模糊、锐化、颜色校正、噪声降低、特殊效果等。此外，滤镜还可以用来调整图像的细节、对比度、颜色和整体风格，以满足特定的创意需求。

Photoshop 中的滤镜包括特殊滤镜、内置滤镜和外挂滤镜等。其中，特殊滤镜包括滤镜库、液化滤镜和消失点滤镜等，因其强大的功能而被广泛使用；内置滤镜是 Photoshop 自身提供的各种滤镜；外挂滤镜则是由其他厂商开发的滤镜，需要把它们安装在 Photoshop 中才能使用。

“滤镜库”是整合了“风格化”“画笔描边”和“素描”等多个滤镜组的对话框，它可以将多种滤镜同时应用于同一图像，也可以使同一图像多次应用一种滤镜，或者用其他滤镜替换原有的滤镜。用户可以选择一张图像，执行【滤镜】→【滤镜库】命令，打开“滤镜库”对话框，如图 6-72 所示。

图 6-72 “滤镜库”对话框

"滤镜库"对话框中相关区域的功能如下。

①预览区：位于左侧，用于预览滤镜的效果。

②滤镜组区：位于中间，包含六组滤镜，展开滤镜组并单击某种滤镜即可使用该滤镜。

③参数设置区：位于右侧，用于显示对应滤镜的参数选项。用户可以根据需要在此区域为图像添加滤镜效果。

6.8.2 液化滤镜

液化滤镜是比较基础的Photoshop滤镜之一，可用于推、拉、反射和膨胀图像的任意区域。用户可以执行【滤镜】→【液化】命令，打开"液化"对话框，如图6-73所示。

图6-73 "液化"对话框

"液化"对话框中相关选项的含义如下。

①"向前变形工具"：用于使被涂抹区域内的图像产生向前移动的效果。

②"重建工具"：用于还原变形后的图像。

③"平滑工具"：用于平滑处理图像中的变化，使其看起来更自然。

④"顺时针选择扭曲工具"：用于在按住鼠标左键或拖动时顺时针旋转像素。

⑤"褶皱工具"：选中该图标后，像素朝着笔刷区域的中心移动，使图像产生向内收缩效果。

⑥"膨胀工具"：选中该图标后，像素朝着远离画笔区域中心的方向移动，使图像产生向外膨胀效果。

⑦"左推工具"：选中该图标后，当垂直向上拖动该工具时，像素向左移动；当垂直向下拖动该工具时，像素会向右移动。

⑧"冻结蒙版区域"：用于冻结预览图像的区域，防止更改这些区域。

⑨"解冻蒙版区域"：用于解除冻结。

⑩参数设置选项："大小"，用于设置将用来扭曲图像的画笔的宽度；

"密度"，用于控制画笔如何在边缘羽化，产生的效果为画笔的中心最强、边缘处最轻；"压力"，用于调整在预览图像中拖动工具时的扭曲速度，使用低压力可减慢更改速度，因此更易于在恰到好处的时候停止；速率，用于设置使工具在预览图像中保持静止时扭曲所应用的速度，该值越大，应用扭曲的速度就越快。

6.8.3 消失点滤镜与自适应广角滤镜

1. 消失点滤镜

消失点滤镜可以修补包含透视平面的图像，如建筑物的侧面、墙壁、地面或任何矩形的对象。用户可以执行【滤镜】→【消失点】命令，打开"消失点"对话框，如图 6-74 所示。

图 6-74 "消失点"对话框

"消失点"对话框中相关选项的含义如下。

①"编辑平面工具"：用于选择、编辑、移动平面的节点以及调整平面的大小。

②"选框工具"：该工具可以在已经创建的透视平面上绘制选区，以选中平面上的某个区域。建立选区后，将光标放置在选区内，按住【Alt】键拖动选区，可以复制图像。

③"画笔工具"：用于在透视平面上绘制选定的颜色。

④"变换工具"：用于变换选区，其作用相当于执行【编辑】→【自由变换】命令。

⑤"吸管工具"：用于在图像上拾取颜色，以用作"画笔工具"的绘画颜色。

⑥"测量工具"：用于在透视平面中测量项目的距离和角度。

2. 自适应广角滤镜

自适应广角滤镜可以对广角、超广角及鱼眼效果进行变形校正。用户可以执行【滤镜】→【自适应广角】命令，打开"自适应广角"对话框，在"校正"下拉列表中选择校正方式，包含"鱼眼""透视""自动""完整球面"等，如图 6-75 所示。选择校正方式后，图像即可进行自动校正。

图 6-75 “自适应广角”对话框

“自适应广角”对话框中相关选项的含义如下。

①“约束工具”：选中该图标后，单击图像或拖动端点，可以添加或编辑约束线；按住【Shift】键单击可添加水平 / 垂直约束线，按住【Alt】键单击可删除约束线。

②“多边形约束工具”：选中该图标后，单击图像或拖动点，可以添加或编辑多边形约束线；按住【Alt】键单击可删除约束线。

③“移动工具”：用于移动对话框中的图像。

④“抓手工具”：单击放大窗口的显示比例后，可以用该工具移动画面。

⑤“缩放工具”：单击该图标可放大窗口的显示比例，按住【Alt】键单击该图标则可以缩小显示比例。

⑥“校正”：在“校正”选项的下拉列表中可以选择校正方式。“鱼眼”可校正由鱼眼镜头引起的弯曲；“透视”可校正由视角和相机斜角引起的会聚线；“自动”可自动地检测并进行合适的校正；“完整球面”可校正 360° 全景图。

⑦“缩放”：校正图像后可通过该选项缩放图像，从而填满空缺。

⑧“焦距”：用于设置镜头的焦距。如果系统在照片中检测到镜头信息，会自动填写此值。

⑨“裁剪因子”：用于确定如何裁剪图像。该值与“缩放”选项配合使用来填补应用滤镜时出现的空白区域。

⑩“原照设置”：勾选该项后可以使用镜头配置文件中定义的值。如果系统没有找到镜头信息，则禁用此选项。

⑪“细节”：用于实时显示光标下方图像的细节（比例为 100%）。

6.8.4 风格化滤镜与模糊滤镜

1. 风格化滤镜

用户可以执行【滤镜】→【风格化】命令，在子菜单中选择多种风格化滤镜，如图 6-76 所示。

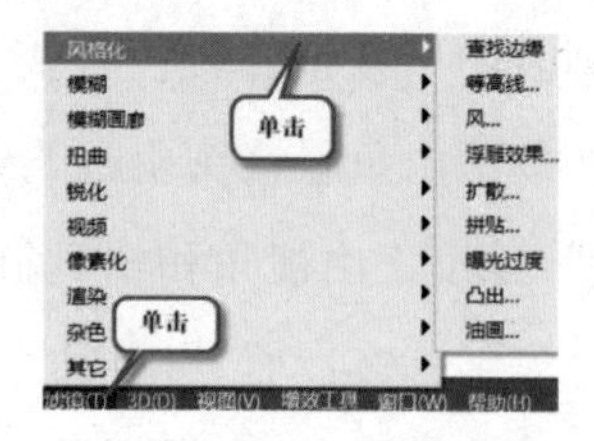

图 6-76　风格化滤镜

2. 模糊滤镜

模糊滤镜组中集合了多种模糊滤镜，使用后不但可以使图像内容变得柔和，淡化边界的颜色，还可以磨皮、制作景深效果，以及模拟高速摄像机跟拍效果等。用户可以执行【滤镜】→【模糊】命令，在子菜单中选择多种模糊滤镜，如图 6-77 所示。

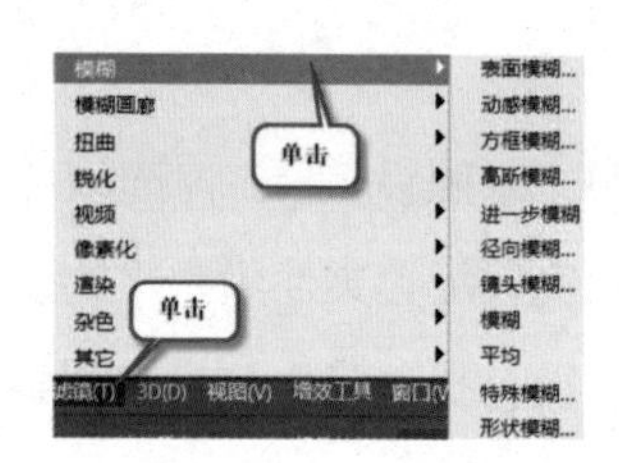

图 6-77　模糊滤镜

6.8.5 扭曲滤镜与锐化滤镜

1. 扭曲滤镜

扭曲滤镜通常用于对图像上所选择的区域进行变形和扭曲。用户可以执行【滤镜】→【扭曲】命令，在子菜单中选择多种扭曲滤镜，如图 6-78 所示。

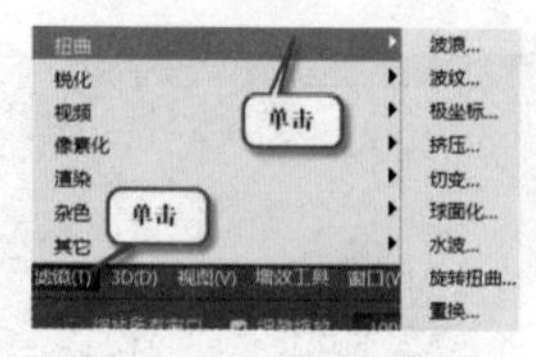

图 6-78　扭曲滤镜

2. 锐化滤镜

“锐化”操作能够增强颜色边缘的对比，使模糊的图形变得清晰，但是过度的锐化会使图像上出现噪点、色斑。用户可以执行【滤镜】→【锐化】命令，在子菜单中选择多种适用于不同场合的锐化滤镜，其中，“USM 锐化”和“智能锐化”是最为常用的锐化滤镜。

【锐化】子菜单中相关选项的介绍如下。

① “USM 锐化”：自动识别画面中色彩对比明显的区域，并对其进行锐化。

② “防抖”：弥补抖动虚化问题。

③ “进一步锐化”：通过增加像素之间的对比度使图像变得清晰，但锐化效果不是很明显。

④ “锐化”：没有参数设置窗口，并且其锐化程度相对较小。

⑤ “锐化边缘”：没有参数设置窗口，常用于锐化图像的边缘。

⑥ “智能锐化”：参数较多，也是实际工作中使用频率最高的一种锐化滤镜。

6.8.6 像素化滤镜及渲染滤镜

1. 像素化滤镜

像素化滤镜可以将图像分块或平面化处理。用户依次单击【滤镜】、【像素化】，即可看到该滤镜组下的相关选项，如图 6-79 所示。

图 6-79　像素化滤镜

①彩块化滤镜：可以将纯色或相近色的像素结成相近颜色的像素块，使图像产生手绘的效果。由于彩块化滤镜在图像上产生的效果不明显，因此可以通过重复按下【Ctrl+F】组合键多次使用该滤镜，增强画面效果。

②点状化滤镜：可以将图像中颜色相近的像素结合在一起，变成一个个的颜色点，并使用背景色作为颜色点之间的画布区域。

③马赛克滤镜：是比较常用的滤镜，使用该滤镜后，原有图像会被处理为以单元格为单位的图像，而且每一个单元的所有像素颜色统一，使原有图像丧失原貌，只保留图像的轮廓，创建出类似马赛克瓷砖的效果。

2. 渲染滤镜

渲染滤镜的特点是其自身可以产生图像，比较典型的就是“云彩”滤镜和“纤维”滤镜，这两个滤镜可以利用前景色、背景色直接产生效果。用户依次单击【滤镜】、【渲染】，即可看到该滤镜组中的所有滤镜，如图 6-80 所示。

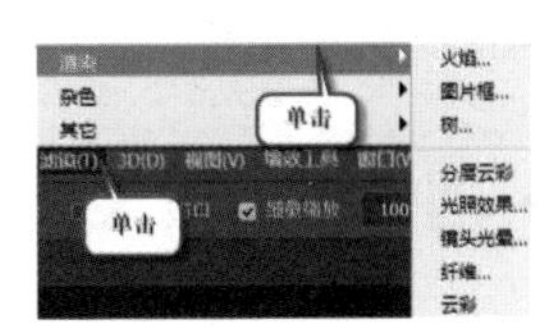

图 6-80　渲染滤镜

6.9　蒙版与通道

6.9.1 认识蒙版和通道

Photoshop 中的蒙版分为四大类：快速蒙版、矢量蒙板、剪切蒙版、图层蒙版。最常用的是图层蒙版，它常用来控制图层全部或部分显现，可以将其想象成一块能使图层变透明的布。如果将布涂成黑色，则图层会被隐藏不显现；

如果将布涂成白色，则图层显现；如果将布涂为灰色，则图层呈现半透明的状态。因此，白色的蒙版代表完全显示出来，黑色的蒙版代表完全不显示。

Photoshop 中的“通道”是图像文件的颜色数据信息的存储形式，它与图像文件的颜色模式密切关联，多个分色通道叠加在一起可以组成一幅具有颜色层次的图像。例如，RGB 图像的每种颜色都有一个通道，并且还有一个用于编辑图像的复合通道。Photoshop 中每一类通道都有不同的功能，如复合通道用于颜色控制；阿尔法通道常用于选区、蒙版操作；专色通道则用于印刷领域。

6.9.2 创建与编辑矢量蒙版

矢量蒙版，也叫路径蒙版，是在保护原图的基础上，通过矢量工具（如“钢笔”工具、“文字”工具、“路径选择”工具等）绘制而成。

矢量蒙版有如下两种创建方法。

①先画路径再建蒙版：画出路径并选中，按住【Ctrl】键单击“图层蒙版”图标创建蒙版。

②先建蒙版再画路径：在【图层】菜单下选择创建蒙版，然后再画路径。

因图层蒙版的使用非常频繁，为了便于编辑，用户可将矢量蒙版转化为图层蒙版。其操作方法：右击矢量蒙版缩略图，在弹出的快捷菜单中选择【栅格化矢量蒙版】命令，栅格化后的矢量蒙版便会变成图层蒙版，不再出现矢量形状。

删除矢量蒙版的操作方法：用户可以右击矢量蒙版，再选择【删除】；或者选中蒙版缩略图，单击“图层”面板上的【删除】。

6.9.3 创建与编辑图层蒙版和剪贴蒙版

1. 图层蒙版

（1）创建图层蒙版

①在【图层】菜单中创建蒙版：在“图层”面板中创建一个空白图层，然后在菜单栏中选择【图层】，在弹出的对话框中点击【图层蒙版】选项，同时在扩展栏中点击【显示全部】选项，为刚刚创建的空白图层添加蒙版。

②在“图层”面板中创建蒙版：新建一个空白图层，选中该空白图层，然后找到图层面板底部的“添加图层蒙版”图标，将新创建的图层拖动至该图标中，图层蒙版即创建

完成。

（2）编辑图层蒙版

①删除图层蒙版：选中图层蒙版，执行【图层】→【图层蒙版】→【删除】命令，即可删除图层蒙版；另外，在“图层”面板中将蒙版拖动至“删除”图标上也可以将其删除。

②停用/启用图层蒙版：右击图层蒙版，在弹出的菜单中选择【停用图层蒙版】可以暂时关闭蒙版，此时，蒙版上会出现一个红色的“×”；蒙版被停用后，右击图层蒙版，在弹出的菜单中选择【启用图层蒙版】便能够恢复蒙版的作用了。

2. 剪贴蒙版

剪贴蒙版顾名思义就是类似剪贴画效果的蒙版，它可以利用下方图层的形状限制上方图层的显示区域。它最大的优点是可以利用一个图层控制多个图层的可见内容，而图层蒙版和矢量蒙版都只能控制一个图层。

（1）创建剪贴蒙版

在剪贴蒙版组中，最下面的图层称为“基底图层”，其名称还带有下划线；位于上方的图层称为“内容图层”，其缩略图是缩进的，并带有向下箭头图标。当图层面板中存在两个或多个图层时就可以创建剪贴蒙版，创建方法有如下几种。

①选中并右击一个图层，在打开的菜单里选择【创建剪贴蒙版】。

②执行【图层】→【创建剪贴蒙版】命令。

③按住【Alt】键，同时在选中图层与其下方图层之间单击。

④用【Ctrl+Alt+G】组合键创建剪贴蒙版。

（2）释放剪贴蒙版

如果想释放某一个剪贴蒙版，只需将其拖至其他图层之上即可；或者选中该剪贴蒙版，执行【图层】→【释放剪贴蒙版】命令即可。

6.9.4 创建阿尔法通道

阿尔法通道，是一个8位的灰度通道，用256级灰度来记录图像的透明度信息，并将其区分为透明区域、不透明区域和半透明区域。用户可以打开要编辑的文件，执行【窗口】→【通道】命令，打开“通道”面板，单击面板下方的“创建新通道”图标 ⊞，即可创建一个阿尔法通道。此时可以看到整个图像是黑色的，在阿尔法通道上方选择“RGB”通道，可将图像恢复为原图像，如图6-81所示。

图 6-81　创建阿尔法通道

6.9.5 复制、粘贴和删除通道

1. 复制通道

将通道拖动至“创建新通道”图标上，即可在当前图像中复制通道。

2. 粘贴通道

①将通道中的图像粘贴到图层：在“通道”面板中用【Ctrl+A】组合键全选，再用【Ctrl+C】组合键复制通道，单击选择“RGB”通道，然后用【Ctrl+V】组合键即可将复制的通道粘贴到新建图层中。

②将图层中的图像粘贴到通道：在“图层”面板中用【Ctrl+A】组合键全选，再用【Ctrl+C】组合键复制图像，在“通道”面板中新建一个阿尔法通道，然后用【Ctrl+V】组合键即可将复制的图像粘贴到通道中。

3. 删除通道

选中通道，单击【删除当前通道】图标，选择【是】即可。

6.9.6 分离与合并通道

1. 分离通道

单击“通道”面板上方最右侧的“菜单”图标，在弹出窗口中选择【分离通道】，可以将每个通道分离为单独的图像。此时，原文件关闭，分离的通道出现在单独的窗口中。

2. 合并通道

单击“通道”面板菜单上方最右侧的“菜单”图标，在弹出窗口中选择【合并通道】，可以将多个通道合并为一个通道，如图 6-82 所示。

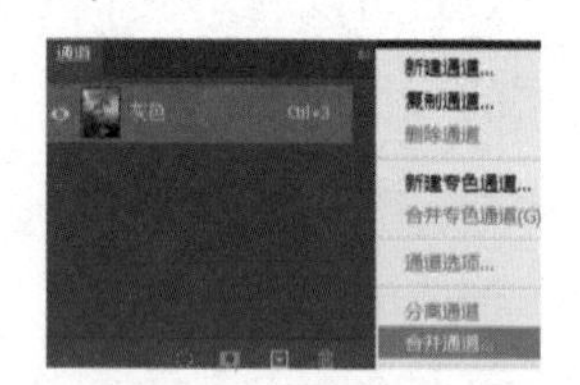

图 6-82　合并通道

第7章 了解AI办公

7.1 关于AI办公

7.1.1 何为AI办公

随着人工智能技术的发展与应用，AI办公已经成为办公方式的新趋势。

AI办公，是通过智能算法、自动化流程和机器学习等技术，根据用户的需求和偏好，提供个性化的办公体验，帮助用户更高效地处理日常工作，提高工作效率和质量，同时也减少了人工错误与重复性工作。

7.1.2 为什么使用AI办公工具

1. 提升工作效率

AI办公工具能够自动化处理烦琐、重复的任务，如数据录入、邮件分类等，一方面节省了人力和时间成本，提高了工作效率；另一方面，员工可以将更多的时间和精力投入更有创造性和价值的工作中。

2. 减少错误

AI办公工具通过智能算法和机器学习技术，能够快速准确地处理大量数据与信息。这种处理方式比人工操作更准确，极大地减少了人为错误，提高了工作质量。

3. 个性化服务

AI办公工具可以根据用户的需求和偏好，提供个性化的办公体验。例如，智能推荐系统可以根据用户的历史行为与偏好，推荐相关的文件、资料或任务，从而提高工作效率。

4. 创新办公方式

AI办公工具的发展和应用也推动了办公方式的创新和发展。例如，智能会议系统可以通过语音识别、图像识别等技术，实现自动翻译、自动记录等功能，提高了会议效率和质量。

5. 适应时代需求

随着人工智能技术的不断发展，AI办公工具的功能和性能不断提升，可以更好地适应未来办公需求的变化和发展。例如，随着云计算、大数据等技术的不断发展，AI 办公工具可以更好地处理和分析海量数据，提供更准确、更深入的分析结果；随着 5G、物联网等技术的不断发展，AI 办公工具也可以更好地支持远程办公、移动办公等新型办公模式。

7.2 AiPPT

AiPPT 是一款由 AI 技术驱动的演示文稿在线生成工具，能够为用户带来前所未有的智能化体验。其主要的功能与特色如下。

①智能排版与设计：AiPPT 利用先进的人工智能技术，实现了自动智能排版和设计，使每一页演示文稿都兼具专业性与美感。

②实时语音转文字：AiPPT 支持实时语音转文字功能，可以将演讲者的发言立即转化为文字，提供实时文字反馈，方便听众理解与记录。

③情感识别与互动体验：AiPPT 中内置情感识别技术，能够感知演讲者和观众的情感状态，提供更智能的互动体验。

④智能内容生成：AiPPT 能够自动生成演示文稿的概要、重点章节和总结，为用户提供高效的内容整理和浏览体验。

⑤自适应学习与优化：借助机器学习算法，AiPPT 不断学习用户的偏好和需求，为用户提供个性化、智能化的演示体验，并不断优化排版和设计。

⑥多平台兼容与云同步：AiPPT 支持多平台使用，同时提供云同步功能，确保用户可以随时随地访问和编辑演示文稿。

7.2.1 选择生成方式

用户打开浏览器，输入网址“https://www.aippt.cn”，进入 AiPPT 的主页，如图 7-1 所示。点击右上角【免费注册】免费创建一个 AiPPT 账号，创建好之后登录账号，再点击【开始智能生成】进入 AiPPT 主页。

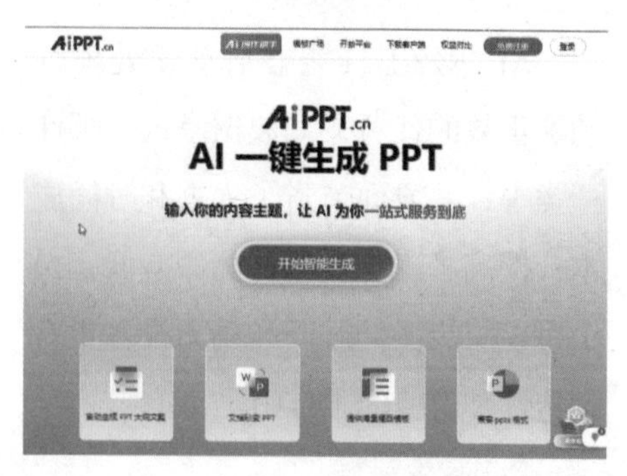

图 7-1　AiPPT 登录页面

系统提供了四种不同的演示文稿生成方式，如图 7-2 所示，分别是“AI 智能生成”“导入本地大纲”“导入 PPT 生成”“链接生成 PPT”。其中，“AI 智能生成”方式是根据用户与 AI 互动输入的提示词自动生成演示文稿；“导入本地大纲”方式是依据用户导入的本地大纲文件生成演示文稿；“导入 PPT 生成”方式需要用户导入一份演示文稿；“链接生成 PPT”方式需要用户在弹出的对话框中输入链接地址，可以从微信公众号、简书、小红书等平台的内容网页链接中提取文本生成演示文稿。由于篇幅限制，本书仅以“AI 智能生成”方式为例进行说明。

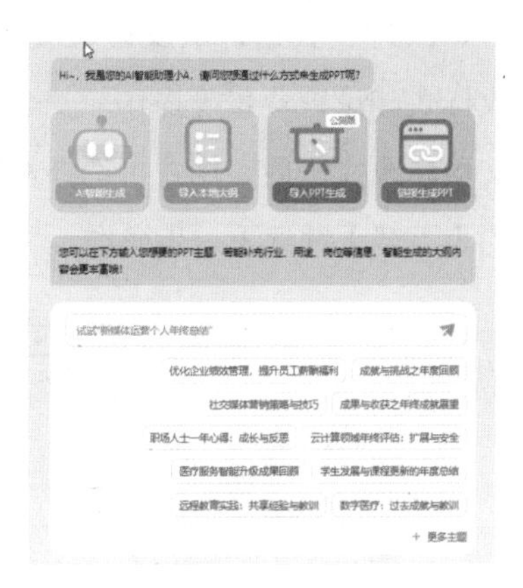

图 7-2 选择演示文稿生成方式

7.2.2 使用“AI 智能生成”方式制作演示文稿

单击【AI 智能生成】后，系统会自动弹出对话框和若干系统推荐的快捷主题词，如图 7-3 所示。用户可以在弹出的对话框中输入需要生成的演示文稿的主题关键词，再单击右侧“发送”按钮即可。

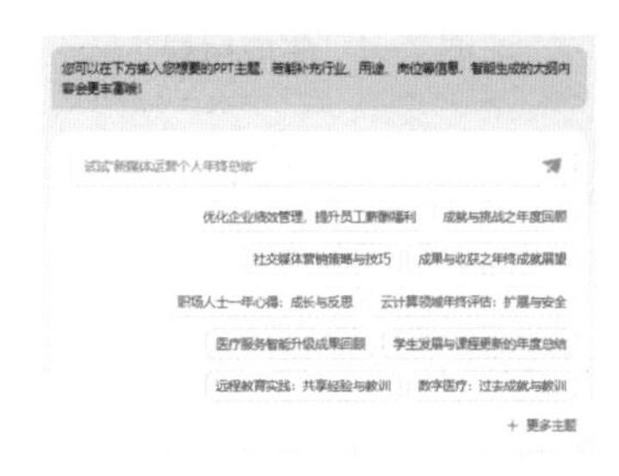

图 7-3 输入主题关键词

此处以“探讨 AI 未来的发展”为主题关键词示例，系统收到指令后，会根据这个主题关键词生成完整的目录，如图 7-4 所示。如果用户对于生成目录不满意，可双击生成的内容对具体细节进行修改，也可单击【换个大纲】让系统重新生成所有目录。待目录确定后，用户可以单击【挑选 PPT 模板】进行下一步操作。

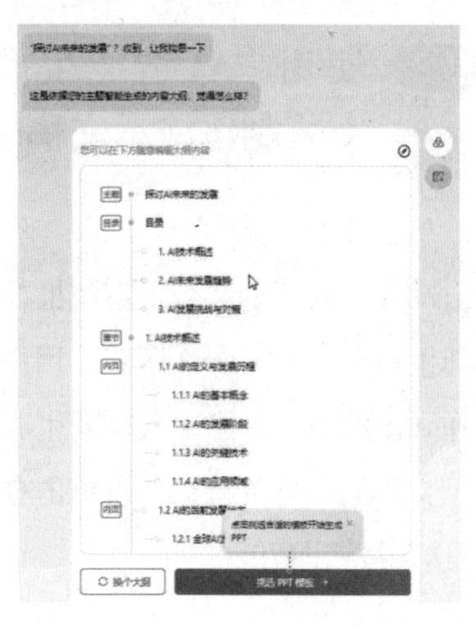

图 7-4　生成目录

在进入如图 7-5 所示“挑选 PPT 模板”页面后，用户可以直接从所有模板中选择模板；也可以根据需要按模板场景、设计风格及主题颜色筛选模板，再从中选择合适的模板。选定模板后，用户可以单击左上角【生成 PPT】进入等待生成演示文稿的界面。

图 7-5　挑选模板

7.2.3 修改生成的演示文稿并下载

按以上主题、目录配以模板生成的整套演示文稿页面如图 7-6 所示，用户可在此单击演示文稿页面进行浏览，也可以单击【去编辑】、【下载】、【分享】继续进行下一步操作。

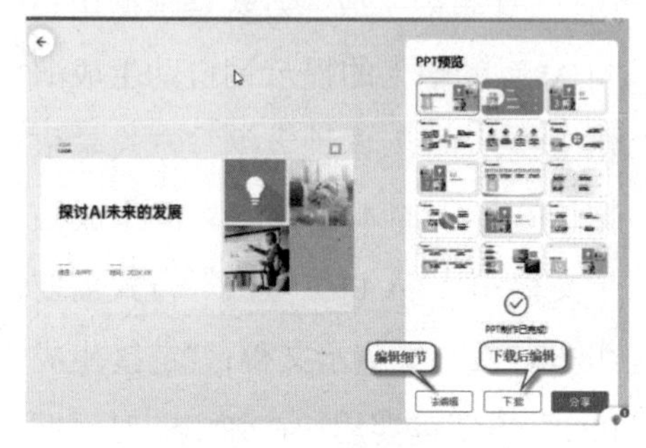

图 7-6　AiPPT 生成的整套演示文稿页面

如果用户单击【去编辑】，将切换到如图 7-7 所示的编辑页面对已生成的演示文稿进行修改，可单击想要修改的页面，在其中进行插入文字、图形、图片、表格，以及设置文字、更改样式和设置背景等操作。整个演示文稿修改完毕后，用户可选择左上角的【下载】继续下一步操作。

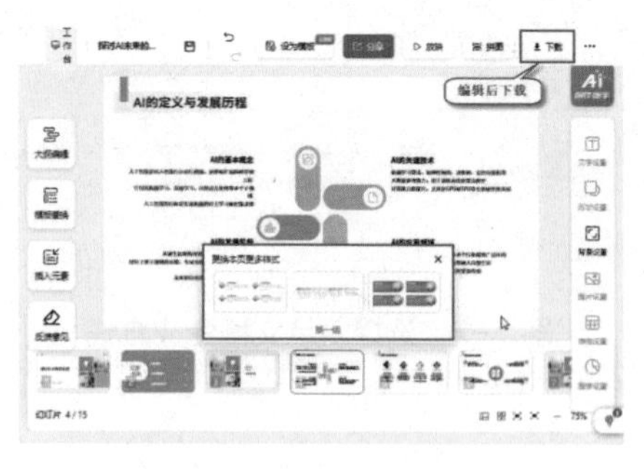

图 7-7　修改细节并下载保存

如图 7-8、图 7-9 所示，选择

【下载】后，用户可以在下拉窗口中选择“文件类型”为“PPT”，同时系统也提供“图片”和“PDF文件”等类型供用户选择；再单击选择【文字可编辑】下拉列表中的一项，单击【下载】将文件下载到本地电脑即可。

图7-8 选择“文件类型”

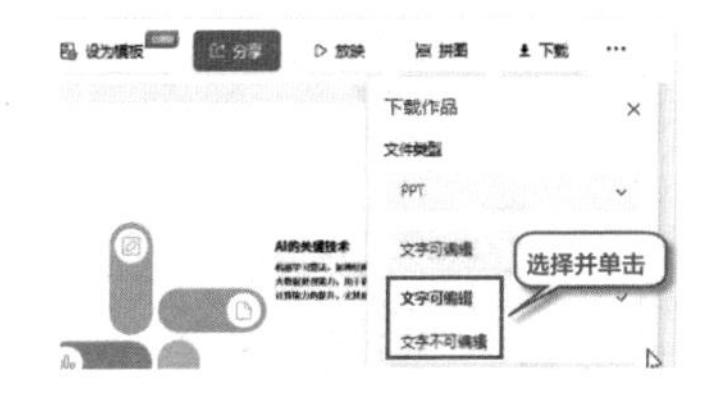

图7-9 选择下载后文字可否编辑

用户也可以选择左上角的【放映】，在下拉窗口中选择“从头放映”或“从当前页放映”，如图7-10所示。

图7-10 放映演示文稿

用户还可以选择左上角的【分享】，在“作品分享”和“数据统计”页面中进行相应的设置，如图7-11所示。

图7-11 作品分享和数据统计

7.3 Effidit

Effidit，是一款带有AI辅助写作功能的文本编辑工具，可以提升编辑和写作的效率，助力创作者产出更高质量的文档。与常规的文本编辑器相比，Effidit的主要特色为系统内置了“智能创作助手”。

Effidit的主要功能包括文本补全、智能纠错、文本润色、超级网典等。其中，文本补全包括短语补全和句子补全等；智能纠错包括中文纠错和英文纠错等；文本润色包括短语润色、文本改写和文本扩写等；而超级网典包括词语推荐、例句推荐、基于关键词的句子生成等。

用户打开浏览器，输入网址“https://effidit.qq.com”，进入智能创作助手 Effidit 的首页，单击【在线体验】，即可进行智能化的文本编辑，如图 7-12 所示。

图 7-12　Effidit 首页

7.3.1 文本补全

①短语补全：以输入内容作为上下文，自动补全短语。

单击【文本补全】，用户在输入内容后，按下【Ctrl+；】组合键进入短语补全模式，用户可以按照对应序号选取候选词，如图 7-13 所示。

图 7-13　短语补全

②句子补全：给定句子前缀，智能生成逻辑通顺且完整的句子，补全结果中包含检索结果及 AI 生成结果。

单击【文本补全】，用户在输入内容后，按下【Ctrl+'】组合键进入句子补全模式，用户可以在系统界面的右半区选择候补句子，同时可选择【网络素材】和【智能生成】两种补全方式，如图 7-14 所示。

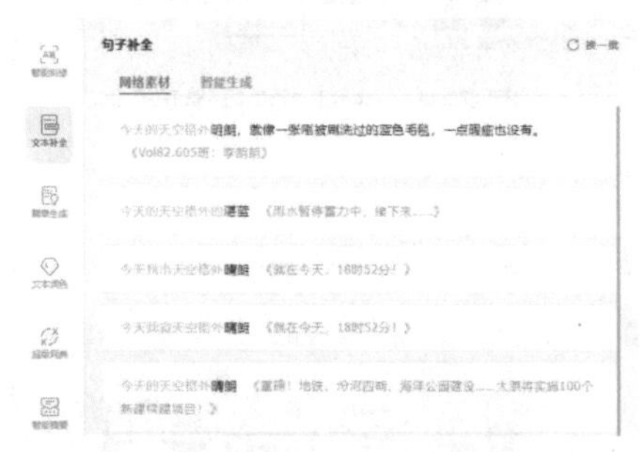

图 7-14　句子补全

7.3.2 文本纠错

1. 中文纠错

Effidit 有强大的智能纠错功能，可以自动检测输入文本中的错别字及拼写错误并给出修改建议。

用户在输入中文内容后，单击【智能纠错】或按下【Crtl+M】组合键进入智能纠错模式，系统会在可能出错的文字下方标注红线提示错误，单击此处，系统会给出错误详情，且会在右侧“智能纠错”下方给出修改建议。用户判断后单击【忽略】或【采纳】即可，如图7-15所示。

图7-15 中文纠错

2. 英文纠错

Effidit还提供英文可解释性语法纠错及拼写检查。具体操作方法与中文纠错相似。

7.3.3 文本润色

1. 短语润色

选中句子中的短语，Effidit会智能推荐更加贴合语境的相似候选词，使整个句子表达更加准确生动。

短语润色的具体操作方法如图7-16所示，下面详细介绍。

①编辑文本：在左侧编辑区域编辑好文字，单击【文本润色】，将需要润色的文本复制到右侧文本框中，即可执行润色操作。

②选择改写方式：单击【普通改写】可在下拉列表中选择“普通改写”“普通扩写”“现代文→古文”“古文→现代文”这四种改写方式。

③选择润色风格：单击图7-16所示“润色风格”图标，可在文本框下方选择润色风格。

④生成改写文字：用户可在文本框下方单击选择智能生成的改写文字。

2. 句子润色

句子润色（中英文均可）包括句子改写功能和句子扩写功能。其中，句子改写功能能够在保留句子语义的同时智能改写句子，以另外一种形式重新表达原句语义，使句子的表达更加多样性；句子扩写功能则是在保留句子语义的基础上，对句子的核心词汇进行修饰，生成表达更丰富的长句。

句子润色的操作方法与短语润色相同，此处不再赘述。

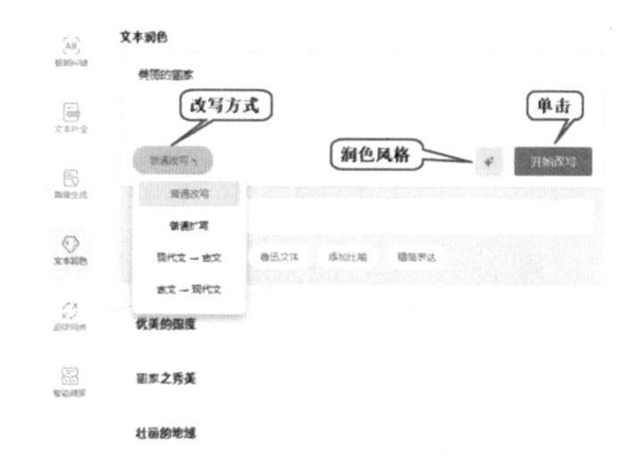

图7-16 短语润色

7.4 ChatExcel

ChatExcel 是一款通过文字聊天实现 Excel 交互控制的 AI 辅助工具，它可以帮助用户快速创建和编辑 Excel 表格，并实现各种复杂操作。ChatExcel 的主要特点包括连贯性和准确性，它能够将“大白话指令”转换成程序语言，然后再执行程序。

7.4.1 通过对话方式操控 Excel 表格

打开浏览器，输入网址“https://chatexcel.com”，进入 ChatExcel 官网，如图 7-17 所示。

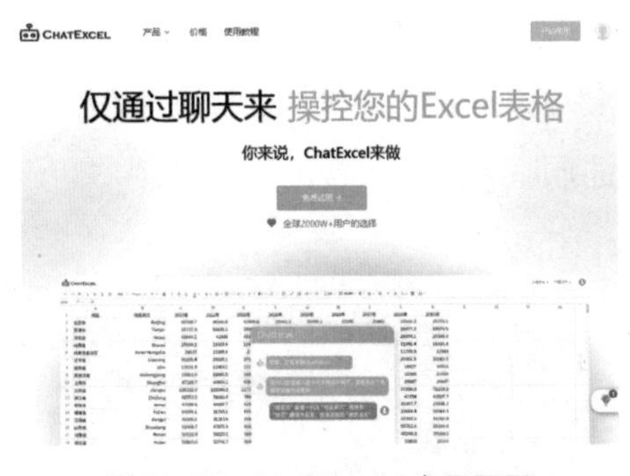

图 7-17　ChatExcel 官网页面

用户可以点击【免费试用】在弹出的登录界面提示下进行注册 / 登录，完成后弹出图 7-18 所示的系统主页面。用户在这里可以通过对话方式让 ChatExcel 进行创建新表格、对表格数据排序、批量中译英内容、清洗与筛选指定数据和完成基础数据运算等操作。

图 7-18　ChatExcel 系统主页面

7.4.2 创建新表格

在系统主页面选择【创建新表格】后，切换到图 7-19 所示新表格页面，可以通过【上传文件】导入数据、自行输入数据、输入提示词生成表格等几种方式在新表格中填入数据。

7.4.3 上传文件建立表格

点击【上传文件】，在弹出的页面中根据提示说明导入符合要求的文件，如图 7-20 所示。系统载入数据后回到图 7-19 所示页面，用户可以继续对表格内数据进行交互编辑。

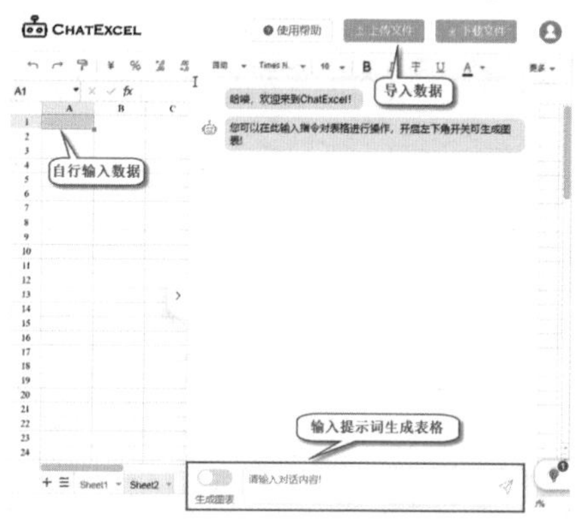

图 7-19　创建新表格

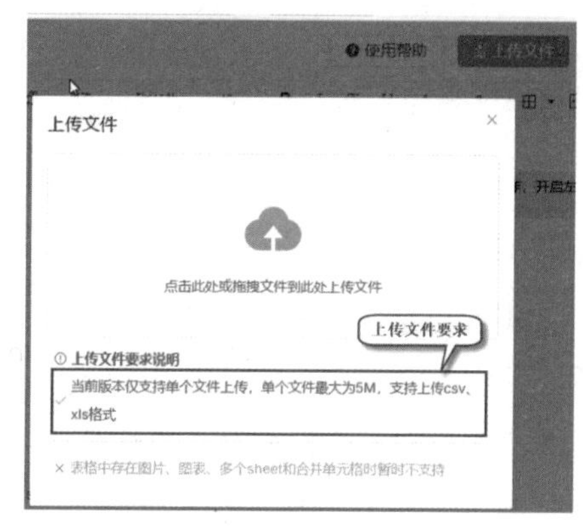

图 7-20　上传文件

7.4.4 对表格数据进行排序

在图 7-18 所示页面中点击【杂乱数据进行排序】后进入一个新页面，该页面提供了示例内容，在右侧交互窗口中有“邮箱域名并序排列，域名相同按前缀首字母排列”提示词，用户选择后就可以完成表格中“联系邮箱”列的排序，如图 7-21 所示。这里的示例是提示用户要练习提示词的撰写方法，便于系统能精准理解用户的要求。

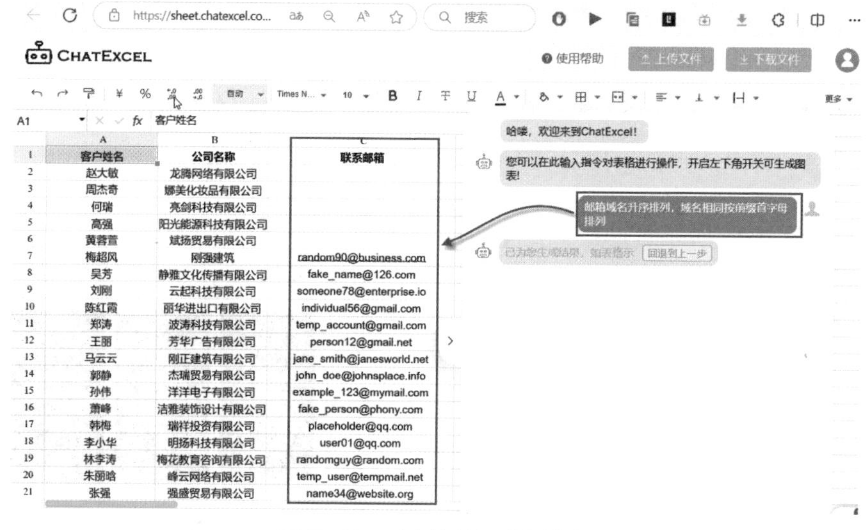

	A	B	C
1	客户姓名	公司名称	联系邮箱
2	赵大敏	龙腾网络有限公司	
3	周杰奇	娜美化妆品有限公司	
4	何瑞	亮剑科技有限公司	
5	高强	阳光能源科技有限公司	
6	黄蓉萱	斌扬贸易有限公司	
7	梅超风	刚强建筑	random90@business.com
8	吴芳	静雅文化传播有限公司	fake_name@126.com
9	刘刚	云起科技有限公司	someone78@enterprise.io
10	陈红霞	丽华进出口有限公司	individual56@gmail.com
11	郑涛	波涛科技有限公司	temp_account@gmail.com
12	王丽	芳华广告有限公司	person12@gmail.net
13	马云云	刚正建筑有限公司	jane_smith@janesworld.net
14	郭静	杰瑞贸易有限公司	john_doe@johnsplace.info
15	孙伟	洋洋电子有限公司	example_123@mymail.com
16	萧峰	洁雅装饰设计有限公司	fake_person@phony.com
17	韩梅	瑞祥投资有限公司	placeholder@qq.com
18	李小华	明扬科技有限公司	user01@qq.com
19	林李涛	梅花教育咨询有限公司	randomguy@random.com
20	朱丽晗	峰云网络有限公司	temp_user@tempmail.net
21	张强	强盛贸易有限公司	name34@website.org

图 7-21　对表格数据进行排序

7.4.5 批量中译英内容

在图 7-18 所示页面中点击【批量中译英内容】后进入一个新页面，该页面也提供了示例，便于用户理解和应用该功能。进行“批量中译英内容”需要增加一个新列并自定义列名，按照示例在右侧交互窗口输入如图 7-22 中所示蓝色文字框中的内容，就可以看到表格内容的具体响应。

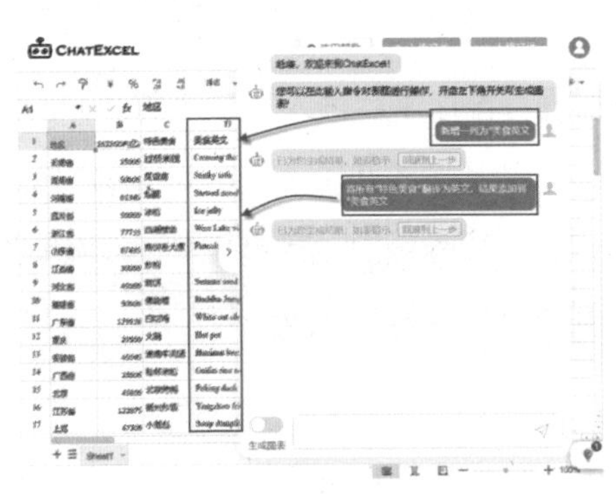

图 7-22　批量中译英内容

7.4.6 清洗与筛选指定数据

在图 7-18 所示页面中点击【清洗与筛选指定数据】后进入一个新页面，可以用系统给定的示例熟悉“清洗和筛选指定数据”功能，在右侧交互窗口给定对表格数据处理的要求。比如，输入“在地区省份后面加上对应省会城市名称”，点击“发送”按钮后，表格内容随之更新；也可以进行一些表格列内容的筛选和基础数据运算，如图 7-23 所示。

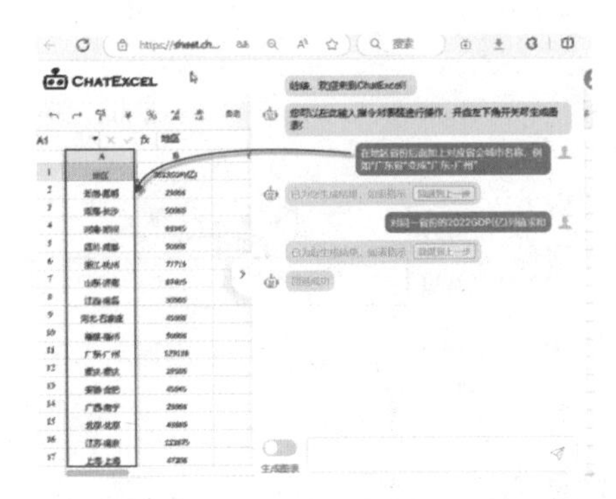

图 7-23　清洗和筛选指定数据

7.4.7 学习使用教程

在图 7-18 所示页面中点击左侧导航栏中的【使用教程】，可以切换到 ChatExcel 的“新手入门”页面，如图 7-24 所示。选择该页面的【推荐】、【基础运算】、【统计】和【基本操作】等选项，可以找到链接到抖音平台的各功能使用讲解视频。

图 7-24　学习使用教程

7.4.8 生成图表

对于表格中符合某种图表要求的数据，可以通过在交互窗口的左下角选择“生成图表”，在表格中选择合理的数据区并在交互窗口中输入命令，让系统生成如图7-25所示的图表。

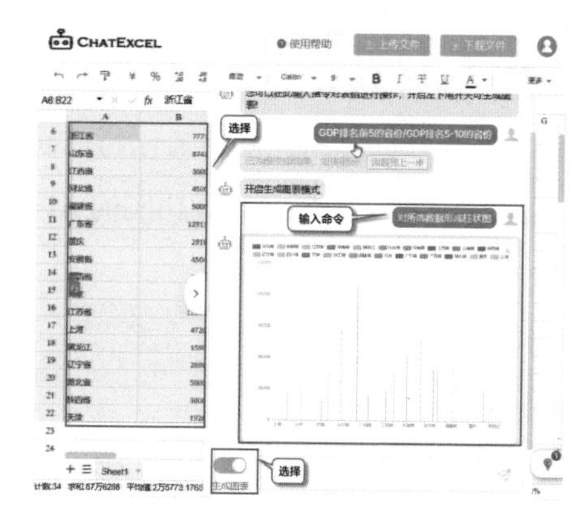

图7-25 生成图表

7.5 TreeMind树图

TreeMind树图是一款基于庞大的知识导图搜索库的思维导图软件，具有AI一键总结归纳文档、AI一键生成思维导图、跨平台文件同步、多人在线协作等功能，旨在辅助个人提高工作与学习效率，助力企业生产力发展。

区别于其他传统思维导图软件，TreeMind树图的技术与功能更加领先、创新，因其具有开放平台，可接入更多外部应用，在产品研发、用户体验等多个方面持续深耕，为用户高效创作赋能。

7.5.1 主页与常用功能

打开浏览器，输入网址“https://shutu.cn”，进入TreeMind树图的主页，单击右上角的【登录/注册】，如图7-26所示。用户根据提示完成注册和登录，即可免费体验。

图7-26 注册和登录

TreeMind树图常用的功能有以下几种，包含“新建思维导图”“新建分屏导图”“新建大纲笔记”和“导入文件”，如图7-27所示。

图7-27 TreeMind树图常用的功能

7.5.2 利用关键词智能生成

进入首页，用户可将自己所需思维导图的关键词输入对话框，如图 7-28 所示，即可体验 TreeMind 树图的 AI 智能思维导图生成功能。

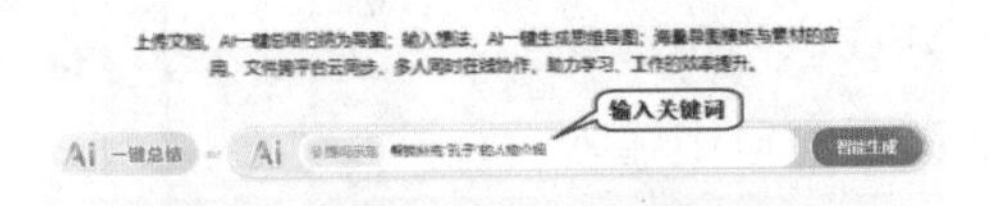

图 7-28　利用关键词智能生成

输入关键词后，单击【智能生成】，即可得到智能生成结果，如图 7-29 所示。用户还可以根据自己的兴趣喜好在网页右侧调整展示效果，包括思维导图的样式、骨架结构、配色等。

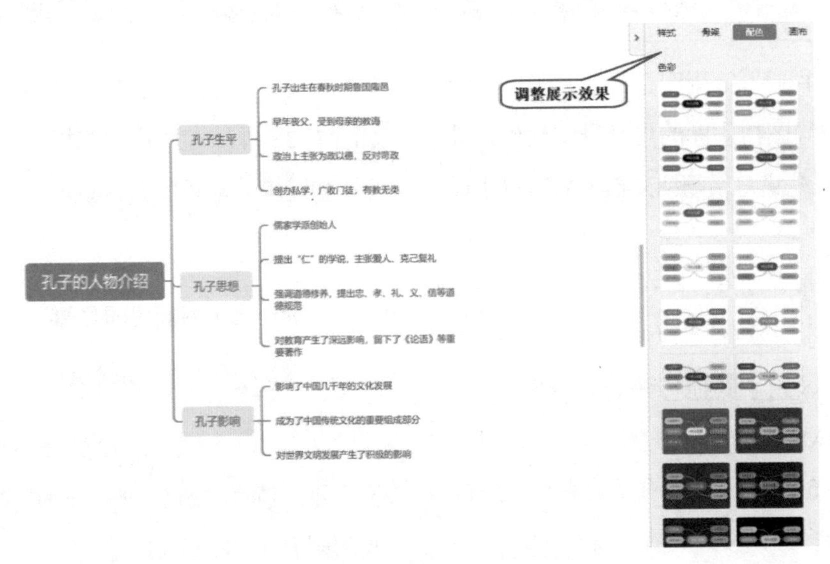

图 7-29　生成思维导图

7.5.3 新建分屏导图

用户只需在 TreeMind 树图的首页选择【新建分屏导图】，即可分屏实现读与写，不需要来回切换窗口，如图 7-30 所示。在制定区域导入需要生成思维导图的文件，系统会自动进行总结，并生成思维导图。

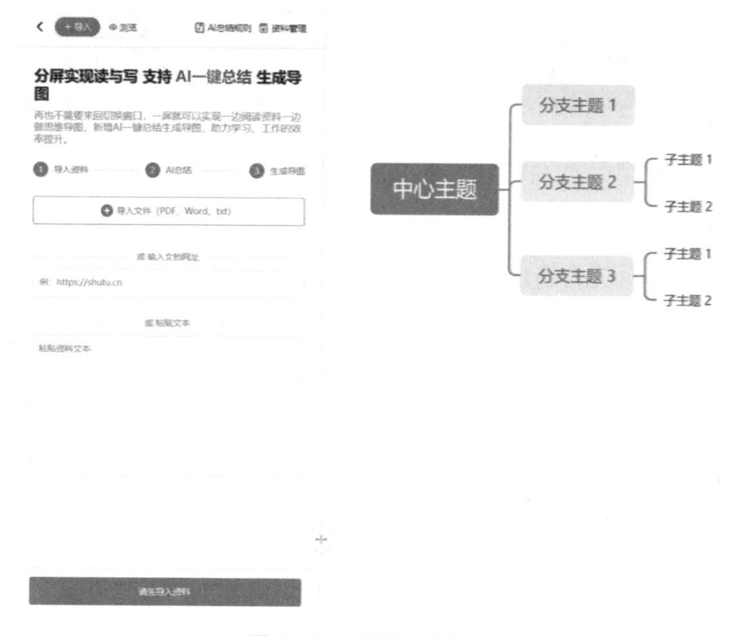

图 7-30　新建分屏导图

7.5.4 新建大纲笔记

用户只需在 TreeMind 树图的首页选择【新建大纲笔记】，即可根据文档让系统生成大纲笔记，并修改编辑模式，调节大纲样式及文本格式，如图 7-31 所示。

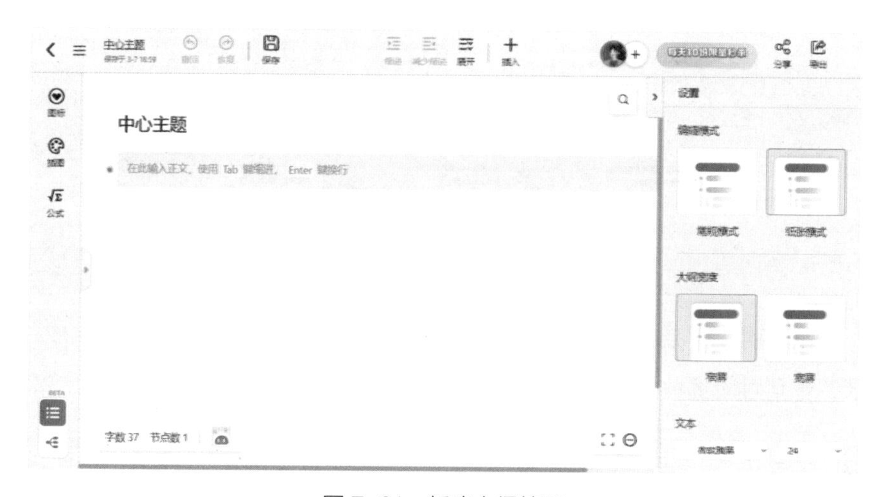

图 7-31　新建大纲笔记

7.6 通义听悟

通义听悟利用语音 AI 技术，能够准确地将音视频内容转写为易读的文字，结合“通义”大语言模型，帮助用户快速梳理并挖掘其中的有效信息，并将收集、记录的信息沉淀为知识资产，随时供用户回顾和利用。除此之外，通义听悟还具有整理全文摘要、章节速览、发言总结等功能，使用户能够更高效地获取并浏览资讯。通义听悟因其较强的功能性以及丰富的内核，可以覆盖会议、授课、采访、翻译、听障人士沟通等众多场景。

7.6.1 实时语音转写

打开浏览器，输入网址“https://tingwu.aliyun.com”，进入阿里云 AI 智能助手——通义听悟的首页，单击右上角的【立即登录】，免费体验，如图 7-32 所示。

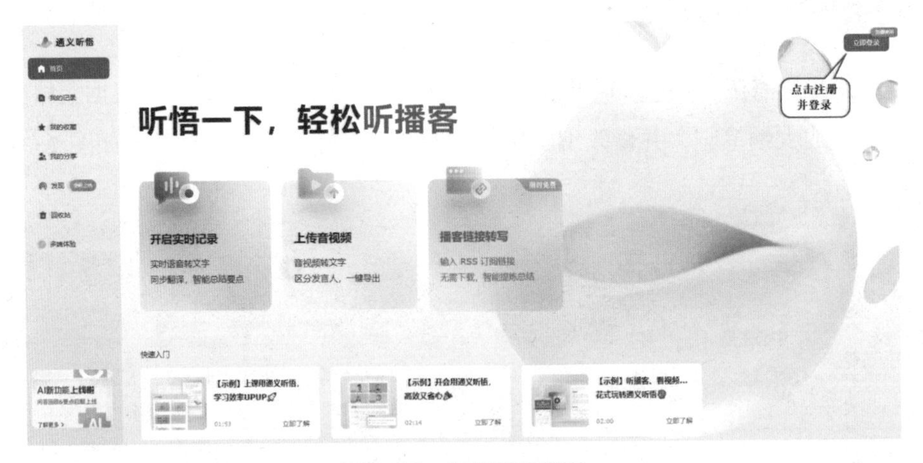

图 7-32　通义听悟首页

点击首页【开启实时记录】进行实时语音转写，能够精准快捷地生成智能记录，音字对应播放，如图 7-33 所示。

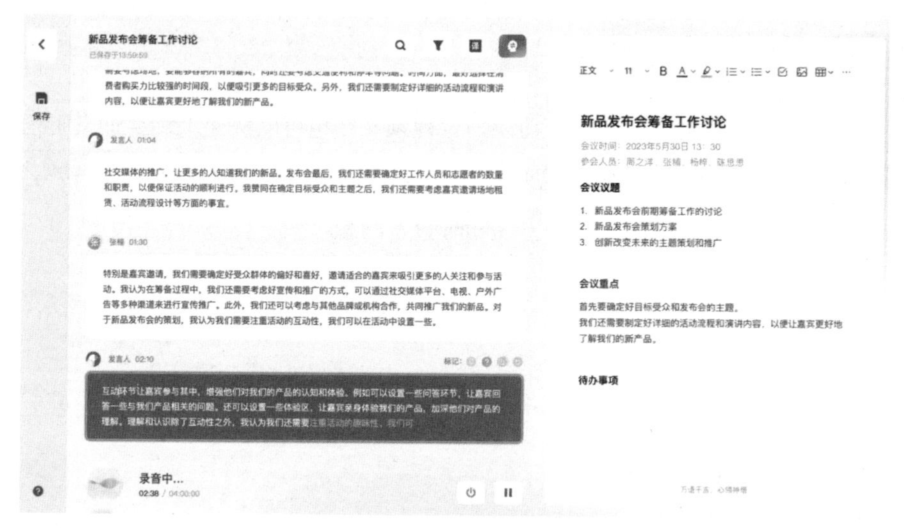

图7-33　实时语音转写

7.6.2 自主检索关键词

通义听悟可以自主检索关键词，将已经转写成文字的记录自动划分出关键词，精准定位核心信息，方便用户回顾语音记录的内容，如图7-34所示。

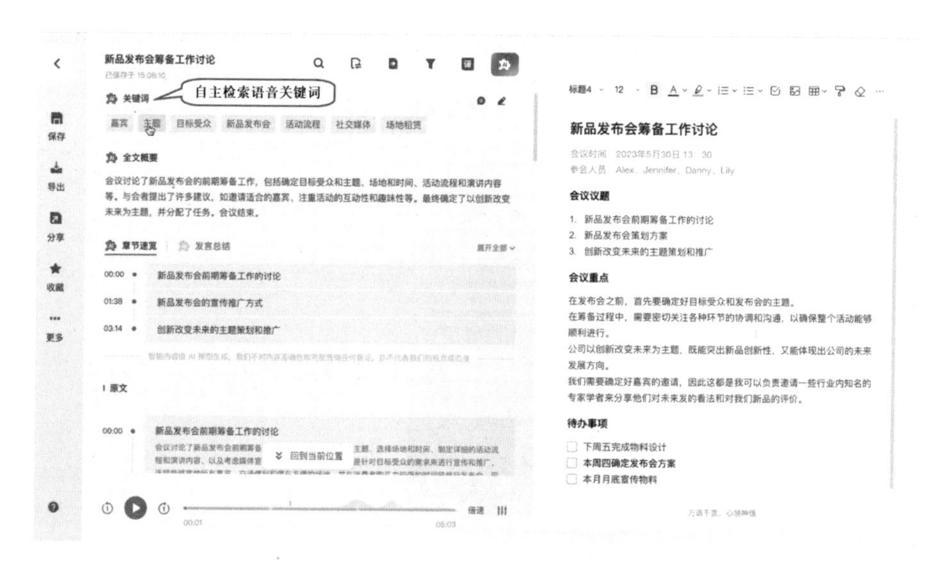

图7-34　自主检索关键词

7.6.3 音视频批量转写

用户记录下的会议、课程、访谈等音视频文件也可以快速上传至通义听悟，最多可上传 50 个本地或阿里云盘中的文件，如图 7–35、图 7–36 所示。转写结果自动保存在【我的记录】中，方便随时查看回顾。

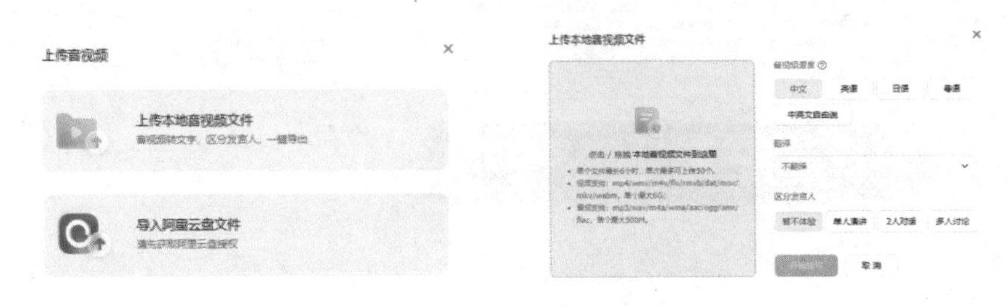

图 7–35 “上传音视频”界面　　　　图 7–36 音视频批量转写

7.6.4 实时中英互译

如果用户在转写的过程中遇到需要翻译的文件或音频，单击右上角的“翻译”图标，即可一键开启中英互译，打破语言壁垒，轻松实现无障碍沟通，如图 7–37 所示。

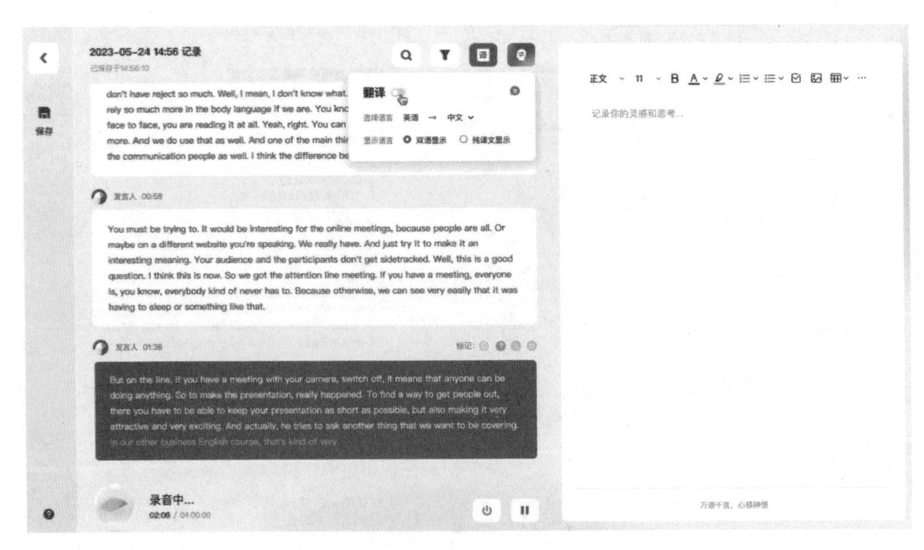

图 7–37 实时中英互译

7.6.5 重点信息快速整理

对于已经转写的内容，通义听悟支持高亮标记重点信息、待办事项，还支持筛选和批量摘录，使回顾整理更清晰，如图7-38所示。

图7-38　重点信息快速整理

7.6.6 多种格式导出记录

用户在使用完毕后，可以将处理好的原文、笔记、音视频和译文导出，如图7-39所示，可同时勾选多项批量导出。原文和译文均支持多种导出文档格式：Word、PDF和SRT字幕文件等。

图7-39　导出记录

第8章 了解 AI 写作

8.1 关于 AI 写作

8.1.1 何为 AI 写作

AI 写作，即人工智能写作，是一种利用人工智能技术进行内容创作的方式。它通过机器学习和自然语言处理等技术，使计算机能够模拟人类的写作行为，生成具有逻辑性和连贯性的文本。

AI 写作广泛应用于新闻写作、广告文案、小说创作、论文撰写等多个领域。AI 写作的应用，大大提高了用户的写作效率，也帮助了缺乏写作技巧的人提高写作水平。

AI 写作的步骤如下。

① AI 系统接收到用户的输入数据，这些数据包含关键词、主题或一段简短的描述等。

② AI 系统会根据输入数据，通过算法进行分析和处理，生成一篇符合要求的文章。在这个过程中，AI 系统会学习和模仿人类的写作风格和技巧，使得生成的文章更具可读性和吸引力。

8.1.2 为什么使用 AI 写作工具

越来越多的人和企业选择 AI 写作工具作为辅助工具，这与 AI 写作工具的多重优势密切相关，具体如下。

1. 提高写作效率

AI 写作工具可以在短时间内生成大量内容，大大提高了写作速度。这对于需要快速产出大量内容的人，如新闻工作者、广告人、自媒体人等，是一个极大的便利。

2. 节省人力成本

AI 写作省掉了对文本进行人工编辑和校对的步骤，降低了人力成本；同时，因其可以在短时间内处理大量文本，也能节约人工操作的时间和精力。

3. 优化内容质量

AI写作工具利用深度学习和自然语言处理技术，可以生成流畅、准确、有逻辑性的文本。它还能根据语法规则、词汇选择及上下文关系，自动调整和优化文本内容，提高文章的可读性和吸引力。

4. 生成个性化内容

AI写作工具可以根据用户的需求和喜好，生成个性化的内容。无论是文章风格、主题还是语言选择，AI写作工具都能在一定程度上满足用户的个性化需求。

5. 辅助创意产生

AI写作工具不仅能生成基础文本，还能提供一些创意性的建议。例如，它可以帮助作者发现新的观点、构思新的故事情节，或者提供不同的写作角度和思路。

6. 跨领域应用

AI写作工具不仅适用于文学创作，还广泛应用于新闻、广告、科技、商业等领域。无论是写一份商业计划书、制作一份广告文案，还是编写一篇科技论文，AI写作工具都能提供有力的支持。

然而，虽然AI写作工具具有诸多优势，但我们也应认识到它并非万能的。AI写作工具目前还无法完全替代人类写作者的情感表达、创新思维和深度思考。因此，最好的方式是将AI写作工具作为辅助工具，结合人类的智慧和创造力，共同创作出更优质的内容。

8.2 AI写作的应用场景

8.2.1 职场应用文写作

1. 简历

①个性化内容创作：基于用户输入的关键信息，AI写作工具能够生成个性化、突出技能和经验的简历。

②语言优化：AI写作工具可以利用内置的语法检查和词汇建议功能，确保简历在语言上更加得体、专业。

③关键词优化：AI写作工具可以根据用户所在行业的关键词优化文档，以提高简历通过招聘管理平台筛选的机会。

④模板选择：AI写作工具提供了多种不同行业和职业的简历模板，

用户可以根据实际情况选择最适合的样式和格式。

2. 业务邮件

①自动化回复：AI 写作工具提供了智能的自动回复功能，可以快速而准确地应对常见的业务邮件。

②邮件起草：AI 写作工具可以辅助用户撰写专业而得体的业务邮件，提供合适的语境和用语。

③语境理解：AI 写作工具可以分析邮件上下文，为用户提供相关的建议，确保回复的一致性和准确性。

④附件处理：AI 写作工具可以帮助用户处理附件，如自动生成附件名称或相关链接等。

8.2.2 商业营销文案写作

1. 广告文案

①目标受众定位：AI 写作工具可以辅助分析目标受众的特征和偏好，生成与其相关的广告语言和表达方式。

②广告平台适应性：AI 写作工具可以根据不同的广告平台（如社交媒体、搜索引擎广告等）的要求，自动生成适合平台调性的文案。

③情感和语气调整：AI 写作工具可以根据产品或服务的性质，调整文案的情感和语气，从而引起目标受众的情感共鸣。

④ A/B 测试支持：AI 写作工具可以生成多个版本的广告文案，以进行 A/B 测试，确定哪个版本更有效。

2. 产品描述

①强调产品特性：AI 写作工具能够自动分析产品特性，生成强调其优势的产品描述，以吸引潜在客户。

②定位目标市场：AI 写作工具可以根据目标市场的需求，调整产品描述，使其更符合潜在客户的期望。

③优化关键词：AI 写作工具可以通过分析搜索引擎关键词，生成有助于提高产品在搜索结果中排名的描述性文案。

④保证品牌风格一致性：AI 写作工具能够生成与企业形象相符的产品描述，使文案风格与品牌形象保持一致。

8.2.3 新媒体写作

1. 社交媒体内容

①分析话题趋势：AI 写作工具可以通过分析当前社交媒体的话题和趋势，生成与之相关的内容，提高账号的关注度。

②模仿表达风格：AI 写作工具可以根据用户需求模仿不同社交媒体平台上常见的表达风格，使内容与平台调性一致，也更符合用户的需求。

③引入关键词：AI写作工具可以在生成的内容中巧妙引入关键词，提高搜索引擎可见性，提高内容被分享和转发的概率。

④支持视觉内容：AI写作工具可以在生成内容时，同时生成配图或标签建议，以提高社交媒体内容的视觉吸引力。

2. 博客文章

①主题建议：AI写作工具可以分析用户或博主所在领域的热门主题，并提供文案内容建议，以吸引更多读者。

②深度研究支持：AI写作工具可以根据博客主题进行深度研究，提供更具深度和专业性的内容。

③语言风格匹配：AI写作工具可以调整语言风格以适应博主的个性及特色。

④SEO建议：SEO（Search Engine Optimization）即为搜索引擎优化；AI写作工具可以为用户提供关键词优化建议，以提高博客文章在搜索引擎中的排名。

8.2.4 调查研究性写作

1. 文献综述

①搜索与整合文献：AI写作工具可以自动检索相关文献，整合和总结领域内相关研究的重要成果。

②提取重点摘要：AI写作工具可以从大量文献中提取关键信息，帮助用户快速理解和总结研究进展。

③结构建议：AI写作工具可以提供文献综述的合理结构建议，确保文本逻辑清晰、层次分明。

2. 研究论文

①文献引用与参考文献管理：AI写作工具可以自动生成文献引用和参考文献，确保论文的学术规范性。

②结构和语法建议：AI写作工具可以提供写作结构和语法上的建议，改善论文的流畅度和表达准确性。

③数据可视化支持：AI写作工具可以帮助将研究数据转化为图表和图形，提高论文的可读性。

④论文审阅：AI写作工具可以进行基本的语法检查和论文审阅，确保论文质量。

8.2.5 生活艺术创作

1. 诗歌创作

①提供创意灵感：AI写作工具可以为用户提供创意灵感，启发用户探索新颖的诗歌主题和元素。

②词语选择与韵脚匹配：AI写作工具可以辅助选择诗歌中的词汇，

并确保韵脚和韵律的协调。

③情感表达：AI 写作工具可以通过深度学习理解情感，帮助用户表达丰富而独特的情感。

2. 故事和小说

①情节建议：AI 写作工具可以为用户提供情节灵感，帮助作者构建令人着迷的故事情节。

②塑造角色：AI 写作工具可以辅助塑造角色，提供人物性格、事件动机和故事发展方向。

③对话创作：AI 写作工具可以自动生成对话或提供对话建议，使对话更自然而生动。

④文学风格模仿：AI 写作工具可以模仿不同文学风格，使内容创作更加多样性。

8.3 文心一言

目前市面上有许多 AI 写作工具，其中文心一言是比较有代表性的。

文心一言是由百度集团研发的知识增强大语言模型，能够与用户对话互动，回答问题，协助创作，高效便捷地帮助人们获取信息、知识和灵感。

文心一言的应用场景非常广泛，可以用于自然语言处理、机器翻译、智能客服等领域。其中，在自然语言处理方面，文心一言能够理解人类的语言，并且能够自然、流畅地回复对话；在机器翻译方面，文心一言可以将一种语言自动翻译成另一种语言，帮助使用不同语言的人们更加顺畅地交流；在智能客服方面，文心一言可以自动回答用户的问题，并提供相关信息，提高客户服务的效率和用户满意度。

文心一言的推出，标志着人工智能技术的又一重要突破。它不仅能够帮助人们更高效地获取信息、知识和灵感，还能够推动各个领域的智能化进程，为人类带来更多的便利和创新。同时，文心一言的研发和应用也体现了百度在人工智能领域的领先地位和创新能力。

8.3.1 注册和登录

用户打开浏览器，输入网址“https://yiyan.baidu.com”，进入文心一言官网首页，如图 8-1 所示。点击右上角【登录】，打开如图 8-2 所示窗口。若用户已经注册过百度账号，可以直接登录文心一言；若用户没有百度账号，则需要点击右下角【立即注册】注册百度账号并登录。

图 8-1　文心一言首页

图 8-2　注册并登录文心一言

8.3.2 界面导览

文心一言系统主界面如图 8-3 所示。主界面的下方是输入指令的对话框。主界面的中心区域有系统推荐的话题指令。

点击主界面左上方的【百宝箱】可以获得更多的话题思路，如图 8-4 所示。在“一言百宝箱”页面中有今日热门话题，还可以选择应用场景、职业等进行相关话题的搜索。此外，用户可以收藏感兴趣的话题，在【我的收藏】中查看。

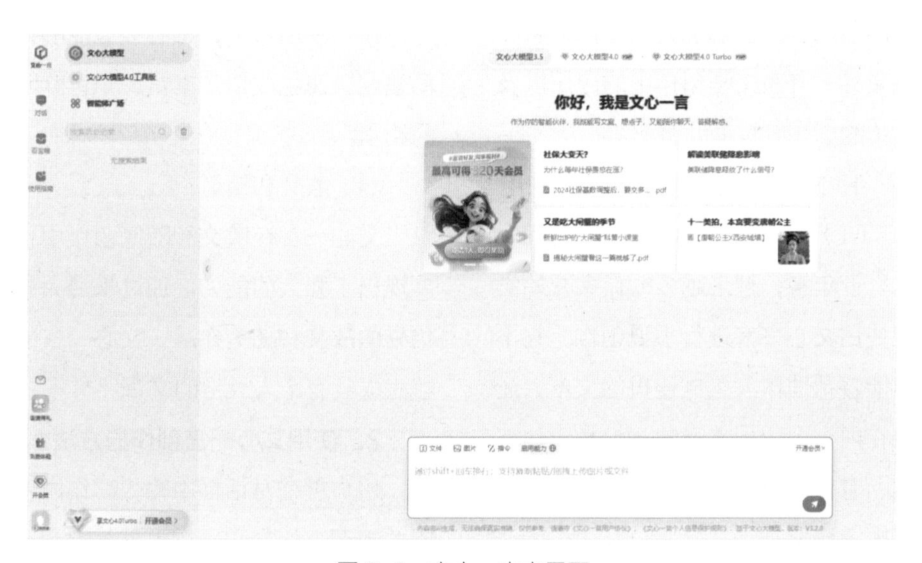

图 8-3　文心一言主界面

图 8-4 “一言百宝箱”页面

8.3.3 文学创作

文心一言在文学创作中的应用充分展现了文学理解、创意思考和事实性问题回答方面的能力。下面，将围绕文心一言在文学创作中的应用以及具体的创作方法展开讲解。

1. 文心一言在文学创作中的应用

（1）小说创作

近年来，越来越多的作家开始尝试使用文心一言进行小说创作。它不但能够帮助作家生成连贯的文本，还会在内容中运用丰富的词汇和表达方式，有效地提升了创作效率，也保证了内容质量。

（2）诗歌创作

在诗歌领域，文心一言也展现出强大的文本生成能力。通过学习大量诗歌作品，文心一言能够生成具有独特韵律和风格的诗歌。

（3）剧本创作

在剧本创作中，文心一言能够帮助编剧快速生成情节丰富、角色鲜明的剧本。

（4）散文和随笔

文心一言在散文和随笔创作中也展现出了强大的能力。通过学习大量优秀的散文和随笔作品，文心一言能够生成具有个人风格的文章。

2. 使用文心一言创作的方法

用户可在对话框中输入写作内容的关键词，让文心一言根据关键词进行创作。如图 8-5 所示，在对话框中输入“写一篇关于春节的传说故事”，点击“发送”按钮，此时系统会生成一则与该主题相关的故事。在主界面，用户可根据需要继续输入关键词进行内容修改，也可点击【重新生成】使系统重新创作。在生成内容下方，系统会根据用户输入的内容，推荐相关的指令供用户选择。

图 8-5 用文心一言进行文学创作

8.3.4 商业文案创作

在商业文案创作方面，文心一言常用于为公司命名，编撰标语、广告等。

用户在需要生成某个产品的广告时，可在对话框中输入产品的参数、用途、特点等相关内容，点击“发送”按钮，即可得到相应的广告。如图 8-6 所示，在对话框中输入“写一则关于汉堡的广告，该汉堡由牛肉、番茄、生菜、沙拉等材料制成，通常一个汉堡可以使一个成年人吃饱”，点击“发送”按钮，文心一言即可生成一则关于该汉堡的广告语。

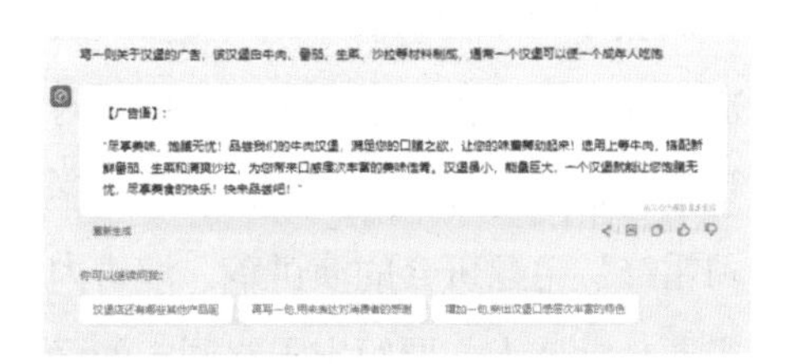

图 8-6 用文心一言进行商业文案创作

8.3.5 演讲稿写作

对于很多有演讲需求的人来说，写演讲稿是一件很烦琐的事，利用文心一言可以轻松解决这个问题。用户可输入“演讲稿”来获得一个演讲稿的模板，如图 8-7 所示。用户可以根据这个模板完成演讲稿的制作。

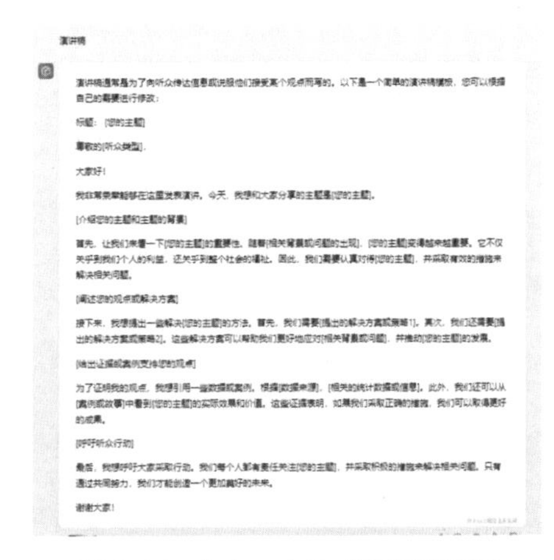

图 8-7 文心一言生成演讲稿模板

用户也可以详细描述演讲稿的内

容，并将它们输入至对话框中，这样可以大大提升生成的演讲稿内容的准确性和可用性。例如，班主任要召开一次关于“学习雷锋”的主题班会，需要准备演讲稿，这个时候可以在对话框中输入“写一篇班主任召开‘学习雷锋’主题班会的演讲稿，演讲内容要生动感人，要写出雷锋同志的经典事例”，点击“发送”按钮，文心一言即可生成一篇相关的演讲稿，如图 8-8 所示。

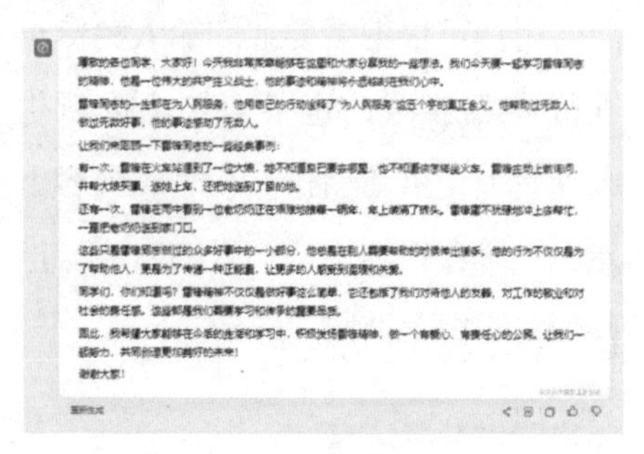

图 8-8　文心一言生成演讲稿

第9章 了解 AI 绘画

9.1 关于 AI 绘画

9.1.1 何为 AI 绘画

AI 绘画，顾名思义，就是利用人工智能技术进行绘画创作。它不仅仅是将传统的绘画技巧与现代科技相结合，更是对艺术创作过程的一种全新理解和重塑。在这个过程中，AI 不仅能够模仿人类的绘画技巧，还能够在学习和理解大量艺术作品的基础上自我创新，创作独一无二的艺术作品。

AI 绘画的出现，打破了传统艺术创作的模式，让艺术创作不再是人类独享的领域。AI 可以通过深度学习和神经网络等技术，理解和模仿人类的艺术风格，甚至可以创造出全新的艺术风格。这种全新的艺术创作方式，无疑为我们的艺术世界带来了更多的可能性。

9.1.2 为什么使用 AI 绘画工具

1. 提高艺术创作效率

在传统的艺术创作中，艺术家往往需要花费大量的时间和精力在绘画技法的掌握和作品细节的打磨上。而 AI 绘画工具可以利用算法和模型，快速地生成各种艺术作品，大大缩短了创作周期。这意味着，艺术家可以更快地将自己的创意转化为具体的作品，从而有更多的时间和精力去探索和实践新的艺术形式和表达方式。

2. 突破创作的瓶颈

艺术创作往往需要源源不断的灵感和创意，但在创作过程中，艺术家们常常会遇到创新不足、灵感枯竭等问题。AI 绘画工具可以通过对大量艺术作品的深度学习和分析，为艺术家提供新的创作思路和灵感。这种全新的创作工具，不仅可以帮助艺术家们解决创作难题，还可以激发他们的创新思维，推动艺术创作的不断发展和进步。

3. 拓宽艺术的边界

在传统的艺术创作中，艺术家的创作往往受到自身技巧和经验的限制。而 AI 绘画工具则可以通过学习和模仿人类的艺术风格，创造出全新的艺术风格，从而拓宽艺术的边界。这不仅可以吸引更多人参与到艺术创作中来，也可以推动艺术领域的多元化发展。

4. 艺术大众化

过去，艺术往往被视为高高在上的存在，只有少数人能够接触和参与。而 AI 绘画工具的出现，让艺术创作变得更加简单和便捷，让更多的人有机会参与到艺术创作中来，享受艺术的乐趣。这意味着，艺术不再是少数人的专利，而是每个人都可以参与和享受的活动。这种大众化的趋势，有助于打破艺术界的精英主义壁垒，让更多的人能够接触和欣赏到艺术的魅力。

9.2 文心一格

9.2.1 注册并登录文心一格

用户打开浏览器，输入网址“https://yige.baidu.com”，页面跳转至文心一格官网，如图 9–1 所示。点击右上角【登录】跳转至登录页面，如图 9–2 所示。

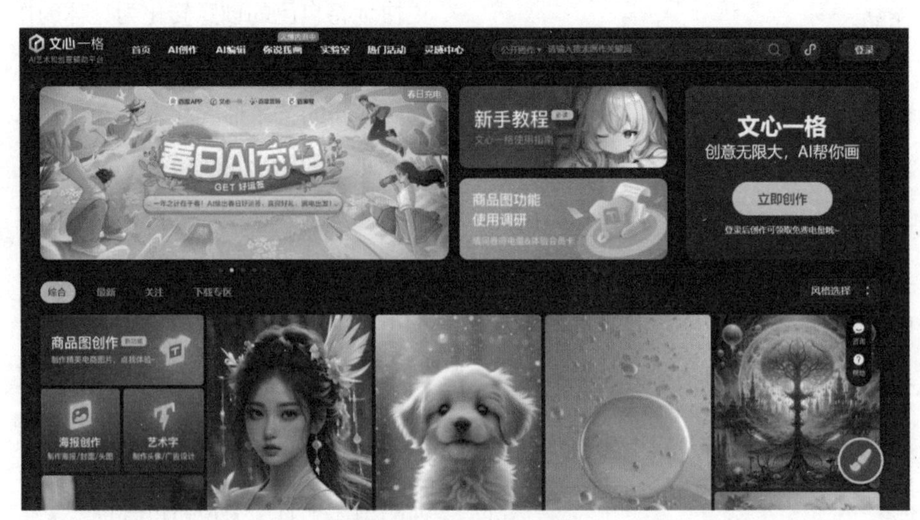

图 9–1　文心一格首页

“文心一格”支持百度 App 扫码登录、百度账号用户名登录、QQ 登录、微博登录和微信登录等方式。如果以上登录方式都不具备，可以点击右下角【立即注册】注册一个百度账号。

图 9-2　文心一格登录页面

9.2.2 智能生成图片

1. 创作设定区域

创作设定区域位于主界面的左侧，如图 9-3 所示，内部包含创作模式、文本框、画面类型、画面比例、图片数量、灵感模式等。

①创作模式：“AI 创作”页面共包含五个创作模式选项，分别是“推荐”“自定义”“商品图”“海报”和“艺术字”。图 9-3 所示为“推荐”模式下的创作设定区域，不同模式下该区域内容有所不同。

图 9-3　文心一格创作设定区域

②文本框：在文本框中输入绘画创意，如输入“跑车”，此时下方会出现系统推荐的关键词，如图 9-4 所示。用户可在推荐的关键词中选择合适的关键词，使输入创意更加精准而详细，生成的图片也会更贴近用户的想法。

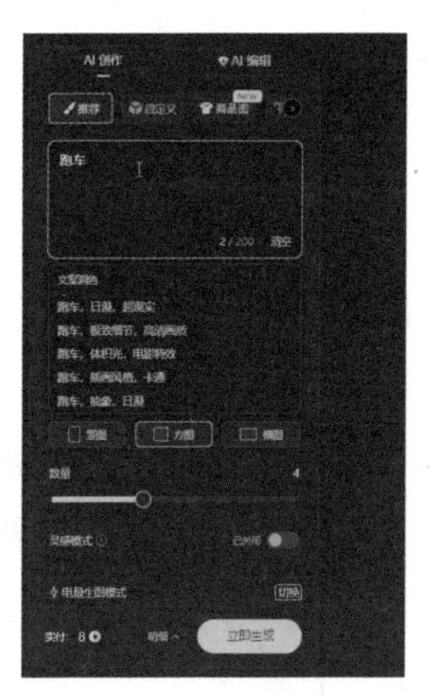

图 9-4　文心一格推荐关键词

③画面类型：文心一格的系统中有很多画面类型可供选择，点击【更多】即可查看。如果用户没有太多想法或选择困难，可以首选【智能推荐】，它是经过 AI 全方位计算优化的，适用于大多数场景。

④画面比例：用户可以根据需要选择画面的比例，如竖图、方图、横图等。

⑤图片数量：用户可以根据需求调整生成图片的数量，系统支持选择 1~9 张。

⑥灵感模式：开启“灵感模式”后，在创作多张图片时效果更好，画面的风格也会更丰富。需要注意的是，“灵感模式”可能会使生成的画面与原始关键词不一致，但这样的不确定性也会给用户带来意料之外的惊喜。

2. 图片扩展功能区

用户调整好相关设置后，点击【立即生成】即可在主界面中生成图片，如图 9-5 所示。

生成图片的右侧是图片的扩展功能区，可点击此区域的图标对图片进行操作，如收藏、下载、转发、删除等。扩展功能区的右侧为创作记录，可以点击查找已生成的图片。

图 9-5　文心一格生成图片

9.2.3 AI 编辑图片

对于已生成的图片，用户还可以对其继续修改。用户点击【AI 编辑】，选择待编辑的图像，即可进行编辑操作。

“AI 编辑”页面主要包含以下功能。

①图片扩展：对已有图像进行画面扩展延伸，还支持对图像进行连续扩展生成。用户可指定具体扩展方向。

②图片变高清：可以放大图片尺寸，使画面细节更加清晰；也可以缩小图片尺寸。

③涂抹消除：用户可以将不满意的地方涂抹掉，AI 将对涂抹区域进行消除重绘。

④智能抠图：支持一键抠图、替换背景等。

⑤涂抹编辑：用户可以对希望修

改的区域进行涂抹，算法将对涂抹区域按照指令重新绘制，并对图像进行修复或修改。

⑥图片叠加：将两张图片融合、叠加生成新的图片，新的图片将同时具备原来两张图片的特征。

9.2.4 自定义创作

除了系统推荐的创作模式，用户还可以使用更为细化的自定义创作模式。在“AI 创作”页面中点击【自定义】进入自定义创作模式，如图 9-6 所示。

图 9-6　自定义创作模式

此时，用户可在文本框中输入绘画创意，再选择 AI 画师，不同的 AI 画师擅长不同的画面效果，目前有“创艺”“二次元”“具象”这三种类型可选择。用户也可根据需要选择是否上传参考图，文心一格将根据参考图进行绘制画作。需要注意的是，如果用户选择上传参考图，就需要调整影响比重，数值越大，参考图对生成图片的影响也越大。

下面，带大家实际操作下。要求：使用自定义创作模式生成一张主题为“卡通，精美细节”的图片，并选择一张现有的图片（图 9-7）作为参考。首先，点击【上传参考图】；然后，将图 9-7 上传至系统中，再将影响比重调整为“5”，数量调整为“1”，设置 AI 画师为“具象”；最后，点击【立即生成】，生成图像如图 9-8 所示。

图 9-7　参考图

图 9-8　使用自定义创作模式生成图片

9.2.5 Prompt 语句

1. Prompt 语句介绍

与同人类画师沟通作画相似，你可以使用一组特殊形式的文本描述来告诉文心一格需要生成什么样的画作，即所谓的 Prompt 语句。Prompt 语句基本组成：“画面主体” + “细节词” + “风格修饰词”。对应的 Prompt 语句也可以这样拆解：画点什么？（画面主体）+ 长什么样子？（细节词）+ 什么风格？（风格修饰词）。

例如，绘制一张动漫风格的美少女半身像，则指令为“Prompt：美丽的少女，萌，半身像，二次元，动漫”。

2. 优化 Prompt 语句

在熟悉 Prompt 原理后，可以发挥脑洞来完善 Prompt 语句，使得文心一格能绘制出更为惊艳的画作。

陈述清晰是一个高效的创作诀窍。如果只是告诉文心一格，想要绘制“月下的美丽少女”，往往它并不知道我们想要什么样的人物形象，此时可以完善 Prompt 语句：

①添加刻画主体人物形象细节词，如国风华服、动漫少女、面容精致、微笑、牡丹花头饰等。

②添加丰富画面场景的细节词，如月亮夜晚、月光柔美、祥云、花瓣飘落、星空背景等。

③添加提升画作整体质感的细节词，如多彩炫光、浪漫色调、几何构成、丰富细节、震撼、绝美壁纸、唯美等。

需要注意的是，Prompt 语句的调整是一个反复试错的过程。

3. 优质 Prompt 词汇库

①图像类型：古风、二次元、写实照片、油画、水彩画、油墨画、水墨画、黑白雕版画、雕塑、3D 模型、手绘草图、炭笔画、极简线条画、浮世绘、电影质感、机械感等。

②艺术流派：现实主义、印象派、野兽派、新艺术主义、表现主义、立体主义、抽象主义、至上主义、超现实主义、行动画派、波普艺术、极简主义等。

③插画风格：扁平风格、渐变风格、矢量插画、2.5D 风格插画、涂鸦白描风格、森系风格、治愈系风格、水彩风格、暗黑风格、绘本风格、噪点肌理风格、MBE 风格、轻拟物风格、等距视角风格等。

④个性风格：赛博朋克、概念艺术、蒸汽波艺术、Low Poly（低多边形）风格、像素风格、极光风格、宫崎骏风格、吉卜力风格、嬉皮士风格、幻象之城风格、苔藓风格、新浪潮风格等。

⑤人像增强：精致面容、五官精致、毛发细节、少年感、蓝眼睛、超细腻、比例正确、妆容华丽、厚涂风格、虹膜增强等。

⑥摄影图像：舞台灯光、环境光照、锐化、体积照明、电影效果、氛围光、丁达尔效应、暗色调、动态模糊、长曝光、颗粒图像、浅景深、微距摄影、逆光、抽象微距镜头、仰

拍、软焦点等。

⑦图像细节：纹理清晰、层次感、物理细节、高反差、光圈晕染、轮廓光、立体感、空间感、锐度、色阶、低饱和度、CG 渲染、局部特写等。

9.3 其他 AI 绘画工具

9.3.1 6pen Art

用户打开浏览器，输入网址“https://6pen.art”，进入 6pen Art 主页，点击右上角注册并登录成功后，点击【生成画作】，如图 9-9 所示。

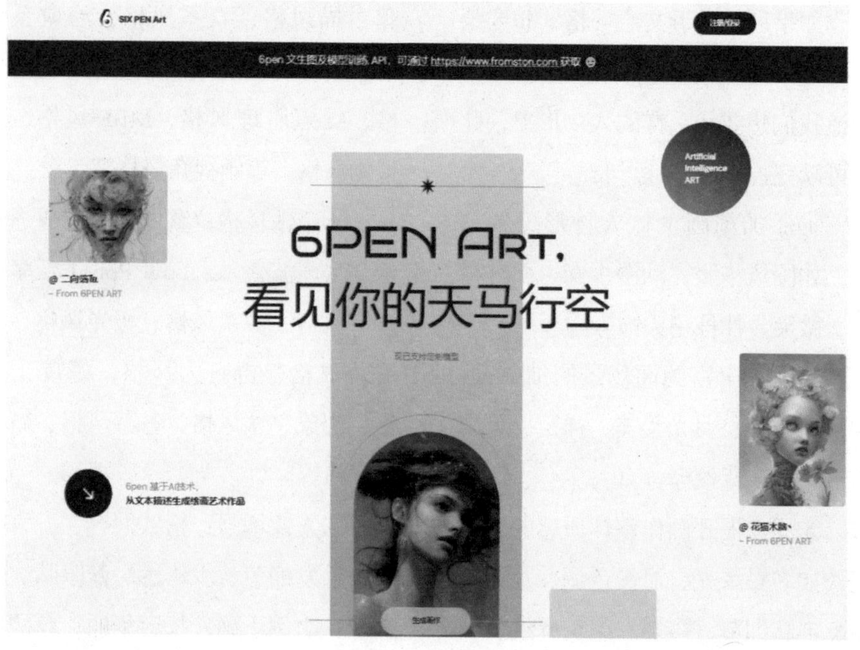

图 9-9 6pen Art 主页

在弹出的页面中打开“禅思模式”后，用户只需输入关键主题词，无须输入任何风格、修辞词和艺术家，6pen Art 就会自动优化文本描述，以达到更好的效果，如图 9-10 所示。

图 9-10　禅思模式

9.3.2 WHEE

WHEE 是美图公司旗下最强的 AI 设计工具，包含很多拓展空间，生成人像的效果更好。

用户打开浏览器，输入网址“https://www.whee.com”，进入 WHEE 主页，如图 9-11 所示；点击右上角图标登录后，选择需要的生图模式，进行图片创作。如图 9-12 所示，选择【文生图】，输入提示词“新年快乐”后，选择需要生成的图片数，单击【立即生成】即可。

图 9-11　WHEE 主页

图 9-12　WHEE 文生图模式

如果用户对于生成的结果不满意，可以单击【智能联想】，对所需的图片风格及内容进行更详细的描述，使 WHEE 生成更加满意的结果。

9.3.3 MewX AI 肖像画工具

MewX AI 的优势在于用户众多，画廊中的作品质量高。它还有一个名为“小红书热点”的专题，其中包含了之前爆火的极简风格头像。

用户打开浏览器，输入网址“https://www.mewxai.cn”，进入 MewX AI 主页，点击【立即体验】；再点击跳转页面右上角注册并登录后，找到画廊并打开喜欢的图片，然后点击“画同款”即可。

该社区的所有图纸都可以直接下载，无须自主生成，为了保持构图，在某些模型下勾选后，生成的图片会与原图一模一样。新手可以直接在社区选择并复制图片。

用户在生成图片时，只需描述所需的内容，以及选择合适的图片尺寸，其余部分会自动生成，如图 9-13 所示。保存时，可以选择无水印或带水印保存。

图 9-13　MewX AI 创作界面

9.3.4 LibLibAI

“LiblibAI”（哩布哩布 AI）是一个提供丰富的 AI 绘画模型资源的平台，包括了建筑设计、插画设计、摄影、游戏、中国风、室内设计、动漫、工业设计等各种主题和风格。除此之外，这个平台还为用户提供了灵感，帮助他们在创作过程中找到新的想法和灵感。其目标受众为设计师、摄影师、游戏开发者、动漫爱好者、工业设计师等对艺术有追求的人。

用户打开浏览器，输入网址“https://www.liblib.art”，进入 LibLibAI 主页，如图 9-14 所示。点击右上角【登录 / 注册】注册并登录后，即可开始创作。

图9-14 LiblibAI 主页

用户在输入提示词时可选择“正向提示词”或“负向提示词”。需要注意的是，提示词必须是英文，为此网站还专门提供了一键翻译功能，如图9-15所示。

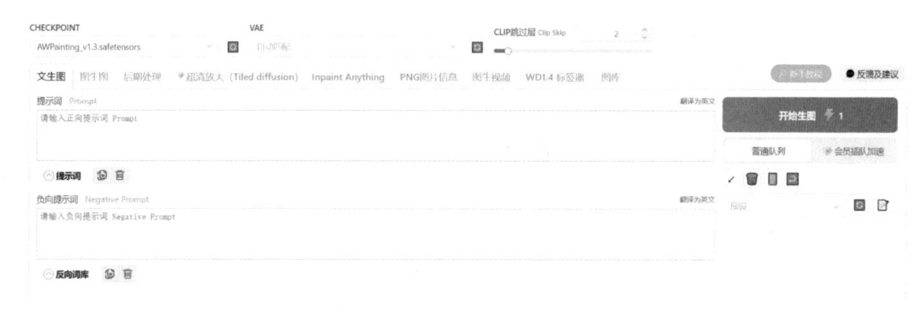

图9-15 LiblibAI 创作页面

用户可以对生成图片的内容提出要求，包括风格、主题、清晰度等各个方面，如图9-16所示。输入内容后，点击【开始生图】即可得到相应的图片。

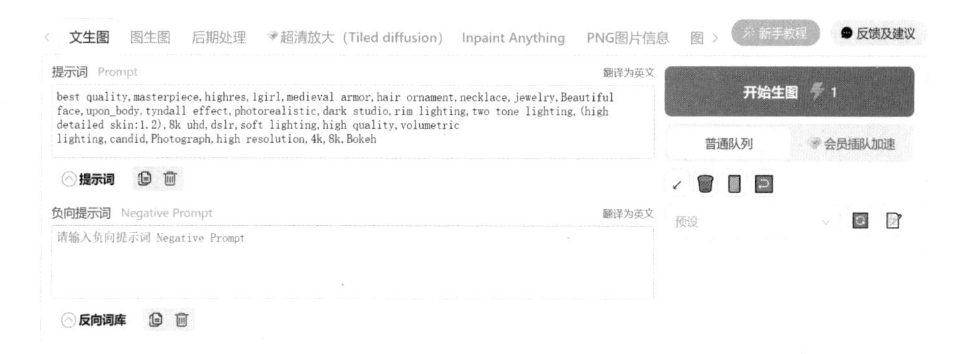

图9-16 LiblibAI 创作实例